HYGINI
DE ASTRONOMIA

EDIDIT

GHISLAINE VIRÉ

STVTGARDIAE ET LIPSIAE

IN AEDIBVS B. G. TEVBNERI MCMXCII

Die Deutsche Bibliothek – CIP-Einheitsaufnahme

Hyginus ‹Mythographus›:
[De astronomia]
Hygini De astronomia / ed. Ghislaine Viré. –
Stutgardiae ; Lipsiae : Teubner, 1992
(Bibliotheca scriptorum Graecorum et Romanorum Teubneriana)
ISBN 3-519-01438-6
NE: Viré, Ghislaine [Hrsg.]

Printed in Germany
Satz und Druck: Interdruck Leipzig GmbH
Buchbinderei: Leipziger Verlags- und Druckereigesellschaft mbH

Ed. Liénard
magistro meo

PRAEFATIO

Quicumque hodie opus astronomicum Hygini edendum suscipit non potest facere quin miretur quanti id per Antiquitatem Mediumque Aevum aestimatum sit, quantulo autem studio philologis postea fuerit.

Re vera duabus de causis opus Hyginianum in maxima gratia apud antiquos fuit, primum quod ad opera partim mythologica partim astronomica pertinuit quae ab Arato descenderunt, deinde quia ad rationem usumque de signis caelestibus parandum lectoribus scriptum est. Quod opus hoc ipso a Medii Aevi initio compilationibus insertum est quas librarii de artibus liberalibus collegerunt, postea autem nostri temporis philologi, compositionem verborum saepe inornatam esse et astronomica summa cum cura non quaesita esse rati, in numero minorum operum ita habuerunt ut omnes codices qui etiamnunc existant ad novam editionem praestandam recensere non dignati sint.

*
* *

Opus quod *de astronomia* inscribitur quis scripserit dubium est, etsi nunc credendum esse videtur compositum esse ab Hygino mythographo[1], liberto eo ex Hispania oriundo, cui Augustus bibliothecam Palatinam curandam tradidit. Diu enim philologi id opus incultius habuerunt quam ut ante primum aut secundum saeculum scriptum esse posset. Postea autem quam apparuit in eo opere astronomico eas-

1 A. LE BŒUFFLE, *Recherches sur Hygin,* in *Revue des Études Latines,* t. 43, 1965, pp. 186–187.

dem fabulas relatas esse atque in opere mythologico quod *Fabulae* inscriptum sub Hygini nomine servatum est, effectum est ut utrumque opus ab uno eodemque scriptore compositum esse videretur; cum vero notitiae rerum astronomicarum vetustiores ac elementis astrologicis vacuae viderentur, inde secutum est, libros *de astronomia* solum aliquot annis ante Christum natum scriptos esse posse[2], quo ipso tempore viveret Augusti bibliothecarius. Accedit quod Hyginus mythographus, amicus Ovidii poetae et rerum scriptoris Clodii Licinii et consulis pythagoreique Fabii Maximi cui opus astronomicum verisimiliter dedicatum est, cum scripta plurimorum auctorum excerpere non desineret, complura opera de variis rebus confecit quorum nulla alia nunc supersunt nisi *Fabulae* ac libri *de astronomia.*

Si quis quaerit qui locus operi Hyginiano inter omnia opera de sideribus scripta attribuendus sit, animadvertit id inter Aratea Ciceronis Germanicique Caesaris ponendum esse praefationeque lecta, in qua Hyginus ipse refert quas res in singulis libris agere in animo habuerit, opus *de astronomia* multo perfectius esse reperit quam cetera eiusdem generis[3]. Postquam enim in libro primo paucis verbis quid aliquot vocabula – sphaera, polus, circulus, zona ... – significent memoravit, in libro secundo quibus de causis quidam inter astra collocati sint quoque modo ita signa quadraginta duo constituta sint narrat ac de eisdem in tertio libro dicit quibus stellis ficti sint quoque loco caeli videri possint; liber vero quartus totus ad astronomiam pertinens, in quo Hyginus de septem circulis, de motu mundi, de diebus ac noctibus, de luna ac sole de planetisque disputat, media sententia finitur, paucis verbis incerta de causa amissis.

2 A. LE BŒUFFLE, *op. cit.*, p. 290.

3 *Cicéron, Aratea, Œuvres poétiques,* éd. J. SOUBIRAN, Paris (C. U. F.), 1972, p. 8; *Germanicus, Aratea,* éd. LE BŒUFFLE, Paris (C. U. F.), 1975, p. IX; J. MARTIN, *Histoire du texte des „Phénomènes" d'Aratos,* Paris, 1956, pp. 38–57.

Vt Hyginus nomina complurium scriptorum Graecorum praesertim in fabulis libri secundi rettulit, ita auctorum Latinorum quibus usus est non omnia nominat, inter quos Ciceronem Nigidiumque Figulum fuisse verisimile est[4]. Opus Hyginianum non solum ad explananda Arati Phaenomena compositum est, ut mythographus ipse in praefatione sua demonstrat, sed etiam vestigia manualis libri amplioris quam Arati servat quem Eratostheni attribui solet. Constat enim Hyginum opus doctius quam elegantius conficere cogitavisse propterea quod, locis exceptis in quibus quid consilii sit immodeste declarat, concepta et usitata verba quam exquisitum dicendi genus adhibere maluit; haud enim raro in libro quarto etiam incomptius ceteris scripto sententia perficitur aliter ac coepta est.

*

* *

Praeterea, cum saeculo secundo post Christum natum Ciceronis Aratea moribus accommodatiora eorum qui operibus antiquioribus rursus studerent, operi Germanici Caesaris praestitissent, excerpta ex libro secundo et tertio Hyginiano figuris inserta sunt quibus editiones Ciceronianae ornabantur.

Postea Aratea in scriptoriis mediaevalibus etiam atque etiam transcripta figurisque ornata sunt ita ut nunc nobis satis constet opus Hygini non solum recta via, sed etiam per locos scriptorum posteriorum traditum esse.

Initio autem saeculi septimi Isidorus Hispalensis, ubi libros *de natura rerum* composuit, textum totum libri quarti Hyginiani etiam tunc legisse videtur, cum etiam in veterioribus codicibus qui ad nos pervenerunt finis truncus sit.

4 *Hygin. L'Astronomie,* éd. A. LE BŒUFFLE, Paris (C. U. F.), 1983, pp. XVI-XVIII.

PRAEFATIO

Postquam librarius nomine Gerlandus opus Hyginianum, libro secundo excepto, compilationi suae inseruit cum aliis excerptis astronomicis antiquis ac recentioribus, Theodoricus Carnutensis, ad partem astronomicam manualis libri sui de artibus liberalibus conscribendam, Hygino inter alios auctores usus est quem, cum intellexisset fabulas libri secundi sibi nulli usui esse, transcribere mox desiit. Deinde alii librarii opus Hyginianum inspicere operae pretium esse existimaverunt, ex quibus Ioannes Sarisberianus quod ad sphaeram attineret et Arnulfus Aurelianensis qui eodem tempore commentarios Fastorum Ovidianorum composuit. Quamquam longum est omnes qui libros de astronomia percurrerunt singillatim enumerare, velim tamen Roberti Frescher etiam mentionem facere, qui saeculo sexto decimo, cum principi Francisco Valensi honoris causa opus Hyginianum dedicare vellet, in linguam Gallicam ita convertit ut verbum e verbo non exprimeretur.

Quo tempore in promptu lectoribus iam erant complures editiones typographicae, inter quas dignae sunt quae memorentur fere decem Renovatis Artibus ex codicibus humanisticis impressae atque omnes artissime coniunctae cum editione principi (Ferrarae, 1475) et editione E. Ratdolt (Venetiae, 1482), nisi libri J. Soter (Basileae, 1534) et G. Morel (Parisii, 1559). Ab saeculo autem septimo decimo exeunte opus Hyginianum voluminibus Mythographorum Latinorum insertum est atque ex codicibus veterioribus editum qui tamen minore cum cura descripti sunt quam ut hodie sine ullo dubio reperiri possint. Vnde fit ut tantum coniciendum sit Th. Muncker (Amstellodami, 1681) Parisinum Latinum 8663, Reginensem Latinum 1260, Reginensem Latinum 1207 etiamque, ut verisimile videtur, Vossianum Latinum 8° 15 recensuisse, Van Staveren autem (Lugduni Batavorum-Amstellodami, 1742) non solum codicibus Leidensibus usum esse, id est Vossianis Latinis 4° 92, 8° 15 et 8° 84, atque codice Hemsterhusiano quodam qui hodie sub titulo B.P.L. 225 olim 425 signatus est, sed etiam codice alio qui Jacobi Philippi Dorvilliani fuerat.

Num mihi opus est referre usque ad recentissimum tempus lectores Hygini nullum alium textum inspicere potuisse nisi editionem quam anno 1875 in lucem prodidit Bernardus Bunte (Lipsiae, 1875), tribus tantum codicibus usus (id est Dresdensi Dc 183, Guelferbytanus 18.16 Aug. 4° Guelferbytanusque 65. Aug. Fol.)? Quam editionem quicumque cum codice Dresdensi Dc 183 accuratissime confert, quot locis verba propria librarii cum additamentis correctorum confusa sint reperit. Qua re non mirandum est quod complures philologi codices Hyginianos postea recensere coeperunt qui nondum adhibiti erant; quorum C. Bursian, qui severissimum erga Bernardum Bunte se praebuit[5], cum codices quattuor contulisset, id est Reginensem Latinum 1260, Montepessulanum H 334, Parisinum Latinum 8663 Bruxellensemque 10078, contendit duos priores meliorem textum servavisse, quibuscum coniungendum esse dixit et Dresdensem Dc 183, quem optimum codicem Hygini Bernardus Bunte habuerat, et Vossianum Latinum 8° 84 quo Van Staveren olim usus erat.

Cuius sententia posterius tantum valuit ut philologi qui alios codices recensere cogitaverunt nihil aliud quaererent nisi quam artis necessitudinibus ii coniuncti essent cum eis quos ille contulisset. Ita E. C. H. Heydenreich[6] Freibergensem XI 4° 9, saeculo quinto decimo transcriptum, a familia Dresdensis Dc 183, Reginensis Latini 1260 Montepessulanique H 334 differre affirmavit, G. Kauffmann[7] autem, paucis

5 C. BURSIAN, in *Ienar Literaturzeitung,* t. 3, 1876, coll. 120–121. ID., *Zur Texteskritik der Astrologie des Hyginus,* in *Sitzungsberichte der königlichen bayerischen Akademie der Wissenschaften, Philosophisch-philologische Classe,* 1876, pp. 1–56.

6 E. C. H. HEYDENREICH, *Die Hyginhandschrift der Freiberger Gymnasialbibliothek. Eine kritische Untersuchung,* Freiberg, 1878.

7 *De Hygini memoria scholiis in Ciceronis Aratum Harleianis servata scripsit, scholia apparatu critico et notis instructa et catalogum stellarum adhuc ineditum adiecit* G. KAUFFMANN, in *Breslauer Philologische Abhandlungen,* t. 3, 1888, pp. 9–13.

annis post, cum scholia Hygini ad Ciceronis Aratea edidisset, codicum partitione mutata, una collegit in prima familia codices saeculi noni et decimi (id est Reginensem Latinum 1 260, Montepessulanum H 334 Dresdensemque Dc 183), quorum Reginensem Latinum 1 260 propiorem archetypo esse demonstravit, in secunda codices saeculi undecimi et duodecimi (id est Bruxellensem 10 078, Parisinum Latinum 8 663 Guelferbytanumque 18.16 Aug. 4°) in tertiaque codices saeculi quinti decimi qui ipsi deterrimum textum tradiderunt.

Hoc saeculo ineunte M. Manitius[8] de integro Dresdensem Dc 183 atque duobus annis postea Monacensem Clm 13 084[9] contulit, quibus collatis, adductus est ut Monacensem Clm 13 084 cum Reginensi Latino 1 260 et cum Montepessulano H 334 et maxime cum Dresdensi Dc 183 coniungeret. Paulo post duo alii codices Hygini inspecti sunt, unus – Ambrosianus M 12 sup. partim notis Tironianis scriptus – ab E. Chatelain et P. Legendre[10], nuper autem alter – Elnonensis 337 –, priori proximus, ab A. Boutemy[11].

Quibus philologis adiuvantibus, etsi Hyginianus textus collatus profecit, nulla tamen editio nova prodita est quae exemplari communi quam proxima esset. C. enim Bursian, cuius opera codices omnes postea in stemmate collocati sunt, saeculi noni ac decimi codices primus contulerat, adeo ut ad eos partiendos lectionibus variis usus esset quas a codicibus humanisticis differre animadvertisset, nescisset autem plerisque exemplaribus veteribus quoque servatas esse.

8 M. MANITIUS, *Aus der Dresdener Hyginhandschrift,* in *Hermes,* 37, 1902, pp. 501–510.

9 M. MANITIUS, *Aus der Münchener Hyginhandschrift,* in *Hermes,* 40, 1905, pp. 471–478.

10 E. CHATELAIN et P. LEGENDRE, *Hygini Astronomica. Texte du manuscrit tironien de Milan,* Paris, 1909.

11 A. BOUTEMY, *Fragments inutilisés d'un manuscrit d'Hygin,* in *Hommages à Marcel Renard,* Bruxelles, 1969, pp. 108–118.

Relinquitur ut agam quid novi nuperrime in edendo opere Hyginiano factum sit. Anno 1967 Soror L. Fitzgerald, cum novam editionem apparatu critico ampliore praeditam praestare cogitaret, in Vniversitate Sancti Ludovici (Miss.) dissertationem proposuit qua codices viginti octo ab nono usque ad duodecimum saeculum collatos inter tres familias partita est, primam ex Reginensi Latino 1260 et Parisino Latino 8 728 emanantem, secundam ex Parisino Latino 11 127 tertiamque ex Montepessulano H 334, Monacensi Clm 13 084, Dresdensi Dc 183, Harleiano 2 506 emendatoque textu Parisini Latini 8 728. Quicumque tamen operi Hyginiano maxime studet retineri non potest quin philologam Americanam reprehendat quod neque omnes codices ab nono ad duodecimum saeculum transcriptos adhibuit, neque lectiones varias maxima cum cura recensuit. Paulo post, anno 1983, libri *de astronomia* rursus editi atque in linguam Gallicam conversi sunt curante A. Le Bœuffle[12]. Qui cum codices undeviginti accuratissime contulisset atque septem alios passim inspexisset, certas familias constitui non posse arbitratus, codices omnes inter classes duas partitus est, quarum unam veteriorem ac meliorem textum tradidisse, alterius autem codices deteriores inter se artioribus necessitudinibus coniunctos esse demonstravit. In edendo textu praestantem locum Reginensi Latino 1 260 attribuit quem, ut olim C. Bursian, etsi manifestos errores exhibeat, optimum tamen habet, quocum truncum codicem Bernensem 45 coniungit. Quibus duobus codicibus exceptis, in priore classe partes tres efficit (Monacensem Clm 13 084, Dresdensem Dc 183 Montepessulanumque H 334; Harleianum 2 506 Vossianumque Latinum 4° 92; Parisinum Latinum 8 663, Elnonensem 337 Ambrosianumque M 12 sup.), Parisino Latino 8 728 seposito propterea quod, cum lectiones easdem servaverit quas Monacensis Clm 13 084 et Montepessulanus H 334, non magis cum

12 *Hygin. L'Astronomie,* ed. A. LE BŒUFFLE, Paris (C. U. F.), 1983.

priore classe quam cum altera coniungendus esse videatur. Quod ad codices recentiores pertinet, quos prioribus opponendos esse declarat, A. Le Bœuffle veterrimum codicem Parisinum Latinum 11 127 ac Bruxellensem 10 078, ei proximum, ab quattuor aliis codicibus separat, id est Guelferbytano 18.16 Aug. 4°, Vindobonensi 51, Paulensi XXV. c 16, qui saepe a ceteris differt, Aberystiviensique 735 C, qui pauciores affinitates cum ceteris habet. Vt editionem compleret, philologus Gallicus duos codices contaminatos breviter perspexit (Hemsterhusianum 425 et Palatinum Latinum 1 363).

*

* *

Omnibus catalogis codicum qui in plerisque bibliothecis Europeanis Americanisque hodie exstant recensis, amplius octoginta codices operis Hyginiani enumeravi quorum dimidiam fere partem post saeculum duodecimum confectam esse et complures truncum textum tradidisse constitit, sive nonnullis vel plurimis capitulis consilio neglectis, sive foliis aliquot casu amissis[13].

Vt constituerem quo modo Hygini libri *de astronomia* per Medium Aevum totum traditi essent, codices triginta septem ante saeculum tertium decimum scriptos recensendi consilium cepi, quos omnes ipsa contuli, ideo quod brevi tempore mihi manifestum factum est codices posteriores nullam lectionem magni momenti servavisse quin in ullo codice veteriore esset.

Qui codices paucis verbis nunc mihi describendi sunt, quorum qui ad edendum textum adhibiti sunt siglo suo praediti sunt, quibus autem passim usa sum, si forte lectionem ad sententiam aptiorem praebuerunt, titulo Latino nominavi.

13 Qui indicem totum codicum percurrere volet, leget Gh. VIRÉ, *La transmission du* de astronomia *d'Hygin jusqu'au XIIIe siècle,* in *Revue d'Histoire des textes,* t. 11, 1981, pp. 163–177.

Bernensis 45

Membranaceus, saeculi IX medii, in monasterio Gallico, fortasse Floriacensi, transcriptus, folia 60 (362 × 358 mm) binis columnis praeter folium 59 lineis 39 exarata continet; inscriptiones et litterae initiales colore rubro ductae sunt.

Post alia opera nihil ad astronomiam pertinentia, inter quae Lucani *Pharsalia*, folium 59r-v excerptum Hyginiani operis habet usque ad capitulum septimum libri primi (usque ad verba *de reliquis partibus* p. 7, 55).

Ambrosianus M 12 sup. (A)

Membranaceus, saeculi IX medii – circa 860 –, in monasterio Germanico, fortasse in parte Germaniae quae inter septentriones et occidentem solem spectat transcriptus, paginas 254 (170 × 140 mm) vario numero linearum (ab 33 ad 46) exaratas continet. Codex ex rescriptis foliis compositus est, quae primo sacramentarium Gallicanum magnis litteris uncialibus saeculo septimo scriptum continuerunt et postea perperam ligata sunt.

Hygini opus, partim notis Tironianis transcriptum, quaternio separatus exhibet (pp. 211–226, pagina 225 post paginam 212 legenda); itaque pars operis solum servata est, quae consistit ex praefatione, libro primo parteque libri secundi (ab initio usque ad verba *eam diligebat* p. 42, 521 atque a verbis *et Iovis Ammonis* p. 62, 855-6 ad finem) atque initio libri tertii (usque ad verba *ala una est* p. 99, 79). Reliqua folia opera astronomica atque computistica continent, inter quae Bedae.

Montepessulanus H 334 (M)

Membranaceus, saeculi IX medii aut exeuntis, in monasterio vallis Ligericae verisimiliter transcriptus, folia 80 (225 × 212 mm) lineis 27 exarata continet; nonnullae inscriptiones et litterae initiales colore rubro ductae sunt.

Hygini opus initium codicis (ff. 1r–38r) exhibet, plurimis emendationibus notisque a manibus coaevis additis; postea sunt astronomica opera, inter quae compilatio ex antiquis scriptoribus Eboraci saeculo octavo composita.

Sangallensis 250 (S)

Membranaceus, saeculi IX exeuntis, in monasterio Sangallensi transcriptus, paginas 644 (245 × 184/5 mm) lineis 23 exaratas continet; inscriptiones, delineamenta figuraeque colore rubro, complures autem litterae initiales colore rubro et viridi ductae sunt. Praeterea codex figuris (pp. 469–521) ornatus est quae commentarium in Aratum decorant.

Hygini opus paginae 540–639 continent reliquaeque excerpta astronomica et computistica pleraque ignotorum auctorum exhibent.

Dresdensis Dc 183 (codex admodum corruptus annis 1940–1945)

Membranaceus, saeculi IX exeuntis aut X ineuntis, in monasterio Galliae occidentalis transcriptus, folia 101 lineis 30 exarata continet; delineamentis astronomicis ornatus est et spatia vacua relicta sunt ad librum secundum Hyginianum figuris decorandum.

Opus *de astronomia* folia 33r–93v continent, quorum nulla alia nisi fol. 76v–77r atque 78v–86r hodie supersunt atque textus fere omnino evanidus vix legi potest. Reliqua folia alia opera ad astronomiam pertinentia exhibent, inter quae commentarium in Aratum, Aratea Ciceronis carminaque Anthologiae Latinae.

Elnonensis 337 (E)

Membranaceus, saeculi IX exeuntis, in monasterio Elnonensi transcriptus, folia 79 (±250 × 180 mm) lineis 48 (ff. 1–37) vel 55 (ff. 38–41) vel 29 (ff. 42–79) exarata continet. Inscriptiones primae et tertiae partis colore rubro ductae, multae glossae in imis foliis 22r et 37r–v additae sunt. Qui codex totus ad artes liberales attinens ex tribus partibus compositus est, quarum prima et tertia iam saeculo XII coniunctae sunt, media parte postea adligata; librarii autem nonnulli textus transcripserunt (manu mutata fol. 10r, fol. 26v, fol. 31v, fol. 38r, fol. 42v et fol. 55v).

Hygini opus in coniungendis partibus truncatum est, foliis aptis ad legendum solum servatis. Itaque aliquot excerpta operis Hyginiani nunc supersunt, id est finis libri primi (a verbis *ideo quod sol* p. 12, 145 usque ad finem), magna pars libri secundi (ab initio usque ad verba *sunt in Thracia* p. 43, 526 et a verbis *sit deformatus* p. 73, 1053-4 usque ad finem) tertiaque fere pars libri tertii (usque ad verba *finitur ab eo* p. 106, 215).

Reginensis Latinus 1260 (R)

Membranaceus, ex tribus a variis librariis scriptis partibus compositus quarum prima (ff. 1–124) saeculi IX exeuntis, secunda (ff. 125–164) saeculi X tertiaque (ff. 165–178) saeculi X exeuntis aut XI ineuntis est, in monasterio Galliae septentrionalis, fortasse Autissiodori transcriptus est. Qui codex folia 178 (235 × 191 mm) continet, plena pagina praeter folia 165–178, lineis 27 exarata; litterae initiales colore rubro ductae et multae glossae maxime foliis 1–4 (a manu coaeva) et foliis 17–44 (a Petro Danieli Aurelianensi) additae sunt.

Hygini opus folia 44v–83v exhibent, reliquaque folia non solum opera astronomica atque computistica (inter quae Bedae et Isidori Hispalensis) continent, sed etiam opus cosmographicum atque glossarium vocabulorum ad medicinam herbariamque pertinentium.

Monacensis Clm 13 084 (N)

Membranaceus, ex tribus partibus compositus quarum prima (ff. 1–47) saeculi IX ineuntis, reliquaeque (ff. 48–69 et 70–91) saeculi IX exeuntis aut X ineuntis sunt, verisimiliter Frisingae transcriptus est, etsi folia 48–91 minoribus litteris quam pro scriptorii huius consuetudine scripta sunt. Qui codex folia 91 (255/56 × 180 mm) continet, vario numero linearum (ab 28 ad 38) exarata; inscriptiones atque litterae initiales colore rubro ductae sunt, nonnumquam etiam colore rubro et fusco (ff. 1–47).

Hygini opus in tertia parte transcriptum est (ff. 70r–91v), in prima autem et secunda opera ad rhetoricam et ad geometriam pertinentia.

Parisinus Latinus 8 728 (P)

Membranaceus, saeculi X exeuntis, in monasterio Galliae septentrionalis transcriptus, folia 46 (205 × 145 mm) continet, vario numero linearum (ab 24 ad 28) exarata; inscriptiones atque litterae initiales colore rubro ductae sunt, figura evanida dimidii viri vix inchoati folium 46v ornatum est.

Qui codex totus nunc opus Hygini solum continet quia reliqua folia, in quibus excerptum astronomicum, vita Sancti Hieronymi excerptumque alterum Rabani Mauri transcriptum erat, circa annum 1840 abscissa sunt, cum codex e Bibliotheca Nationali Parisiensi subreptus est.

Harleianus 2 506 (L)

Membranaceus, saeculi X exeuntis, in monasterio Floriacensi transcriptus atque aut in Gallia aut verisimilius in Anglia, ab artifice Venta oriundo figuris ornatus est. Qui codex a variis manibus scriptus folia 93 (296 × 217 mm) continet, binis columnis praeter folia 36–48 lineis 33 exarata; inscriptiones et litterae initiales colore rubro ductae, aliquot colore viridi aut fusco, tabulae autem colore rubro et caeruleo exaratae sunt. Praeterea folia 36r–44v figuris ornata sunt ad Ciceronis Aratea decoranda.

Opus Hygini folia 1rb–30rb continent, multis emendationibus et adnotationibus additis, reliqua autem folia opera astronomica Abbonis Floriacensis, Ciceronis aliorumque atque compilationem Eboraci saeculo octavo compositam exhibent.

Vossianus Latinus 8° 84

Membranaceus, saeculi X exeuntis, verisimiliter in monasterio Gallico transcriptus, folia 33 (160 × 103 mm) continet, vario numero linearum (26 folio 10r, alibi 32 aut 33) exarata; inscriptiones et litterae initiales colore rubro ductae sunt.

Qui codex nullum aliud opus continet nisi Hyginianum, quod truncum est, initio quaternionis tertii amisso (id est a verbo *diebus* p. 67, 949 usque ad finem libri secundi).

Cantabrigensis R 15.32

Membranaceus, saeculi X exeuntis aut XI ineuntis, Ventae transcriptus a variis manibus (prima enim paginis 1–12 et 50–218, secunda paginis 13–36 tertiaque paginis 37–49), paginas 218 (204 × 154 mm) continet, plena pagina praeter paginas 213–216, vario numero linearum (ab 25 ad 29) exaratas; inscriptiones et litterae initiales colore rubro ductae, tabulae autem colore rubro, viridi caeruleoque exaratae sunt.

Praeterea quattuor figurae Hygini textum decorant (p. 102 *Equus,* p. 104 *Taurus,* p. 109 *Pisces,* p. 99 *Heniochus* vix inchoatus), sed alia spatia vacua ad figuras relicta sunt. Opus Hygini paginae 39–135 (id est ff. 21r–70r) continent, reliquaeque opera astronomica exhibent inter quae Abbonis Floriacensis, Martiani Capellae Ciceronisque.

Parisinus Latinus 11 127 (W)

Membranaceus, saeculi X exeuntis, in monasterio Sancti Willibrordi Epternacensis, a duabus manibus transcriptus (priore foliis 1–119, 127–135 et 137–215, altera foliis 120–126, 136r–v et glossis), folia 215 (240 × 170 mm) continet lineis 32 exarata; pleraeque inscriptiones, litterae initiales delineamentaque colore rubro, aliquot autem initiales (ff. 184v et 185r) colore viridi ductae sunt.

Hygini opus folia 170v–201r continent, reliquaque folia varia opera exhibent inter quae Boethii, Apulei, Ciceronis Sallustiique.

Dorvillianus 95

Membranaceus, saeculi X exeuntis aut XI ineuntis, in monasterio Germaniae meridianae a tribus manibus (foliis 1–16; foliis 17–22v linea 27; folio 22v lineis 28–38) transcriptus, folia 38 (238/42 × 171/73 mm foliis 1–24; 236 × 171 mm foliis 25–38) continet lineis 30 praeter folium 1r (lineis 28) exarata; inscriptiones et litterae initiales colore rubro ductae, littera folii 1r colore rubro et viridi depicta est.

Qui codex totus nullum aliud opus continet nisi Hyginianum, multis emendationibus, adnotationibus glossisque in margine additis. Notandum est usque ad medium saeculi octavi decimi codicem Hyginianum posteriorem partem eius codicis fuisse qui nunc *Dorvillianus 77* signatus est. Praeterea postrema folia *Dorvilliani 95* (ff. 25–38) rescripta sunt, in quibus prius excerpta astronomica figuris ornata transcripta erant.

Vossianus Latinus 8° 15

Hic codex dispares fasciculos quattuordecim amplectens liber manualis Ademari Cabanensis est in quo monachus Engolismensis circa 1023–1025 usus sui causa multa a se ipso, nonnulla ab aliis librariis transcripta collegit. Fasciculus tertius decimus in quo Hygini opus servatum est membranaceus, saeculi XI, folia 155–194 (215 × 145 mm) continet lineis 30 exarata; inscriptiones et litterae initiales colore rubro ductae, quadraginta autem figurae siderum cum maxima celeritate exaratae sunt ad librum tertium Hygini decorandum.

Post textum Hyginianum excerpta astronomica et nomina ecclesiarum et locorum ad sanctum Martialem Lemovicensem pertinentium a Bernardo Iterio atque nomina episcoporum Turonensium ab Ademaro ipso scripta sunt.

Reginensis Latinus 123

Qui codex membranaceus, anno 1056 (exceptis foliis 118v–125v quae paulo post et foliis 128r–v et 151r–v quae saeculi XII esse videntur), in monasterio Sanctae Mariae Rivipullensis, monacho Oliva iubente vel etiam adiuvante, transcriptus atque figuris ornatus est manu ipsa monachi Arnaldi. Folia 223 (362 × 280 mm) continet, plena pagina praeter folia 18v–19r, 72r–73r, 74r, 140v et 219r, vario numero linearum (ab 31 ad 35) exarata; inscriptiones et litterae initiales colore rubro, aliquot autem litterae atque figurae colore rubro, caeruleo viridique ductae sunt atque quinquaginta figurae siderum, planetarum, Pleiadum Cometisque depictae sunt quarum quadraginta una excerpta libri secundi et tertii Hygini decorant.

Codex totus ex quattuor libris de sole, de luna, de natura rerum de astronomiaque inscriptis compilationis computisticae et cosmographicae compositus est, quam ampliorem quondam fuisse verisimile est quam est hodie. Cuius compilationis liber quartus ex excerptis Bedae, Chalcidii, Fulgentii, Isidori Hispalensis, Macrobii, Plinii Maioris Hyginique factus est. Itaque opus Hygini haud totum transcriptum est, sed excerpta multa ex libro primo (id est capitulum tertium, quintum, sextum, septimum initiumque octavi usque ad verba *eos pervenire* p. 10, 117), totus liber secundus ac tertius (toto capitulo tricesimo libri tertii et aliquot verbis capitulo quadragesimo secundo libri secundi exceptis), finisque libri quarti (a capitulo duodecimo usque ad undevicesimum).

Dorvillianus 145

Membranaceus, saeculi XI, in monasterio Sancti Petri Gandavensis transcriptus, folia 66 (136/66 × 144/48 mm) continet lineis 22 exarata; inscriptiones et litterae initiales colore rubro, aliquot autem viridi ductae sunt.

Hygini opus folia 12–56 r continent reliquaque folia sententias Publilii Syri.

Parisinus Latinus 8663 (F)

Membranaceus, saeculi XI, in monasterio vallis Ligericae, fortasse in scriptorio ipso Floriacensi a variis manibus transcriptus, folia 58 (270/73 × 180/83 mm) continet vario numero linearum (ab 32 ad 44) exarata; initium textus, littera ornata folii 12 delineamentumque folii 38 v colore rubro ductum est atque quadraginta figurae siderum planetarumque depictae sunt ad excerpta astronomica (ff. 20 r–23 v) decoranda, figura alia capitulo duodequadragesimo libri secundi Hygini addita (f. 11 v).

Opus Hygini initium codicis (ff. 1 r–19 v) continet, reliquumque opera ad astronomiam, mathematicam musicamque pertinentia exhibet.

Paulensis 16/1 (olim XXV. 4. 20)

Membranaceus, saeculi XI, in monasterio incerto transcriptus, folia 21 (257 × 220 mm) continet, vario numero linearum (ab 24 ad 30) exarata; viginti una figurae siderum (ff. 3 r–14 v) supersunt ex quadraginta quae totius libri secundi Hyginiani decorandi causa olim depictae erant.

Hodie enim codex truncus est neque ulla alia excerpta nisi operis Hyginiani exhibet, id est praefationem (usque ad verbum *propositis* p. 2, 34), magnam partem libri primi (a verbis *paralleli* p. 6, 18 usque ad *aequas rationes* p. 9, 91 atque a verbis *sphaerae habitari* p. 13, 171 usque ad finem), primam partem libri secundi (usque ad verbum *Troia* p. 65, 917), librum tertium paene integrum (verisimiliter a capitulo tertio aut quarto) initiumque libri quarti (verisimiliter usque ad capitulum quartum, foliis 21r et 21v lectu difficillimis).

Reginensis Latinus 1207

Membranaceus, saeculi XI, in monasterio incerto transcriptus, folia 104 (166 × 121 mm) continet lineis 16 exarata; litterae initiales colore rubro ductae sunt. Tredecim quaterniones exhibet ex quattuordecim qui nunc in initio alterius codicis (id est *Reginensis Latini 1405*) desunt; nam codices ambo ad artes liberales pertinentes usque ad annos 1650–1680 uno volumine coniuncti sunt. Quarto autem decimo quaternione Reginensis Latini 1207 amisso, opus Hygini desinit in fine libri quarti verbis *reliquis partibus lumen* (p. 151, 543).

Bruxellensis 10078 (B)

Membranaceus, saeculi XI medii aut exeuntis, verisimiliter in monasterio Gemblacensi transcriptus, folia 116 (283 × 210 mm) continet, plena pagina praeter folia 38v–42v, 45v–46r et 92r, vario numero linearum (ab 33 ad 42) exarata; inscriptiones et litterae initiales colore rubro, aliquot autem initiales et tabulae colore rubro et viridi ductae sunt.

Opus Hygini in initio codicis (ff. 1r–24v) transcriptum est et in fine libri quarti verbis *nunc autem demonstra-* p. 157, 638 desinit; reliqua autem folia opera ad musicam pertinentia exhibet inter quae Otgeri et Hucbaldi.

Vindobonensis 2269

Membranaceus, saeculorum XI et XII, in monasterio incerto a compluribus manibus transcriptus, folia 224 (315 × 515 mm) continet, columnis binis (ff. 108–115r et 118–172) aut ternis (ff. 1–107, 116–117 et 173–193), folio 115v excepto, lineis 63 exarata; inscriptiones et tabulae colore rubro, tabula autem folii 169r partim colore caeruleo ducta est.

Opus Hygini folia 208r–217v tenet atque in fine libri quarti verbis *propter magnitudinem* p. 151, 535 desinit, reliqua autem folia alia opera atque excerpta continent quorum multa ad astronomiam spectant (verbi gratia Isidori Hispalensis, Boethii, Abbonis Floriacensis, Chalcidii Macrobii auctorumque incertorum).

Parisinus olim Phillipps 26235 (Z)

Membranaceus, saeculi XII ineuntis, verisimiliter in monasterio Galliae septentrionalis a variis manibus transcriptus, folia 25 (292 × 220 mm) continet, columnis binis lineis 39 exarata; inscriptiones, figura coronae (f. 15v) litteraeque initiales colore rubro ductae, undequadraginta figurae siderum depictae sunt ad librum tertium Hygini decorandum (ff. 15r–20v).

Qui codex totus nihil aliud nisi opus Hyginianum continet. In officina autem auctionaria Londinii anno 1974 venditus, a quodam librorum amatore Parisiensi nunc servatur, unde venit titulus quo eum signavi.

Carnutensis 498 (codex maxime corruptus in incendio bibliothecae anno 1944)

Membranaceus, circa 1130–1140 a Theodorico Carnutensi transcriptus, folia 246 (±530 × 370 mm) continet, columnis binis lineis 47 exarata; figurae (ff. 125–141) colore rubro ductae sunt atque spatia ad litteras initiales capitulorum et ad figuras siderum (in libro secundo Hygini) vacua relicta sunt.

Operis autem Hyginiani initium in foliis 170v–171v transcriptum est, sed verbis *qui cum sevisset* p. 21, 153 abrupte desinit, verisimiliter quod Theodoricus id nihil ad Heptateuchon suum pertinere putaverit. Nam codices Carnutenses 497 et 498 continent librum a Theodorico de artibus liberalibus compositum: prior (497) et initium alterius (498) de trivio, reliquum autem alterius (498) de quadrivio disputat.

Guelferbytanus 18.16 Aug. 4°

Membranaceus, saeculi XII, fortasse in monasterio Germaniae meridianae transcriptus, folia 35 (220 × 155 mm) continet lineis 31 exarata; litterae depictae et initiales librorum capitulorumque, item pauca delineamenta figurarum colore rubro ducta sunt. Quadraginta figurae siderum (ff. 4v–20v) depictae sunt ad librum secundum Hygini decorandum. Qui codex totus solum opus Hyginianum (ff. 1v–35r) exhibet.

Hannovriensis IV 394

Membranaceus, saeculi XII, fortasse in scriptorio Germanico transcriptus, folia 83 (255 × 160 mm) continet, vario numero linearum (ab 31 ad 39) exarata; inscriptiones et litterae initiales colore rubro ductae sunt.

Operis Hyginiani maximam partem continent folia 69r–80r, id est praefationem, librum primum, praefationem libri secundi, libri tertii quartique, reliqua autem folia excerpta astronomica exhibent, inter quae est compilatio quaedam a Gerlando composita.

Laurentianus XXIX.30

Membranaceus, saeculi XII, in monasterio incerto transcriptus, folia 42 (211 × 170 mm) continet, vario numero linearum (ab 31 ad 34) exarata; inscriptiones, litterae initiales paucaque delineamenta figurarum colore rubro ducta atque quadraginta figurae siderum (ff. 5r–25r) depictae sunt.

Aliquot excerpta astronomica opus Hygini sequuntur quod desinit in libro quarto verbis *ibi montium magnitudine* p. 136, 240.

Leidensis B. P. L. 225

Membranaceus, saeculi XII, in monasterio incerto transcriptus, folia 67 (185 × 115 mm) continet, vario numero linearum (ab 32 ad 37) exarata; litterae initiales colore rubro aut viridi ductae sunt. Spatia ad opus Hyginianum figuris ornandum vacua relicta sunt.

Qui codex ex duabus partibus compositus est, primo quaternione verisimiliter in foliis colligandis amisso. Itaque opus Hygini, quod folia 1r–18v continent, initio truncum est; incipit enim in medio libro secundo verbis *qui cum maxime* p. 45, 571. Reliqua autem folia excerpta astronomica atque opus Iuliani Toletani exhibent.

Regius 12 c. IV

Membranaceus, saeculi XII, in monasterio Roffensi transcriptus, folia 170 (222 × 152 mm) continet, columnis binis vario numero linearum (ab 20 ad 40) ff. 1–27, plena autem pagina alibi vario quoque numero linearum (ab 27 ad 32) exarata; inscriptiones et litterae initiales colore rubro aut viridi ductae sunt, multis spatiis vacuis relictis.

Opus Hygini initium codicis (ff. 1r–37r) continet, reliquum autem opera astronomica (inter quae Macrobii) atque historica (inter quae Pauli Diaconi). Librarius librum secundum Hyginianum libri primi et tertii commentarium esse ratus, in interiore columna foliorum 1–27 praefationem, librum primum et maiorem partem libri tertii lineis 20 exaravit, in exteriore autem litteris minoribus usus lineis 40 librum secundum transcripsit atque a folio 28r finem libri tertii atque librum quartum totum plena pagina addidit.

Vindobonensis 51

Membranaceus, saeculi XII, verisimiliter in monasterio Germaniae meridianae transcriptus, folia 172 (343 × 262 mm) continet, columnis binis praeter folia 56v–62r, lineis 51 exarata; pleraeque litterae initiales colore rubro, aliquot autem viridi ductae atque multae figurae depictae sunt, inter quas quadraginta figurae siderum (ff. 147v–155r) ad librum secundum Hygini decorandum.

Opus Hygini folia 146r–162r continent, reliquaque opera pertinentia ad musicam (inter quae Hucbaldi Elnonensis, Guidonis Aretini, Oddonis, Bernonis Augiensis, Gerlandi Vesontini et Ioannis Cottonis), ad rhetoricam (inter quae Ciceronis), ad geometriam (inter quae Vitruvii Rufi et Cassiodori) ad astronomiamque (Martiani Capellae).

Wroclawensis IV 8° 11

Membranaceus, saeculi XII, verisimiliter in monasterio Gallico transcriptus, folia 106 (125 × 180 mm) continet lineis 27 exarata.

Qui codex non solum opus Hygini (ff. 66v–87r), quadraginta tribus capitulis libri secundi exceptis, sed etiam alia excerpta astronomica exhibet, inter quae est ea compilatio a Gerlando composita de qua supra dixi (p. XXIII).

Cantabrigensis Mc Clean 165

Membranaceus, saeculi XII medii aut exeuntis, a nonnullis manibus (manu mutata ff. 89, 117 et 135) in monasterio incerto, fortasse etiam in scriptorio Sancti Trudonis transcriptus est, ubi a saeculo XIII servatus est. Folia 139 (235 × 160 mm) continet, vario numero linearum (ab 32 ad 44) exarata; inscriptiones et litterae initiales colore rubro, litterae autem depictae coloribus variis ductae sunt.

Cuius codicis prima pars (ff. 1–88) opus Hygini continet (ff. 17r–37r), reliqua autem folia astronomica opera exhibent inter quae Martiani Capellae.

Hunterianus T.4.2 (Y)

Membranaceus, saeculi XII exeuntis, in monasterio Dunelmensi transcriptus, folia 176 aut 177 (285 × 200 mm) continet, lineis 87 exarata, quorum 149 hodie supersunt; litterae initiales colore rubro, viridi caeruleoque ductae sunt.

Opus Hygini quod folia 137r–149v continent in medio libro secundo verbis *ad eos oppugnandos* p. 69, 977 desinit; initium autem codicis opera computistica atque astronomica exhibet inter quae Bedae et Abbonis Floriacensis.

Gronovianus 21

Membranaceus, saeculi XII medii aut exeuntis, in monasterio incerto transcriptus, folia 77 (227 × 140 mm) continet, columnis binis praeter folium 54v, lineis 45 exarata; inscriptiones et litterae initiales colore rubro ductae atque sex figurae in margine inferiore folii 55r additae sunt (id est Arctophylacis et Coronae figura bis delineata, Engonasin et Lyrae figura).

Opus Hygini quod folia 55ra–59vb continent truncum est; nam solum liber tertius, initium libri quarti (usque ad verba *perveniant ad occasum* p. 135, 208) breveque excerptum libri secundi (a verbis *hanc autem Hesiodus* p. 15, 24 usque ad verba *ut Eratosthenes demonstrat* p. 20, 126–7) transcriptum est. Reliqua autem folia varia opera exhibent inter quae Gellii et Ciceronis.

Vossianus Latinus 4° 92

Membranaceus, saeculi XII exeuntis, fortasse in monasterio Galliae meridianae a tribus manibus transcriptus, folia 115 et 2 minora (235 × 160 mm) continet, vario numero linearum (ab 17 ad 38) exarata; inscriptiones et multae adnotationes marginales colore rubro ductae sunt, multis spatiis ad litteras initiales vacuis relictis. Praeterea quadraginta una figurae siderum (ff. 95v–105r) depictae sunt ad librum tertium Hyginianum decorandum.

Opus Hygini folia 76r–112v continent, multis emendationibus a manu coaeva additis, reliqua autem folia opera ad geometriam et astronomiam pertinentia exhibent.

Arundelianus 339

Membranaceus, saeculi XIII, in monasterio Germaniae meridianae transcriptus, folia 153 (198 × 140 mm) continet, plena pagina praeter folia 31v, 69v–71r et 152v, vario numero linearum (ab 42 ad 47) exarata; multae glossae in margine additae sunt atque multae figurae et tabulae coloribus variis depictae sunt, inter quas quadraginta una figurae siderum (ff. 73r–85r) ad librum secundum et tertium Hyginianum decorandum.

Opus Hygini folia 71v–89v continent, in quo capitula libri secundi et tertii de singulis sideribus coniuncta sunt. Reliqua autem folia opera ad quadrivium pertinentia exhibent inter quae Boethii, Gerberti, Chalcidii et Macrobii.

Palatinus Latinus 1363

Membranaceus, saeculorum XII et XIII (postrema autem folia paulo post), in monasterio Germanico a compluribus manibus transcriptus, folia 260 (216 × 158 mm) continet. Qui codex ex multis partibus compositus est, operibus variis uno volumine colligatis. Folia 4r–36v quae opus Hygini continent, columnis binis lineis 31 exarata sunt; inscriptiones et litterae initiales colore rubro, paucae autem litterae colore rubro et viridi ductae sunt. Praeterea in folio 35v duae figurae astronomicae in marginibus depictae sunt.

*
* *

Quo quis plures codices librorum *de astronomia* recenset, eo clarius illi videtur textum Hyginianum ab Antiquitate usque ad extremum Medium Aevum haud multum mutatum esse, propterea quod, praedictis codicibus triginta septem accuratissime collatis, neque tanti momenti lectiones variae neque tot verba omissa reperta sunt quibus familiae aliae ab aliis distantes constitui possent. Inde sequitur textum qui ad nostram aetatem recta via pervenit, ex exemplari communi emanare, quod in libri quarti fine iam truncum esset et in eo cum verba quaedam tum nomina Graeca iam corrupta essent, verbi gratia:

p.22,174	Ceorum
p.38,441	Phorcisi
p.41,491	Iliadis
p.57,770	Sthenoboean
p.67,945	Aphidnis
p.88,1270	Ischyn
p.88,1276	Elaeusa.

Quae cum ita sint, ratione lectionum communium habita, septem tamen classes definiri licet in quas triginta tres ex triginta septem codicibus dividantur:

classis α: Bernensis 45, Montepessulanus H 334, Sangallensis 250, Reginensis Latinus 1260, Monacensis Clm 13084, Parisinus Latinus 8728, Vossianus Latinus 8° 15, Reginensis Latinus 123, Reginensis Latinus 1207, Vindobonensis 2269;

classis β: Harleianus 2506, Cantabrigensis R 15.32, Carnutensis 498, Hannovriensis IV 394, Regius 12 c. IV, Wroclawensis IV 8° 11, Vossianus Latinus 4° 92;

classis γ: Ambrosianus M 12 sup., Elnonensis 337, Vossianus Latinus 8° 84, Parisinus Latinus 8663;

classis δ: Parisinus Latinus 11127, Bruxellensis 10078;

classis ε: Paulensis 16/1, Guelferbytanus 18.16 Aug. 4°, Laurentianus XXIX.30, Vindobonensis 51, Gronovianus 21, Arundelianus 339;

classis ζ: Cantabrigensis Mc Clean 165, Palatinus Latinus 1363;

classis η: Parisinus olim Phillipps 26235, Hunterianus T 4.2.

Quae classes si quis explicare conatur quibus necessitudinibus inter se coniunctae sint, sex earum in duo ampliora genera colligendas esse comperit, unum α β γ, alterum δ ε ζ amplectens, septimam autem (η) paucioribus locis tantum differre a ceteris (maxime p. 50, 669–73) ut paene separanda sit.

Classes α β γ, quibus veteriores codices continentur, affines esse complures lectiones communes ostendunt:

p. 5, 11	est *om.*
p. 48, 625	ius / eius
p. 55, 747	qui *om.*
p. 66, 924	contionatum / continuo natum
p. 66, 928	appellatam
p. 135, 205	modi *om.*

quibus adduntur in β γ aliquot similitudines quas paene omnes codices classis α servaverunt, Reginensi Latino 1 207 et Vindobonensi 2 269 exceptis:

p. 27, 259	pro *om.*
p. 93, 1342	hedum (Parisino Latino 8663 quoque excepto)
p. 102, 146	unam *om.*
p. 124, 497	alas / alias
p. 145, 421	inaequales et *om.*
p. 147, 458	ante *om.*
p. 147, 462	quo *om.* ... ante *om.*
p. 147, 472	sin autem
p. 149, 498	solo / solam / sole / a sole *add. post* lunam

vel eisdem iterum et Vossiano Latino 8° 15 Reginensique Latino 123 exceptis:

p. 30, 310	nixum / nexo
p. 109, 253	capite.

Item classes δ ε, quae ex recentioribus codicibus consistunt, lectionibus propriis insignitae sunt:

p. 40, 483	apparens
p. 50, 670–1	aquilam de qua ante diximus interfectam
p. 55, 734	saltandi *add. post* cupiditate
p. 127, 40	*post* videtur *add.* ex una parte id/hoc est/I ab aequinoctiali ex altera (parte) Hercules pari ratione.

De classe α

Re vera codices classis α paucas lectiones communes inter se habent:

p. 103, 162	ullum
p. 151, 537	existimari (Parisino Latino 8 728 excepto)
p. 151, 541	aut (Parisino Latino 8 728 excepto)
p. 152, 558	a luna terrae / ad luna terrae / a luna terrae est (Parisino Latino 8 728 excepto)
p. 154, 582	enim *om.*

propterea quod recentiores, Reginensis Latinus 1 207 et Vindobonensis 2 269, alter ambove, ut nonnumquam ab α β γ differunt, ita compluribus locis non eandem lectionem servaverunt ac ceteri codices classis suae; ita modo ab ambobus distat α:

p. 72, 1041	se *om.*
p. 102, 138	arctoum / arctum / artocum / arctum vel
p. 110, 273	vacuum et cervicem / et cervicem vacuam / vacuum et cervice *add. post* genu unam
p. 110, 276	Auriga
p. 129, 82	octavo
p. 137, 251	intellegatur *om.*
p. 137, 251	ponamus *om.*
p. 142, 364	occidentem
p. 149, 503	qui(n)

modo ab Vindobonensi 2 269:

p. 138, 264	*aliquot verba addita post* Virgo
p. 149, 499	hicque (Parisino Latino 8728 excepto)

modo ab Reginensi Latino 1 207:

p. 122, 470	habet *om.*
p. 126, 36	corpus *om.*
p. 141, 324	fuerint *om.*
p. 145, 418	longus *om.*

Qui codex (Reg. Lat. 1207) praeterea tanti momenti lectiones communes cum duobus codicibus α paulo ante scriptis – Vossiano Latino 8° 15 et Reginensi Latino 123 – habet:

p. 4, 77	maxima re
p. 94, 1351	in fonti/fonte puro
p. 104, 177	ficti om.
p. 109, 252–4	occidens ... collocatum *om.*
p. 111, 296	primo om.

ut in nulla alia classe nisi α constituendus sit.

De Sangallensi 250 (S), Monacensi Clm 13 084 (N) et Montepessulano H 334 (M)

SNM cum omnia verba servavissent ubi plerique codices classis α aliquot omiserunt:

p. 3, 47	et cum ... moveatur *om.* Bernensis 45, Vossianus Latinus 8° 15, Parisinus Latinus 8 728, Reginensis Latinus 1 260, Reginensis Latinus 123 et Reginensis Latinus 1 207
p. 11, 121–3	hanc mediam ... sphaerae
p. 60, 820–1	cum aliis ... Athamantis
p. 64, 902–3	filiae ... sint
	trina om. Vossianus Latinus 8° 15, Parisinus Latinus 8 728, Reginensis Latinus 1 260 et Reginensis Latinus 123,

operis Hyginiani perfectissimum textum tradidisse videntur qui passim lectionem corruptam, sed proximam testimoniis praebet, ita ut eam ex exemplari communi emanare verisimile sit, verbi gratia:

p. 60, 814	*tortum/to.tum* (quod verbum corruptum est pro *tostum,* cum ceteri codices classis α, Reginensi Latino 123 excepto, *ortum* habeant).

Lectionibus autem communibus paucissimis SNM:

p. 12, 157	vestituum/vestitium
p. 32, 358	item
p. 37, 428	fabulae
p. 43, 524	Scorpion

p. 112,322	ex
p. 148,487	incate / incata

addendae sunt quae in his tribus codicibus apparent et simul in Vossiano Latino 8° 15 Reginensique Latino 123:

p. 9,78	Aquilo
p. 48,632–3	celerum / celerium eveniunt
p. 99,77	finit
p. 107,223	finem *add. post* capite
p. 121,462	et *om.*
p. 131,134	duobus

vel in Vossiano Latino 8° 15, Reginensi Latino 123 Reginensique Latino 1207:

p. 107,234	eius *om.*
p. 119,426	XVIII
p. 151,541	nam.

Cum M paucioribus lectionibus non solum cum N coniunctus sit:

p. 49,644	extera
p. 99,88	paululo
p. 105,202	duo
p. 145,419	qua

sed etiam cum S:

p. 44,543	prae
p. 57,786	parens
p. 126,28	mutamur,

e contrario N complura eadem verba ac S exhibet:

p. 24,208	appellant
p. 24,217	conficit
p. 47,613	quae cum
p. 96,21	quid
p. 103,162	Eratus
p. 109,265	nostri *om.*
p. 109,268	nascantur
p. 111,304	collocatus
p. 112,316	humeri
p. 121,459	orbe
p. 126,23	at
p. 131,122	mensum
p. 141,329	sphaerae

p. 147,463	ut
p. 148,486	loqui
p. 148,489	videmur
p. 149,496	si
p. 154,589	aut
p. 155,604	colorem,

etsi pluribus locis verba omisit quae S servavit.

Vnde conieci N ex S emanare, exemplar autem medium inter S et M interpositum esse; qua ratione efficitur ut S propter minimum numerum lectionum propriarum optimus codex Hygini habendus sit, cuius lectiones potissimum ad edendum textum eligendae sint.

De Vossiano Latino 8° 15 et Reginensi Latino 123

Ambo codices quamquam nonnullis erroribus inter se coniuncti sunt:

p. 15, 27 et 18, 94	immediocriter *pro* mediocriter
p. 73, 1055	murum *pro* Musarum
p. 73, 1063	uno *om.*
p. 87, 1259	misso *pro* admisso
p. 103, 156	venatus *om.*
p. 107, 224	stellas *om.*
p. 116, 383	extrum *pro* exortum
p. 143, 380	capite *om.*,

dubitandum tamen est cur, cum saeculo undecimo transcripti sint, tam emendatum textum tradiderint, ut compluribus locis lectionem proximam exemplari communi etiamtunc continerent (verbi gratia p. 91, 1317, p. 104, 173 et p. 110, 286–111, 288). Quod haud mirum est quoniam librarii celeberrimae famae, Ademarus Cabanensis atque Oliva Rivipullensis, quorum sub auctoritate uterque codex confectus est, curaverunt ut sibi praesto esset quam optimum exemplar Hygini quod, etsi non tam perfectum, affine tamen SNM vel SN esse credendum est, ut ostendunt aliquot lectiones communes:

p.30,319	lyra
p.52,695	tam/tum
p.67,945	arridum
p.108,238	capite
p.150,529	et
p.152,551	sole ... luna.

De Reginensi Latino 1260 (R) et Parisino Latino 8728 (P)

Ambo codices, praeterquam quod plurimas similitudines habent:

p.3,47	moveatur
p.57,779	Euripes
p.58,801	quod
p.63,878	videtur
p.82,1178	quem
p.95,1	incipientes
p.97,54	humerus
p.100,97	Scorpionis exortu
p.101,110	appellatam
p.107,224	autem *om.*
p.113,333	habet *om.*
p.115,366–7	magnas ... mammis singulas *om.*
p.118,418	esse
p.120,443	sed *om.*
p.126,26	imperitos
p.128,66	quod ... invenit
p.134,188	prioris
p.140,311	id
p.140,314	antarcticum
p.152,556	fecerit ad lunam *om.*
p.152,556–7	quam Graeci ... potuerunt/dicere *om.*
p.157,635	solis *om.*,

digni quoque sunt qui diligenter ab editore Hygini inspiciantur. R enim, qui optimus codex librorum *de astronomia* diu existimatus est, lectiones communes et cum Vossiano Latino 8° 15:

p. 32, 352	et ob *add. ante* id
p. 41, 485	ita *om.*
p. 53, 704	ad sacrificandum
p. 146, 437	XII
p. 146, 445	XX

et cum Reginensi Latino 123:

p. 86, 1239	centaurum

et cum utroque codice servavit:

p. 21, 144	accusasset,

ita ut cum eo ipso exemplari coniunctus esse videatur ex quo Vossianum Latinum 8° 15 et Reginensem Latinum 123 emanari supra dixi.

P autem hoc insignis est quod non solum compluribus locis eandem lectionem ac codices classis δ et nonnumquam etiam classis η tradidit:

p. 7, 46	arcturi
p. 11, 128	Africa tertia Asia
p. 20, 120	invenisse
p. 46, 595	et *om.*
p. 111, 287	in sinistro cubito unam *om.*
p. 152, 554	si circulos quis intra zodiaci ambitum fecerit
p. 152, 554	eosque sic
p. 154, 582	sole

sed etiam aliis locis lectionem rectam neque falsam classis α vel plurimorum codicum classium α β γ servavit:

p. 7, 51	aquilonis
p. 35, 403	eum
p. 38, 441	de quo
p. 38, 443	quaeque
p. 44, 550	ripam
p. 48, 632	celerrime
p. 52, 695	tandem
p. 82, 1183	aegre ferret
p. 89, 1282	immolaretur
p. 89, 1296	earum
p. 91, 1324	Phetontam
p. 97, 52	prioribus
p. 100, 107	ipsa circumductione
p. 128, 63	quattuor
p. 131, 126	diem

p. 147, 472	intellegetur
p. 149, 499	idque
p. 150, 524	alicui
p. 151, 537	existimatur
p. 151, 539	umquam.

Itaque, etsi multis omissionibus corruptus est, P tamen textum exhibere videtur qui duobus generibus codicum coniunctus paucioribus locis meliorem lectionem quam classes α β γ praestet.

De Reginensi Latino 1207 et Vindobonensi 2269

Reginensem Latinum 1207 contaminatum esse constat ex lectionibus communibus quas cum omnibus vel plerisque codicibus classis α habet, nec non ex verbis iisdem quae aliis locis servavit ac codices tres ipsi contaminati, scilicet cum Dorvillianus 145, tum Cantabrigensis Mc Clean 165 Palatinusque Latinus 1363 (classis ζ).

Vindobonensis autem 2269 artiores affinitates ostendit cum Parisino Latino 8728:

p. 2, 37	quaque
p. 12, 157	finem uti bracis *om.*
p. 21, 152	sereretur *om.*
p. 27, 260–1	velletque
p. 29, 304	prolata
p. 45, 574	ut illis
p. 55, 730	redeamus
p. 56, 753	in ea *om.*
p. 60, 820	procreatum *om.* ... dicunt *om.*
p. 67, 952	constituisset
p. 81, 1170	sub terra *om.*
p. 89, 1296	peremit
p. 149, 504	XII signa diebus XXX

quem in classe α locum singularem obtinere supra demonstravi.

De Bernensi 45

Bernensis 45, quamvis minimum excerptum operis Hyginiani contineat, sine ullo dubio cum classe α coniungendus est, quod maximi momenti lectiones communes cum Reginensi Latino 1 260, Parisino Latino 8 728, Vossiano Latino 8° 15, nonnumquam etiam cum Reginensi Latino 1 207 et Vindobonensi 2 269 tradidit:

p. 2, 23	viderentur
p. 3, 47	et cum ipse ... moveatur *om.*
p. 3, 61	tam / tamen
p. 4, 80	initia (Parisino Latino 8 728 excepto)
p. 5, 3	rotunditate (Parisino Latino 8 728 excepto)
p. 6, 24	aequali.

De classe β

Codices septem ex quibus classis β consistit – Harleianus 2 506, Cantabrigensis R 15.32, Carnutensis 498, Hannovriensis IV 394, Regius 12 c. IV, Wroclawensis IV 8° 11 Vossianusque Latinus 4° 92 – quot ac quantas lectiones communes ostendant conspicuum est, inter quas dignae sunt quae nominentur haec:

p. 9, 91	aequales
p. 11, 121–2	ac mediam / medium
p. 16, 57–8	Iunonem ... invenisse *om.*
p. 17, 68–9	sed ... Lycaonis *om.*
p. 21, 146–7	hoc autem facto
p. 24, 208	et solitariam oportebat *om.*
p. 26, 251–27, 254	ad Argivorum ... descensionem *om.*
p. 43, 531	morti eripuisse *add. post* collocatum
p. 50, 666	revertendum esse
p. 58, 791	venerari
p. 61, 842–3	quod iter ... esset *om.*
p. 72, 1048	petenti ... tribuisset *om.*
p. 73, 1063	artificiosa
p. 92, 1324	solus

p. 94, 1358–9	quod ... significasse *om.*
p. 98, 57–8	hic ... terram *om.*
p. 112, 307–8	sub pectore ... infra alteram *om.*
p. 115, 368–9	in utrisque ... crure unam *om.*
p. 120, 439	hic habet ... defixos pedes
p. 128, 64	et dimidium partis *om.*
p. 130, 100	locum vel circulum
p. 138, 276–8	diximus ... arbitramur *om.*
p. 139, 284–6	reliqua ... diximus *om.*
p. 140, 321–3	quae ... occidant *om.*
p. 143, 379–80	etiam Cepheus capite om.
p. 153, 564	Veneris est stella.

His autem addendi sunt et loci ubi classis β sententiam ad intellegendum aptam sola praebet:

p. 49, 647	Thetin
p. 94, 1353	et
p. 129, 89	unde
p. 142, 361	occidit
p. 149, 496	ut
p. 157, 635	rediens

et loci qui pro lectione aut corrupta aut inepta veteriorum codicum α in classe β verba, modo recte modo prave, refecta habent:

p. 7, 51	aquilonalibus
p. 25, 225	Thetis
p. 34, 376	Proserpinam
p. 38, 441–2	quarum ... genealogiam
p. 46, 588	ut nonnulli
p. 48, 632	celeriter
p. 50, 666	opinor ... revertendum esse
p. 91, 1317	constituisse in his et
p. 110, 273	*post* genu *add.* et in cervice vacuam unam
p. 110, 286	in sinistro humero unam in dextro humero alteram
p. 137, 246–7	sex signa sint infra autem VI
p. 149, 459	hoc autem
p. 151, 546	iudicatur
p. 152, 554	quinque et eos
p. 157, 640	sunt qui.

Quamvis solidi codices classis β essent, nonnullis tamen locis omnes vel plerique eandem lectionem tradiderunt ac maior pars classis α:

p. 21, 152	cum *om.*
p. 28, 276	verum
p. 29, 297	conaretur
p. 29, 305	qui sit
p. 74, 1065	et *om.*
p. 79, 1143	a dominis/ad hominis (-nes)
p. 135, 218	si stante
p. 137, 253	quod
p. 145, 427	inferius
p. 151, 532	sol *om.*

atque aliis locis similia verba ac solus Reginensis Latinus 1 260 continent:

p. 23, 184	ut
p. 41, 498	martis
p. 100, 104	singulas
p. 100, 106	sedile
p. 112, 309	in pede priore unam *add. post* genu unam
p. 119, 424	II
p. 123, 493	XXVI
p. 152, 555	dimensionem
p. 156, 621	dicatur

ita ut classis β omnis propior classi α habenda sit quam classis γ.

De Harleiano 2 506 (L) et Cantabrigensi R 15.32

Sine ullo dubio Harleianus 2 506 et optimus codex totius classis β et ex exemplari emendato a correctore Gallico transcriptus aestimandus est. Proximus autem ei Cantabrigensis R 15.32 esse videtur, propterea quod ambo codices non solum maxima parte eadem opera atque excerpta astronomica continent, sed etiam similitudines, quamvis paucas, tamen magni momenti habent:

p. 18, 84	ab his *add. ante* qui

p. 19, 100	de septentrionibus *om.*
p. 55, 746	usus erat
p. 72, 1030	hanc *om.*
p. 77, 1109	capere
p. 130, 103	celerem.

Cum Harleianus 2 506 Floriaci scriptus atque Ventae figuris ornatus, Cantabrigensis autem R 15.32 Venta quoque oriundus sit, conici potest hunc ab illo ipso transcriptum esse.

De Regio 12 c.IV et Vossiano Latino 4° 92

Vt Regius 12 c.IV et Vossianus Latinus 4° 92 fere ducentas lectiones communes habent, quarum manifestissimas enumerare satis est:

p. 30, 318	id est lyra(m) *add. post* collocata *vel post* Thesei
p. 36, 413	quam ... dixerunt *om.*
p. 42, 508	contra *pro* terra
p. 43, 528–9	tradita ... hominibus *om.*
p. 44, 545	ita ... tenentem *om.*
p. 48, 625	vocariis *pro* neve carnis
p. 64, 890–2	Pleiades ... demonstrat *om.*
p. 71, 1014	magnam *pro* magnanimam
p. 72, 1030–2	sed ... videtur *om.*
p. 73, 1052–3	pro nemo centaurus sagittarius usus *pro* quod ... usus
p. 77, 1107–9	ne ... ipsos *om.*
p. 81, 1162–3	e facto ... consuetudine *om.*
p. 92, 1329–30	quod ... eius *om.*
p. 92, 1333–4	itaque ... appellavit *om.*
p. 98, 70	arctum *pro* arcticum,

ita lectiones easdem tradiderunt non solum ac Cantabrigensis R 15.32 Hannovriensis IV 394 Wroclawensisque IV 8° 11, ubi Harleianus 2 506 lectionem aptam adhuc habet:

p. 29, 292	mortuum *pro* mortem
p. 44, 542	rapto *pro* erepto
p. 50, 662	secum *pro* se
p. 56, 760	virgula *pro* ungula
p. 79, 1139	insedisse *pro* incidisse

p. 111, 295	iam *add. post* ante
p. 127, 43	aequinoctialem *pro* arcticum
p. 148, 486–7	ne si ullis *pro* ne nonnullis,

sed etiam ac Hannovriensis IV 394 et Wroclawensis IV 8° 11 locis eis quibus Harleianus 2506 et Cantabrigensis R 15.32 lectionem ceterorum codicum servaverunt:

p. 7, 43	*post* sex *add.* Marcianus dicit in boreo circulo esse partes octo in solsticiali sex in aequinoctiali quattuor
p. 98, 67	ita sunt X et IX *add.*
p. 99, 78	ita sunt IX *add.*
p. 104, 177	ita sunt V *add.*
p. 106, 218	ita est stellarum III *add.*
p. 107, 233–4	pisce … toto *om.*
p. 111, 289	ita sunt omnino XVIII *add.*
p. 129, 90–1	sed … revertamur *om.*
p. 139, 304–140, 305	quo enim … videbuntur *om.*
p. 150, 516–7	fiat … cum ex *om.*
p. 152, 559–153, 562	diebus … Mercurii *om.*

Itaque uterque codex medius habendus est inter textum Harleiani 2506 Cantabrigensisque R 15.32 et Hannovriensis IV 394 Wroclawensisque IV 8° 11 atque ex exemplari eo oriundus videtur quod, quamvis Cantabrigensi R 15.32 affine, tamen corruptius et imperfectius fuit.

De Hannovriensi IV 394 et Wroclawensi IV 4° 11

Textus Hyginianus, truncus libro secundo atque compilationi partim computisticae partim astronomicae insertus, tantis erroribus in utroque codice corruptus est ut nonnumquam sensu careat:

p. 98, 65	in crure duas in pede *om.*
p. 99, 84	cum parte una *add. post* extrema
p. 100, 100–2	in sinistra … in latere *om.*
p. 109, 259	ab ortu *pro* ad exortum
p. 111, 296–7	in sinistro … obscuras *om.*
p. 119, 430	aquilonem *pro* aequinoctialem

p. 130, 105	aequinoctio *add. post* genua
p. 141, 337	procedat *pro* prodeat
p. 147, 453	ceteris *pro* certius
p. 150, 522	illud *pro* aliud,

unde apparet exemplar idem ad ambos codices transcribendos adhibitum esse.

De Carnutensi 498

Qui codex celebri librario ducente transcriptus, emendatiorem textum habet quam codices coaevi classis suae, propterea quod neque ullum errorem Hannovriensis IV 394 Wroclawensisque IV 8° 11 proprium tradidit neque in libro primo glossam servavit in Regio 12c. IV, Vossiano Latino 4° 92, Hannovriensi IV 394 Wroclawensique IV 8° 11 insertam, etsi similitudines cum eisdem codicibus exhibeat:

p. 6, 23	mundo poloque *pro* modo polo
p. 7, 47	septentrionales *pro* septentriones
p. 9, 83	*post* quae *add.* tantum spatii habet latitudo zodiaci quantum longitudine duodecim partes attribuunt
p. 13, 164	ventum *om.*
p. 13, 167	possit *om.*
p. 16, 44	cum filio *om.*
p. 19, 102	appellari *pro* nominari.

De classe γ

Ambrosianus M 12 sup. (A), Elnonensis 337 (E), Parisinus Latinus 8 863 (F) Vossianusque Latinus 8° 84 in classe γ collecti sunt quod plures lectiones communes cum classe β habent:

p. 15, 32	servasse (cum Reginensi Latino 1260)
p. 28, 291	concessa *om.*
p. 99, 76	collocata
p. 99, 78	lyrae

p. 102, 140	exortis
p. 102, 146 et 147	femore

quam cum classe α:

p. 20, 127	quodvis
p. 42, 506	pulchritudinis
p. 88, 1273	Scyn (non in omnibus codicibus classis α).

Tot lectionibus communibus codices classis eius inter se coniunctos esse:

p. 15, 30	intumescente
p. 15, 35	appellatur
p. 16, 37	adiuvans
p. 19, 112	et *add. post* acceperunt
p. 21, 153	id *om.*
p. 29, 293	Herculum ... contra
p. 30, 315–6	gladio putri/patri refervere
p. 30, 323	ianuam
p. 31, 339	astra
p. 33, 375	ipse *om.*
p. 34, 384	mare de / maredem fonte
p. 36, 414	periculis
p. 36, 415	ipsumque
p. 37, 425	pro *om.*
p. 37, 433	pegasum
p. 39, 450	vocamus
p. 39, 456–7	et templum ... Minervae *om.*
p. 43, 523	praeterea *add. post* Ophiuchus
p. 65, 914	eius *om.*
p. 66, 929	fugientem eam
p. 69, 977	expugnandos
p. 69, 982	conicerentur
p. 70, 994	dixerunt vel scripserunt
p. 71, 1018	Virginem
p. 72, 1030	dixisse voluerunt
p. 72, 1043	eduxisse
p. 77, 1113	quam
p. 82, 1188	abiecisset
p. 85, 1226	Minervam
p. 86, 1247	sacram
p. 88, 1269–70	Apolline ... filium *om.*
p. 89, 1282	filias *om.*

p. 89, 1286	fuissent
p. 90, 1313	scribit *om.*
p. 95, 11	arcturus
p. 96, 19	arcturum

eo insignius est quod unus eorum, Parisinus Latinus 8663, totum opus Hyginianum continet, ceteri autem excerpta haud semper eadem habent.

Quae classis, quamvis haud ampla, tamen magno usui editori Hygini est, propterea quod duos ex veterrimis codicibus librorum *de astronomia* amplectitur, id est Ambrosianum M 12 sup. et Elnonensem 337, quos ipsos affines esse aliquot errores communes ostendunt:

p. 13, 163–7	itaque ... possit *om.*
p. 17, 60	haec retulisse
p. 22, 167	ac cedebat/accedat
p. 39, 447	manu sua
p. 75, 1076	muciribus
p. 91, 1316	pontificus.

Hi tamen duo codices errores Parisini Latini 8663 Vossianique 8° 84 proprios non praebent quorum nonnulli verbi gratia memorari possunt:

p. 29, 297	leonem
p. 29, 308	Aries
p. 39, 459–60	in eo loco ... appellatus *om.*
p. 53, 712	supervenit
p. 60, 819	phybisni
p. 108, 249–50	nunc ... aries *om.*
p. 126, 34–5	evenit ... videatur/esse *om.*
p. 133, 177–8	perquirentes omnes significantes
p. 152, 561	loco.

Codices ergo classis γ ab exemplaribus duobus proximis transcripti sunt, quorum melius ab Ambrosianum M 12 sup. et Elnonensem 337 adhibitum est, corruptius ad Vossianum Latinum 8° 84 et Parisinum Latinum 8663. Aliquot autem errores exemplaris eius, quod ante oculos habuit librarius Parisini Latini 8663, emendare conatus est, cum scriba Vossiani Latini 8° 84 eos servaret (clare *pro* clare lucentem, in utrisque pedes *pro* in utrosque pedes, negaresse *pro* negare se). Parisinus Latinus 8 663 praeterea dignus est qui accuratius inspiciatur non solum quod similitudines complures modo cum classi β omni exhibet:

p. 50, 662	dicerent
p. 54, 727	traiectum
p. 67, 943	Iason
p. 110, 286	in sinistro humero unam in dextro humero unam / alteram
p. 122, 470	posteriore
p. 122, 471	et *om.*
p. 125, 10	fieri
p. 131, 131	quoque *om.*
p. 132, 140	his *om.*
p. 133, 167	vernale
p. 148, 481	faciat

modo cum Harleiano 2 506, veterrimo codice eius classis:

p. 4, 73	sin
p. 27, 259	impudenti
p. 43, 541	enim *add. ante* eo
p. 57, 784	pater
p. 102, 135	est *om.*
p. 121, 461	exortus
p. 148, 487	intactam

aliis quoque locis lectione Harleiani 2 506 a correctore in margine addita:

p. 77, 1107	usitare
p. 110, 273	*post* genu unam *add.* et in cervice vacua(m) unam
p. 125, 15	qui voluerit
p. 149, 509	videbatur
p. 150, 511	autem *om.*
p. 156, 621	diebus,

sed etiam quia necessitudinibus cum Reginensi Latino 1 260 coniunctus est, qui ipse locum singularem in classe α tenet:

p. 13, 163	discedit
p. 34, 385	sepultura
p. 62, 861	fuit
p. 68, 957	deformatione
p. 127, 40	*post* prope *add.* hunc

p. 127, 43	superiora crurumque
p. 150, 522	XIImo signo
p. 151, 547	aut.

Ex origine Gallica utriusque codicis (Harleiani 2 506 et Reginensis Latini 1 260) conici potest exemplar a quo Parisinus Latinus 8 663 et Vossianus Latinus 8° 84 exarati sunt ex Gallia quoque oriundum esse, sed, verbo *haec* pro *autem* tredecies in Vossiano Latino 8° 84 scripto, quia nota insulana cum alia confusa est, exemplar Gallicum ipsum ex Britannico emanare existimandum est.

De classe δ

Quam affines inter se sint Parisinus Latinus 11 127 (W) et Bruxellensis 10 078 (B), qui in numero veteriorum codicum Hygini sunt, nonnullae lectiones et errores indicant:

p. 12, 148	non *add. ante* longe
p. 32, 354	figuram tam
p. 83, 1208	statuisse *om.*
p. 89, 1296	interemit
p. 91, 1316	quem *om.*
p. 93, 1345	autem *om.*
p. 104, 170	figurati
p. 112, 314	prospicitur
p. 119, 427	pedibus *om.*
p. 119, 428	ab *om.*
p. 129, 88	octavo
p. 146, 445	ut in *om.*
p. 155, 608	deficiens

quibus addendae sunt complures lectiones prioris dimidii operis quae codice contaminato Dorvilliano 95 quoque servatae sunt:

p. 2, 34	rebus *om.*
p. 18, 88	plaustri *om.*
p. 26, 240–1	a veneratoris accepisse
p. 30, 317	*ante* extollat *add.* lapidem
p. 30, 327	abstulerit

p. 32, 347	dicitur
p. 47, 611	imposuisset
p. 49, 641	ait
p. 52, 702	Naxam
p. 56, 750 et 753	Orionis
p. 57, 775	perterritus
p. 60, 824	corpore *om.*
p. 63, 884	dodonas
p. 65, 911	dicunt
p. 65, 917	capta *om.*
p. 66, 934	astrologi om.
p. 67, 942	dixerunt *add. post* etiam
p. 72, 1048	ultor(i)
p. 75, 1081	permotis
p. 77, 1107	cedere
p. 77, 1114	per *add. ante* illius
p. 81, 1167	autem *add. post* existimatur
p. 83, 1196	illa *om.*
p. 97, 47	hic.

Codices autem classis δ quorum lectiones nonnullae in classe ε apparent:

p. 14, 6	eius *add. post* filiaque
p. 19, 107	quali
p. 23, 201	paenitentibus
p. 28, 274	non *om.*
p. 42, 509	diximus
p. 48, 624–6	ne ... posset *om.*
p. 62, 860	propterea
p. 64, 904	quam *add. post* amplius
p. 78, 1120	a *add. ante* ceteris
p. 103, 162	illum *om.*
p. 110, 272	priore *om.*
p. 110, 285	primoribus *om.*
p. 112, 314	*post* habere *add.* spicas
p. 113, 329	autem *add. post* exoritur
p. 123, 482	appellatur
p. 123, 489	his *om.*
p. 126, 32	genua sinistrumque
p. 129, 89	sumunt

p. 150, 525–6	ille *om.* ... quam
p. 152, 554	hoc *om.*
p. 154, 595	cursum

vel rarius simul in classe ε et ζ:

p. 22, 162	posuisse
p. 91, 1319	certum
p. 130, 113	circulo *om.*
p. 142, 361	aqua
p. 143, 368	acumen
p. 151, 541–2	totumque spatium (in Parisino Latino 8 728 quoque)
p. 151, 544	revibratione *add. post* accepto (in Parisino Latino 8 728 quoque)
p. 152, 561–153, 562	circulo *om.* ... sidus (in Parisino Latino 8 728 quoque)

ex exemplari paulum corrupto emanare videntur, quod fundamentum quoddam omnium codicum ε ζ η habendum sit, ut ostendunt et lectiones communes δ ε ζ η (et plerisque locis Parisini Latini 8 728):

p. 26, 245	stupri *add. post* condicionem
p. 31, 333–4	Hercules / se Hercules ... defendisset ... fugasset
p. 64, 891	Plione
p. 68, 959	mente captus *add. post* dicitur
p. 77, 1112	quod
p. 97, 36	at
p. 101, 116	primori *om.*
p. 121, 453	IIII

et δ η:

p. 18, 89	similarent
p. 24, 209	appellabant / appellant
p. 28, 285	levissimis

et δ ζ η:

p. 20, 120	invenisse
p. 150, 528	obscurare.

De classe ε

Ab exemplari corruptiore quodam codices sex classis ε – Paulensis 16/1, Guelferbytanus 18.16 Aug. 4°, Laurentianus

XXIX. 30, Vindobonensis 51, Gronovianus 21 Arundelianusque 339 – ortos esse complures lectiones variae et errores communes firmant:

p. 2, 23	inde aestivi circuli definitionem *pro* in aestivi circuli definitione
p. 10, 105	efficere *pro* conficere
p. 21, 152	quid ... nasceretur *om.*
p. 25, 236	semine *pro* nomine
p. 41, 488	ex *pro* etiam ab
p. 48, 623	sed ... revertamur *om.*
p. 68, 971	rerum *add. post* natura
p. 90, 1313	de hoc ... scribit *om.*
p. 101, 131–102, 132	in cubito dextro unam *om.*
p. 115, 370	aquario *pro* aquali
p. 122, 474–123, 478	*capitulum 3, 38 om.*
p. 126, 33–4	sinistra ... manu *om.*
p. 130, 112	Chele *pro* Chelarum
p. 138, 272–3	videtur ... nocte *om.*

Quorum codicum Paulensis 16/1 et Gronovianus 21, qui ipsi meliores ceteris sunt, distinctum locum in classe sua tenent. Prior enim minus lacunosum textum neque ullam lectionem propriam ullius codicis ε tradidit; alter autem lectiones tam singulares continet, verbo *summa* ante numero stellarum uniuscuiusque capituli libri tertii adscripto, ut ex nullo codice classis ε recta via emanare possit.

Reliqui codices quattuor inter duas partes distribuuntur, unam Laurentianum XXIX. 30 et Vindobonensem 51 amplectentem, qui in priore dimidio operis artissime coniuncti sunt, alteram ex Guelferbytano 18.16 Aug. 4° et Arundeliano 339 consistentem, qui adeo deteriores sunt ut nonnullos errores Laurentiani XXIX. 30 et Vindobonensis 51 in verba corruptiora converterint:

p. 33, 367	alii *ex* alio (*pro* alium)
p. 64, 898	deliberas *ex* deliberatas (*pro* deliberasse)
p. 84, 1210	quae in eius modi signo est *ex* quae in eiusmodi sit (*pro* quod eius modi sit).

De classe ζ

Cantabrigensis Mc Clean 165 et Palatinus Latinus 1 363, praeterquam quod lectiones easdem ac Dorvillianus 145 in libro primo et initio libri secundi exhibent:

p. 12, 142	ardorem *om.*
p. 15, 36	auctor *add. post* Amphis
p. 18, 87	pariles *pro* pares
p. 33, 359–60	ad … numerum *pro* ex … numero,

inter se tot similitudines praebent ut ex eodem exemplari emanare videantur, libro quarto excepto, ubi plerasque lectiones proprias Cantabrigensis Mc Clean 165 habet. Vtcumque est, haud raro Palatinus Latinus 1 363 lectionem corruptiorem tradidit quam error Cantabrigensis Mc Clean 165 est:

p. 25, 236	cutes *ex* cives (*add. post* nomine)
p. 31, 343	duos *ex* deos (*add. post* audiendum)
p. 47, 608	concremaretur *ex* concremarent (*pro* conicerent)
p. 61, 830	deodem *ex* de eodem (*pro* de eo).

De classe η

Ex lectionibus plurimis Parisini olim Phillipps 26 235 (Z) et Hunteriani T. 4. 2 (Y) propriis codices duos classis η ab eodem exemplari transcriptos esse concludi licet:

p. 2, 29	demonstrationem
p. 3, 57	tam *add. ante* diligentissime
p. 6, 34	autem *add. post* finitione
p. 7, 47	facie
p. 8, 64	qui *add. post* instituitur
p. 12, 156	quoniam
p. 13, 158	certumque id
p. 16, 49	docebimus
p. 19, 101	nominari
p. 23, 187	enim *om.*
p. 25, 224	redeamus
p. 31, 328	contra *add. ante* quos
p. 35, 402	collocatus
p. 39, 460	pro Vulcani amore

p. 40, 480	obtinuisse
p. 41, 497	Iovis
p. 43, 541	dicitur *add. ante* eo
p. 45, 569–70	ea tempestate eo
p. 55, 746	consueverat
p. 56, 768	ipse *om.*
p. 59, 808	cecidisse
p. 60, 816	tradidisse
p. 67, 948	autem *add. post* Pollucem,

etsi Hunterianus T. 4. 2 propior ei exemplari habendus est (Parisinus enim p. 61, 831–5 verba *et eius ... Phrixum* omisit, quorum Hunterianus T. 4. 2 pauciores omiserat *et per ... iussisse*).

Quae classis praeterea lectionibus compluribus coniuncta est cum classe ε:

p. 22, 174	Aetholorum
p. 33, 366	implicatos *add. post* dracones
p. 40, 462	pervenisset *add. post* eam

vel cum classe ζ:

p. 36, 409	versum
p. 66, 920	sparso
p. 66, 932	sole *add. post* exoriente

vel etiam cum utraque classe:

p. 47, 601	verbis *add. post* pluribus
p. 66, 925	illas

quarum lectionum nonnullae sententiam aptam solae praebent.

Classis η praeterea libri secundi capitulo quinto decimo (p. 50, 669–51, 674) locum tradidit ad intellegendum aptum, sed refectum, ut ex verbis inusitatis Hygino apparet. Vnde concludi licet eam classem vestigia servasse tertii generis codicum quod propius δ ε quam α β γ sit.

De ceteris codicibus quattuor

Denique dicendum est de reliquis codicibus quattuor qui minime et inter se et cum septem classibus praedictis affines sunt.

De Dresdensi Dc 183

Dresdensis Dc 183 folia quae hodie supersunt librum tertium et quartum fere amplectuntur, sed eo difficiliora sunt lectu quod multis emendationibus praedita sunt. Quem codicem, si quis confert cum ceteris, propiorem priori generi codicum (α β γ) esse, sed cum nulla classe vel parte classis artissime coniunctum nisi cum SNM, et maxime cum N reperit. Dresdensis enim Dc 183 similitudines plerumque exhibet cum aliquot codicibus classis α:

p. 99, 77	finit
p. 101, 130	ut *om.*
p. 104, 185	manu
p. 107, 223	finem *add. post* a capite
p. 107, 234	eius *om.*
p. 110, 276	auriga
p. 112, 322	ex
p. 115, 363	superius
p. 118, 418	clavem
p. 118, 420	ut
p. 124, 497	alas
p. 156, 616	radiens

vel classis γ:

p. 95, 7	in *om.*
p. 99, 85	hic *om.*
p. 100, 95	desidet
p. 103, 152	dictum
p. 105, 195	autem *om.*
p. 118, 407	autem

vel classium α β:

p. 111, 296	pede primo
p. 112, 320–1	conspicis
p. 115, 367	membris

vel classium β γ:

p. 110, 286	in sinistro humero unam in dextro humero alteram
p. 111, 294	autem *om.*

vel etiam classium α β γ:

p. 100, 107	ipsam circumductionem

p. 102, 146	unam *om.*
p. 109, 253	capite
p. 114, 351	et *om.*
p. 128, 67	conficiat.

De Dorvilliano 95

Qui codex sine ullo dubio contaminatus est, quod praeter locos varios ubi eandem lectionem quam classis δ servavit, affinitates ostendit modo cum classe ε:

p. 148, 486	*post* voluminis *add.* ut pro/per natura volumen sit

modo cum Parisino Latino 8 728 (classis α):

p. 91, 1320	misso Mercurio
p. 113, 329	capite
p. 130, 104	effectionem
p. 155, 608–9	totus siquidem.

De Dorvilliano 145

In libro primo et initio libri secundi artissimis necessitudinibus cum classe ζ coniunctus est, cum in reliqua parte operis lectiones easdem tradiderit quas nonnulli codices classis α (praesertim Parisinus Latinus 8 728 Reginensisque Latinus 1 260):

p. 133, 169–70	Chelae ... autumnale *om.*

vel codex unus classis β (Harleianus 2 506):

p. 103, 157–8	Perseus ... habere *om.*

vel tota classis β:

p. 98, 59–60	ex arctico ... pedibus *om.*,

ita ut contaminatus ipse esse videatur.

De Leidensi B. P. L. 225

Qui codex, quamvis truncus, etiam contaminatior esse videtur, quippe qui cum omnibus classibus codicum nisi cum classe β lectiones communes servaverit. Nonnullis enim locis verba Parisini Latini 8 728 (classis α) secutus est:

p. 63, 886	praeterque
p. 67, 951	in astris
p. 69, 974	eius
p. 72, 1040	existimatur *om.*

atque aliis locis lectionem plurimorum codicum α, Parisino Latino 8 728 excepto, tradidit:

p. 110, 287	in sinistro humero unam;

e contrario alibi similitudines cum classibus δ ε exhibet:

p. 92, 1327	deiectus est

vel cum classibus ε η:

p. 60, 817	*add.* carens pelle lucente *post* videatur.

Hoc autem solum dignus est qui adhibeatur ad editionem, quod paucis locis verba ad sententiam apta solus praebet:

p. 96, 34	orientibus
p. 97, 46	dicitur
p. 110, 273	in
p. 121, 450	stellas quattuor

aut eandem lectionem rectam continet ac codices minimi momenti qui nulli usui editori Hyginiano sunt:

p. 101, 112	oriente
p. 108, 239	in
p. 109, 256	in
p. 112, 306	in
p. 113, 333	in
p. 114, 346	in
p. 114, 356	in
p. 118, 419	exorta
p. 119, 475	in
p. 122, 464	in
p. 122, 471	in
p. 154, 586	longe,

quae lectiones quanta cura librarius hunc codicum transcripserit testantur.

Nunc ad testimonia eorum qui excerpta operis Hyginiani in scriptis suis inseruerunt mihi transeundum est. Quod ad libros *de astronomia* attinet, primum scholia ad Aratea Ciceronis codicibus mediaevalibus tradita inspicienda sunt, quos ex editionibus figuris ornatis saeculi tertii post Christum natum emanavisse supra demonstravi. Cum codices figuris quoque siderum caelestium praediti non solum excerpta ex libro secundo et tertio Hyginiano, sed etiam alia scripta apta ad explananda Aratea in scholiis praebere soleant, editori Hygini recensendi sunt tantum codices quorum scholia ex solo opere Hyginiano excerpta sunt. Inter quos codices tres optimos atque artissime inter se coniunctos ipsa contuli, id est Harleianum 647 (saeculi noni medii) et – ab hoc transcriptos – Cottonianum Tib. B V (circa 1 000) Cottonianumque Tib. C I (circa 1 100). Qui praeterquam quod decem fere locis verba servaverunt quae, quamvis emendata, tamen differunt a verbis rectis omnium codicum Hyginianorum, quinquies lectionem confirmant sive classium α β γ:

p. 91, 1317–8	in his et eum (cum α β γ errorem habeant)
p. 91, 1319	Iovi ut ceteros redderet (verba proxima lectioni α β γ et η)

sive saepius omnium vel plurimorum codicum:

p. 34, 376	Venerem (classibus ε, ζ, η, Dorvilliano 145, Vossiano Latino 8° 84, Parisino Latino 8 663 Reginensique Latino 1 207 servatam)
p. 87, 1254	ad fontem (classibus β, δ, ε, η, Parisino Latino 8 728 Vindobonensique 2 269 traditam)
p. 109, 257–8	sub ventre tres in lumbis unam in pede posteriore unam (in omnibus codicibus, α β δ exceptis, contentam).

Haud mirandum igitur est uno loco (p. 60, 814) scholia lectionem veram (*tostum*) praebere, cum codices tres optimi (SNM) errorem (*tortum*), reliqui autem verbum etiam corruptius (*ortum*) exhibeant.

Alterum vero testimonium Isidorus Hispalensis praestat

cum in libris *de natura rerum*[14] ter locum Hyginianum nominatim rettulit (id est *D.N.R.*, 48, 1, 1–7 (nunc ... existimantur) = HYG., 1, 8 (nunc p. 10, 118 ... existimantur p. 11, 125); *D.N.R.*, 17, 1, 1–7 (solem ... moveri) = HYG., 4, 13 (solem p. 145, 412 ... non stare p. 145, 423); *D.N.R.*, 19, 1, 1–6 (lunam ... intellegere; quia cum ... stare) = HYG., 4, 14 (lunam p. 149, 498 ... intellegere p. 149, 500; cum p. 149, 506 ... moveri p. 149, 508)). Qui loci Isidori, etsi non semper verbum e verbo Hygini reddunt, quater tamen lectionem classium δ ε confirmant:

p. 145, 418	longus
p. 145, 421	inaequales
p. 149, 498	*nullo verbo addito post* lunam
p. 149, 499	idque

ubi classes α β γ vel classis α errorem unum aut complures tradidit.

Itaque exemplar quo Isidorus saeculo septimo ineunte usus est textum servavisse apparet si minus rectum, at certe refectum compluribus locis, ut p. 145, 418 verbo *spatiosus* pro *longus* scripto, cum verbis *quam longus* verba *tam longus* respondeant.

*
* *

Vt quae de singulis classibus dixerim breviter commemorem, nullos alios codices ad editionem criticam praestandam adhibui nisi incorruptos classis α (id est SNMRP), codicem ex quo tota classis β emanare videtur (id est L), codices tres maximi momenti classis γ (id est AEF), totamque classem δ (id est WB) et η (id est ZY), propterea quod ad restituendum exemplar commune aptissimi esse videntur.

Itaque in eligendis lectionibus variis textum meliorum co-

14 *Isidore de Séville. Traité de la nature,* ed. J. FONTAINE, in *Bibliothèque de l'École des Hautes Études hispaniques,* fasc. 28, 1960.

dicum trium servavi (SNM) quotiescumque aut integer aut testimoniis aliis (scholiis verbi gratia) confirmatus est; cum autem hi codices simul cum reliquis classis α errorem tradiderunt, lectionem classis δ aut η secuta sum, atque si forte textus omnium tredecim codicum praedictorum sensu caruit, verba ad sensum maxime idonea passim delegi. Denique paucissimis locis ubi textum Hyginianum emendandum esse satis constitit ut intellegi posset, curavi ut aut lectiones ex diutino tempore propositas acciperem (verbi gratia lectionem Modii p. 155, 608 vel Grotii p. 96, 22 vel etiam Schefferi p. 24, 204), aut accommodatis coniecturis uterer quarum philologi nuper auctores fuerunt.

Quam autem rationem adhibuissem ad textum edendum pluribus verbis in commentario exposui[15].

15 Gh. VIRÉ, *Le texte du* de astronomia *d'Hygin. Questions de méthode*, in *Latomus*, t. 51, 1992.

Lector qui instrumenta quae dicuntur informatica ad codices comparandos adhibita cognoscere cupiet leget Gh. VIRÉ, *Informatique et classement des manuscrits. Essai méthodologique sur le* de astronomia *d'Hygin*, Bruxelles, 1986.

CONSPECTVS SIGLORVM

I. **Codices textus Hyginiani** (secundum ordinem temporum)

A	=	Ambrosianus M 12 sup., saec. IX
M	=	Montepessulanus H 334, saec. IX
S	=	Sangallensis 250, saec. IX
E	=	Elnonensis 337, saec. IX
R	=	Reginensis Latinus 1 260, saec. IX
N	=	Monacensis Clm 13 084, saec. X
P	=	Parisinus Latinus 8 728, saec. X
L	=	Harleianus 2 506, saec. X
W	=	Parisinus Latinus 11 127, saec. X
F	=	Parisinus Latinus 8 663, saec. XI
B	=	Bruxellensis 10 078, saec. XI
Z	=	Parisinus olim Phillipps 26 235, saec. XII
Y	=	Hunterianus T.4.2, saec. XII
α	=	SNMRP
β	=	L
γ	=	AEF
δ	=	WB
η	=	YZ

II. Codices scholiorum ad Ciceronis Aratea

H	=	Harleianus 647, saec. IX
C_1	=	Cottonianus Tib. C. I., saec. XII
C_2	=	Cottonianus Tib. B. V., saec. XI

III. Editiones Hyginianae

Bu	=	B. BUNTE (Lipsiae, 1875)
Le Bœu	=	A. LE BŒUFFLE (Parisii, 1983)

IV. Studia critica

Burs.	=	C. BURSIAN, *Zur Texteskritik der Astrologie des Hyginus* (1876)
Ditt.	=	G. DITTMANN, *De Hygino Arati interprete (diss.)* (Lipsiae, 1900)

PRAEFATIO

Hyginus M. Fabio plurimam salutem. Etsi te studio grammaticae artis inductum non solum versuum moderatione quam pauci perviderunt, sed historiarum quoque varietate qua scientia rerum perspicitur, praestare video, quae facilius etiam scriptis tuis perspici potest, desiderans potius scientem quam liberalem iudicem, tamen quo magis exercitatus et nonnullis etiam saepius in his rebus occupatus esse videor, ne nihil in adulescentia laborasse dicerer et imperitorum iudicio desidiae subirem crimen, hoc velut rudimento scientiae nisus scripsi ad te, non ut imperito monstrans, sed ut scientissimum commonens, sphaerae figurationem circulorumque qui in ea sunt notationem et quae ratio fuerit ut non aequis partibus dividerentur. Praeterea terrae marisque definitionem et quae partes eius non habitantur ut multis iustisque de causis hominibus carere videantur ordine exposuimus et rursus redeuntes ad sphaeram duo et quadraginta

PRAEFATIO. *Deest* E || **1** *Titulum add.* Incipit liber Hygini periti magistri de astronomia R Incipit liber Hygini (Igini Z) de astronomia LZ Incipit Iginus de ratione spherae B | Hyginus ... salutem *om.* SLAF | plurimum NP plurimam N^{corr} *om.* η | te *om.* N || **2** moderamine WB^{sv} moderatorem Y moderationem $Y^{corr}Z$ modulatione $M^{sv}R^{corr}L^{corr}$ || **3** quam R qua R^{corr} || **4** praesentare M praestare M^{corr} || **5** scriptis etiam δ et scriptis Y | considerans F desiderans F^{sv} | scientiam A || **6** exercitatur A || **7** saepius *om.* B *compl.* B^{sv} | videar M^{corr} $P^{corr}L^{corr}F\delta$ | et *add. post* videor $R^{corr}AF\delta\eta$ || **8** imperatorum R impiorum Y imperitorum $R^{corr}Y^{corr}$ || **9** desidio Y desidiae Y^{corr} || **10** nisis R nisus R^{corr} | ut *om.* L ut L^{corr} | imperitum M imperito M^{corr} | viam *add. post* monstrans B || **12** qui] quae A || **13** diffinitione B || **14** habitentur A || **15** ex ordine W || **16** et *om.* M^{corr} | et rursus rursusque P | triginta αLAFδ signa nominatim pernumeravimus, exinde uniuscuiusque signi historias causamque ad sidera perlationis ostendimus. Eodem loco nobis utile visum est persequi eorum corporum deformationes et in his numerum stellarum, nec praetermisimus ostendere ad septem circulorum notationem quae corpora aut partes corporum pervenirent et quemadmodum ab his dividerentur. Diximus etiam in aestivi circuli definitione, quaerentes quare non idem hiemalis vocaretur et quid eos fefellerit qui ita senserint et quid in ea parte sphaerae solis efficiat cursus; praeterea quare circulos in octo partes divideremus ordine exposuimus. Scripsimus etiam quo loco circulus aequinoctialis foret constitutus et quid efficeret ad eum perveniens sol. In eiusdem circuli demonstratione ostendimus quare Aries inter sidera celerrimus diceretur; pauca praeterea de hiemali circulo diximus. Exinde zodiacum circulum definivimus et eius effectus et quare potius duodecim signa quam undecim numerarentur, quid etiam nobis de reliquis circulis videretur. His propositis rebus ad id loci venimus ut exponeremus utrum mundus ipse cum stellis verteretur an mundo stante vagae stellae ferrentur et quid de eo nobis et compluribus videretur et qua ratione ipse mundus verteretur. Praeterea quare nonnulla signa celerius exorta serius occiderent, nonnulla etiam tardius ceteris exorta citius ad occasum pervenirent, quare etiam quae signa pariter oriantur, non si-

19 visum utile L visum *om.* A ‖ **20** deformationem NR^{corr}LAF ‖ **21** quae] quo *Bu. LeBœu.* ‖ **21–22** notationem … corporum *om.* Y ‖ **23** viderentur RP dividerentur R^{corr}P^{corr} | aestitui N | in *add. ante* definitione R *om.* R^{corr} ‖ **25–26** efficiat … divideremus *om.* F *compl.* F^{corr} ‖ **26** circulos *om.* A | dividerentur A ‖ **28** perfecerit W ‖ **29** demonstrationem η ‖ **31** exinde *om.* N | circulum zodiacum Z ‖ **33** numerentur NPδ ‖ **34** praepositis S | rebus *om.* δ rebus B^{sv} | id] his Y ‖ **34–35** his … verteretur *om.* M *compl.* M^{corr} ‖ **36** stellae vagae A | ferentur NRW ferrerentur A ‖ **36–37** et compluribus] etiam pluribus L ‖ **37** videretur *om.* P | et qua ratione] quaque ratione M^{corr}P ‖ **38** quare *scr. post* signa F | sidera P ‖ **39** ceteris tardius Fη | ceteris *om.* A ‖ **40** venirent S | signa quae R mul occidant. Eodem loco diximus quare non essent in sphaera superiora inferioribus hemicyclis aequalia et quot modis stellas videre non possimus. Praeterea scripsimus in duodecim signorum ortu quae de reliquis corpora exoriri et quae eodem tempore occidere viderentur. Deinde ordine perscripsimus sol utrum cum mundo fixus verteretur an ipse per se moveretur et, cum ipse per se moveatur et contra duodecim signorum ortus eat, quare videatur cum mundo exoriri et occidere. Deinde protinus de lunae cursu pauca proposuimus et utrum suo an alieno lumine uteretur, eclipsis solis et lunae quomodo fieret, quare luna per eundem circulum iter faciens celerius sole currere videatur et quid fefellerit eos qui ita senserint, quinque stellae quantum habeant intervallum et utrum quinque sint an septem et utrum quinque certe errent an omnes et quinque quomodo currant. Diximus etiam qua ratione priores astrologi non eodem tempore signa et reliquas stellas reverti dixerint et quare Meton diligentissime observasse videatur et quid reliquos fefellerit in eadem causa.

In his igitur tam multis et variis rebus non erit mirum aut pertimescendum quod tantum numerum versuum scripserimus; neque enim magnitudinem voluminis, sed rerum multitudinem peritos convenit spectare. Quod si longior in ser-

41 non *om.* A || **42** interioribus αLAFδ *LeBœu.* | hemicycli αLFδ hemicyclii A | et qualia W | quod AR quot R^{corr} || **43** videri N | possumus Fη || **44** quae de reliquis *bis scr.* W || **46** cum *om.* F | verteretur fixus R || **46-47** per se *om.* F || **47** moveatur RP moveretur P^{corr} | et ... moveatur *om.* RP | contra] ita N etiam P | duodecim *om.* A || **48** motus L ortus L^{sv} | erat Y || **53** quinque *om.* M | stellas A | habent AZ || **54** non L septem L^{sv} | errent certe η | errant S || **57** dixerunt AF dixerint F^{sv} | metam M^{corr}N$R^{corr}$$P^{corr}$Fδ natura tam Y metam tam Z || **58** videantur $M^{corr}$$R^{corr}$$P^{corr}$FδZ || **60** rebus *om.* W | mirum *om.* L *compl.* L^{corr} || **61** tam R tamen P tantum $R^{corr}$$P^{corr}$ | scripsimus N || **62** voluminis] volumus in his Y || **63** veritos NA | in sermone longior F mone visus fuero, non mea facunditate, sed rei necessitate factum existimato nec, si brevius aliquid dixero, minus idem valere confidito quam si pluribus esset audiendum verbis. Etenim praeter nostram scriptionem sphaerae quae fuerunt ab Arato obscurius dicta persecuti planius ostendimus ut penitus id quod coepimus exquisisse videremur.

Quod si vel optimis usus auctoribus effeci ut neque brevius neque verius diceret quisquam, non immerito fuerim laudari dignus a vobis, quae vel amplissima laus hominibus est doctis. Si minus, non deprecamur in hac confectione nostram scientiam ponderari ideoque maioribus etiam niti laboribus cogitamus in quibus et ipsi exerceamur et quibus volumus nos probare quid possimus. Etenim necessariis nostris hominibus scientissimis maximas res scripsimus; non levibus occupati rebus, populi captamus existimationem. Sed ne diutius de eo quod neglegimus loquamur, ad propositum veniemus et initium rerum demonstrabimus.

64 fecunditate R facunditate R^{corr} || **64–65** factum necessitate F || **65** nec] nam W | dixero minus] dixerimus M dixero R || **66** pluribus *om.* A | audiendum esset η || **67** fuerint L fuerant F || **68** planus N | ponitus R penitus R^{corr} || **70** vel *om.* R P^{corr} *compl.* R^{corr} | obtimus R obtimis R^{corr} | visus N | effici NY offeci F effeci $F^{sv}Y^{corr}$ || **70–71** verius neque brevius P || **71** non *om.* Y || **71–72** fuerim immerito laudari W fuerim laudari immerito B || **72** quod Z || **72–73** doctis est hominibus F est hominibus doctis A || **73** est *om.* P *compl.* P^{corr} esset W | doctissimus N doctis si minus N^{corr} | sin R^{corr}LF | confessione R confectione R^{corr} || **74** conscientiam S sententiam LZ | etiam niti maioribus W | etiam *om.* F || **75** et ipsi in quibus δ | et ipsi] in filium A et Z et ipsi Z^{corr} | in *add. ante* quibus^{2} δ || **76** nos] non N | quid *om.* αLAF *LeBœu.* || **77** maximis F maximas F^{sv} | re P res P^{corr} | ne A || **80** initia R

LIBER PRIMVS

De Mundo. Mundus appellatur is qui constat ex sole et 1,1
luna et terra et omnibus stellis.

De Sphaera. Sphaera est species quaedam in rotundo 1,2
conformata, omnibus ex partibus aequalis apparens, unde reliqui circuli finiuntur. Huius autem neque exitus neque initium potest definiri, ideo quod in rotundo omnes tractus et initia et exitus significare possunt.

De Centro. Centrum est cuius ab initio circumductio 1,3
sphaerae terminatur ac terrae positio constituta declaratur.

De Dimensione. Dimensio quae totius ostenditur 1,4
sphaerae est cum ex utrisque partibus eius ad extremam circumductionem rectae ut virgulae perducuntur; quae dimensio a compluribus axis est appellata. Huius autem cacumina quibus maxime sphaera nititur poli appellantur, quorum alter ad aquilonem spectans boreus, alter oppositus austro notius est dictus.

LIBER PRIMVS. **1,1** *Deest* E | **1** De Mundo *om.* AFη de mundi appellatione N | autem *add. post* mundus S || **1,2** *Deest* E | **3** De Sphaera *om.* LAFWπ | rotunditate R || **4** unde] in qua δ$M^{sv}P^{sv}$ de qua M^{sv} unde B^{sv} || **5** sphaerae *add. post* autem M^{sv}η || **6** definiri (diffi- B) potest δ | quia W | tactus αL tractus $M^{corr}P^{corr}L^{sv}$ || **7** et *om.* P *compl.* P^{sv} | significari $M^{corr}R^{corr}L^{corr}$AFδη *LeBœu.* || **1,3** *Deest* E | **8** De Centro *om.* L Aη || **9** terminatio S | hac F || **1,4** *Deest* E | **10** IIII *add. ante titulum* P | De Dimensione *om.* LAδη | est *scr. post* dimensio η | quae] quoque FR^{sv} -que *LeBœu.* || **11** est *om.* αLAF *LeBœu.* est $N^{sv}R^{sv}P^{sv}$ | de dimensione *scr. post* eius N | dexteram B extremam B^{corr} || **12** aut αAB^{corr} *om.* L ut $S^{corr}M^{corr}R^{corr}P^{corr}$ tamquam M^{sv} ut *scr. ante* rectae L^{sv} | producuntur F || **13** acumina R || **14** nititur] regitur M^{sv} || **15** spectans] spirans W | austro alter oppositus W austro alter positus B oppositus alter austro B^{corr} | appositus N

1,5 D e C i r c u l i s. Significationes quaedam in circumductione sphaerae circuli appellantur, e quibus paralleli dicuntur qui ad eundem polum constituti finiuntur; maximi autem sunt qui eodem centro quo sphaera continentur. Horizon appellatur is qui terminat ea quae perspici aut non videri possunt; hic autem incerta ratione definitur quod modo polo subiectus et circulis his qui paralleli dicuntur, modo duobus extremis et aequalibus nixus, modo aliis partibus adiectus terrae pervidetur ita utcumque fuerit sphaera collocata.

1,6 D e P o l o. Polus is qui boreus appellatur pervideri potest semper, notius autem ratione dissimili semper est a conspectu remotus. Naturalis autem mundi statio Graece φυσική dicitur; ea est in boreo polo finita ut omnia e dextris partibus exoriri, in sinistris occidere videantur. Exortus est enim subita quaedam species obiecta nostro conspectui, occasus autem pari de causa ut erepta ab oculis visa.

1,7 I n f i n i t i o n e mundi circuli sunt paralleli quinque in quibus tota ratio sphaerae consistit, praeter eum qui zodiacus appellatur; qui quod non ut ceteri circuli certa dimensione finitur et inclinatior aliis videtur, λοξός a Graecis est

1,5 *Deest* E | **17** De Circulis *om.* LAFη *LeBœu.* De significatione α || **19** maxime R maximi R^{corr} || **20** in *add. ante* eodem B | quo] pro B *om.* A | sphaerae A | continetur L continentur L^{corr} || **21** autem *add. post* horizon S | his F || **22** definiri N definitur N^{corr} | quo AB^{sv} || **23** qui *add. post* modo AB^{sv} | poloque SNP polo P^{corr} | est *add. post* subiectus FB | et] est A *om.* B^{corr} | circulus S || **24** aequali RP aequalibus R^{corr} P^{corr} | sphaerae *add. ante* partibus M^{sv} || **25** providetur B | ut quocumque A | sphaera *om.* W || **1,6** *Deest* E | **27** De Polo *om.* AFη de poli appellatione N | solus B polus B^{corr} | is *om.* NAF his L is $L^{corr}F^{sv}$ || **28** est semper N || **29** quae *add. post* statio R | Graece *ex Fitzw. 165 Pal. 1363] om. rell. codd. LeBœu.* || **30** dicitur] et L | e] a NRLA$F^{corr}B^{sv}$η *Le Bœu.* ad F || **32** subito δ subita B^{corr} || **33** aut N | ut ... visa *om.* M *compl.* M^{corr} || **1,7** *Deest* E | **34** autem *add. post* finitione η || **35** consistibus Y || **36** *ante* quod *add.* in eo W eo B | quod *om.* A | circuli ceteri L || **37** et] sed η | inclinatio M inclinatior M^{corr} | λοξός] λοχος A loxas F legos Y logos Y^{sv} loxos F^{corr} inclinativus M^{sv} | esse Y dictus. Quinque autem quos supra diximus sic in sphaera metiuntur: initio sumpto a polo qui boreus appellatur ad eum qui notius et antarcticus vocatur, in triginta partes unumquodque hemisphaerium dividitur ita uti dimensio significare videatur in tota sphaera sexaginta partes factas. Deinde ab eodem principio boreo, sex partibus ex utraque finitione sumptis, circulus ducitur cuius centrum ipse polus est finitus. Circulus ἀρκτικός appellatur quod intra eum Arctorum simulacra ut inclusa perspiciuntur; quae signa a nostris, ursarum specie ficta, Septentriones appellantur. Ab hoc circulo de reliquis partibus quinque sumptis, eodem centro quo supra diximus, circulus ducitur qui θερινὸς τροπικός appellatur ideo quod sol, cum ad eum circulum pervenit, aestatem efficit eis qui in aquilonis finibus sunt, hiemem autem eis quos austri flatibus oppositos ante diximus; praeterea, quod ultra eum circulum sol non transit sed statim revertitur, τροπικός est appellatus. Ab hac circuli significatione quattuor de reliquis partibus sumptis, ducitur circulus aequinoctialis, a Graecis ἰσημερινός appellatus, ideo

38 autem *om.* B aut L ‖ **39** *ante* initio *add.* ut Y in Z ‖ **40** videtur B vocatur B^{sv} ‖ **41** ut PFη | *post* uti *add.* partes factas A una Y | significari SNM^{corr}R^{corr}PLAFδ *LeBœu.* ‖ **42** factus N effectas B factas B^{sv} ‖ **43** definitione B ‖ **44** circulis N cuius A | dicitur W | huius R cuius R^{corr} | centro RAB^{corr} cetron B centron R^{corr} | polus ipse F ‖ **45** est *scr. post* ipse δ *om.* αLAFY | finitur R^{sv}AB^{corr} finitis L finitus L^{corr} | circulis L circulus L^{corr} ‖ **46** arctorum R^{corr}F^{sv}] arcturum SNRLA arcturi M^{corr}R^{sv}PL^{corr}Fδη | ut *om.* M^{corr}R ut M^{sv}R^{corr} | perspiciantur R perspiciuntur R^{corr} ‖ **47** ursorum R | facie η | facta NLF^{sv} ficta L^{sv} | ideo quod sol cum ad eum *add. post* appellantur A ‖ **48** V partibus A | ab *add. ante* eodem R *om.* R^{corr} ‖ **49** quod R quos W quo. B quo B^{corr} | ducitur] dicitur NY ‖ **50** sol cum] solum M sol cum M^{corr} ‖ **51** pervenerit W | aquilonibus SNMR aquilonalibus L aquilonis M^{corr}R^{corr} | sunt finibus δ ‖ **52** eis *om.* N ‖ **53** sed *om.* M et SNLAF *compl.* M^{corr} ‖ **55** quattuor *om.* R *compl.* R^{corr} | dicitur MW ducitur M^{corr} ‖ **56** appellatur R^{sv}L^{sv}F quod sol, cum ad eum orbem pervenit, aequinoctium conficit. Hoc circulo facto, dimidia sphaerae pars constituta perspicitur. E contrario item simili ratione a notio polo sex partibus sumptis, ut supra de boreo diximus, circulus ductus ἀνταρκτικός vocatur, quod contrarius est ei circulo quem ἀρκτικόν supra definivimus. Hac definitione sphaerae centroque polo qui notius dicitur quinque partibus sumptis, circulus χειμερινὸς τροπικός instituitur, a nobis hiemalis, a nonnullis etiam brumalis appellatus, ideo quod sol, cum ad eum circulum pervenit, hiemem efficit his qui ad aquilonem spectant, aestatem autem his qui in austri partibus domicilia constituerunt. Quanto enim abest longius ab his qui in aquilonis habitant finibus, hoc hieme maiore conflictantur, aestate autem hi quibus sol appositus pervidetur; itaque Aethiopes sub utroque orbe necessario fiunt. Ab hoc circulo ad aequinoctialem circulum reliquae fiunt partes quattuor, ita uti sol per octo partes sphaerae currere videatur. Zodiacus autem circulus sic vel optime definiri poterit ut, signis factis sicut postea dicemus, ex ordine circulus perducatur; qui autem lacteus vocatur, contrarius aequinoctiali ibi oportet ut eum medium dividere et bis ad eum pervenire videatur, se-

57 ad *om.* P *compl.* P^{corr} | pervenit *om.* L *compl.* L^{sv} | pervenit orbem η | et *add. post* pervenit W | efficit δ || **58** facta F | parte A | perspicietur W || **61** ei *om.* M^{corr}RPAFZ et SNM ei P^{sv} || **62** definimus MZ definivimus M^{corr} || **63** poloque LF^{sv} poli B *LeBœu.* | sumpto *add. post* polo M^{sv} | dictus est F || **64** chimerinus SNML^{corr}PF himerinus RAB^{corr}η isymerinus L he/imorinos δ hesemerinos W^{corr} | qui *add. post* instituitur P^{sv}η | a^{2}] an N || **65** etiam *om.* A autem F | appellatur LAB appellatus L^{sv} || **67** exspectant SNMP^{corr}LAF | is LY his L^{corr} | austro Y austri Y^{corr} australibus Z || **68** longius abest δY | illis Y | aquilonibus RB aquilonis R^{corr}B^{corr} || **69** conflictamur M conflictitur N | aestatem MPFWZ aestas NAB^{sv} || **70** hii RF his M^{corr}PLAWB^{sv} || **71** orbe *om.* L *compl.* L^{corr} | necessarie AY || **72** III Y || **73** ut AF | VI F VIII F^{sv} | videatur currere δ || **74** vel *om.* R *compl.* R^{corr} per Z | definire L definiri L^{corr} || **75** diximus N dicimus Y dicemus Y^{corr} || **76** ibi] ita F^{sv} | oporteret S | ut *om.* R^{corr}L^{corr}AF^{corr}Z || **77** et] ut R^{corr}L^{sv}AF^{corr}

mel in eo loco ubi Aquila constituitur, iterum autem ad eius signi regionem quod Procyon vocatur.

Duodecim signorum partes sic dividuntur: quinque circuli, de quibus supra diximus, ita finiuntur ut unusquisque eorum dividatur in partes duodecim et ita ex eorum punctis lineae perducantur, quae circulos significent factos, in quibus duodecim signa describantur. Sed a nonnullis imperitioribus quaeritur quare non aequis partibus circuli finiantur, hoc est ut de triginta partibus quinae partes dividantur et ita circuli pari ratione ducantur. Id facillime defendi posse confidimus: cum enim media sphaera divisa est, eius circuli nullus potest aequalis esse qui, quamvis proxime eum accedat, tamen minor esse videatur. Itaque qui primum sphaeram fecerunt, cum vellent omnium circulorum aequas rationes esse, pro rata parte voluerunt significare ut quanto magis a polo discederetur, hoc minorem numerum partium sumerent in circulis metiendis; quo necesse his erat maiorem circulum definire. Quod etiam ex ipsa sphaera licet intellegere: quanto magis a polo discedes, hoc maiores circulos fieri et hac re minorem numerum duci ut pares eorum videantur

78 eo] eius F | aquilo SNM aquila M^{corr} | autem *om.* Y *compl.* Y^{corr} || **79** signa S | procyron N pocyon R prochyon R^{corr} prochion Bη | appellatur η || **80** partes signorum AF | pars N || **82** XII partes RL || **83** producantur Z | qui B | quae ... quibus] quare non aequis partibus F | circulo A || **84** describatur R describantur R^{corr} | imperatoribus M imperitioribus M^{corr} || **85** finiant F || **86** ut de] unde A | quinque δZ | dividuntur W | ut *add. post* et δ || **87** ratione] diffinitione B | defendimus B defendi B^{corr} | posse defendi R | confidimus posse A || **88** circuli *om.* B *compl.* B^{sv} || **89** eum proxime R || **90** videtur R videatur R^{corr} || **91** cum vellent] convellent Y | aequales L aequas L^{sv} || **91-92** esse rationes AF || **92** parte *om.* Y | ut *om.* W || **93** disceretur NW | eo P^{sv}η tanto M^{sv} || **94** erat his Fδ | maiorem *om.* Y || **95** ex] de B | intelligi R intellegi R^{corr} || **96** quae *add. ante* quanto R | discedit R discedes R^{corr} | eo P^{sv}η tanto M^{sv} || **96-97** *post* fieri *add.* necesse M necesse est η || **97** numerum *bis scr.* B | partes R pares R^{corr} | viderentur A effectus. Etsi non in triginta partes unumquodque hemisphaerium dividatur, sed in alias quotlibet finitiones, tamen eo ratio pervenit eius ac si triginta partes fecisset.

1,8 Zodiacus circulus tribus his subiectus de quibus supra diximus, ex quadam parte contingit aestivum et hiemalem circulum, aequinoctialem autem medium dividit. Itaque sol per zodiacum circulum currens neque extra eum transiens necessario cum signis his quibus innixus iter conficere videtur, pervenit ad eos quos supra diximus orbes et ita quattuor tempora definit. Nam ab Ariete incipiens ver ostendit et Taurum et Geminos transiens idem significat; sed iam capitibus Geminorum circulum aestivum tangere videtur et per Cancrum et Leonem transiens et Virginem aestatem efficit et rursus a Virginis extrema parte transire ad aequinoctialem circulum perspicitur; in Libra autem aequinoctium conficit et autumnum significare incipit. Ab hoc signo transiens ad Scorpium et Sagittarium, deinde protinus incurrit in hiemalem circulum et Capricorno, Aquario, Piscibus hiemem transigit. Itaque ostenditur non per tres ipsos circulos currere, sed zodiacum transiens ad eos pervenire. Sed quoniam de his rebus diximus, nunc terrae positionem definiemus et mare, quibus locis interfusum videatur, ordine exponemus.

98 affectus Y | in *om.* F *compl.* F^{sv} || **99** aliis S | quaslibet ABZ | et *add. ante* finitiones W | finiones B finitiones B^{corr} || **99-100** ea ratione A || **100** pervenit ratio η || **1,8** *Deest* E | **101** De zodiaco *add. ante* Zodiacus B || **102** contigit NδY contingit B^{corr} || **102-103** circulum et hiemalem δ || **103** medium *om.* δ *compl.* B^{sv} | sol *om.* NA || **104** currens *om.* δ || **105** quibus his signis B signis his quibus B^{corr} | facere Y || **106** et] tamen A | in *add. ante* quattuor F || **107** definivit NF | ab *om.* A || **108** significant W || **109** per *om.* P || **110** et Virginem *om.* AF *compl.* F^{sv} | fecit L efficit L^{corr} || **111** a *om.* RB *compl.* $R^{corr}B^{sv}$ | transire *om.* F *compl.* F^{sv} | ad *om.* Y || **112** perficit R conficit R^{sv} || **114** scorpio L scropium F scorpium $L^{sv}F^{sv}$ | sagittarum Y sagittarium Y^{corr} | in *om.* B *compl.* B^{sv} || **115** a *add. ante* capricorno δ | et *add. ante* piscibus F || **116** transiit S | IIII R III R^{corr} | circulos *om.* AF *compl.* F^{sv} || **117** per *add. ante* zodiacum W || **118** propositionem SNMP positionem M^{corr} | definiamus S definiemus S^{corr} || **119** mare] quare F

Terra mundi media regione collocata, omnibus partibus aequali dissidens intervallo, centrum obtinet sphaerae; hanc mediam dividit axis in dimensione totius terrae. Oceanus autem regione circumductionis sphaerae profusus prope totius orbis alluit fines; itaque et signa occidentia in eum decidere existimantur. Sic igitur et terras contineri poterimus explanare: nam quaecumque regio est quae inter arcticum et aestivum finem collocata est, ea dividitur trifariam, e quibus una pars Europa, altera Asia, tertia Africa vocatur. Europam igitur ab Africa dividit mare ab extremis Oceani finibus et Herculis Columnis; Asiam autem et Libyam cum Aegypto disterminat os Nili fluminis, quod Canopicum appellatur. Asiam ab Europa Tanais dividit bifariam se coniciens in paludem quae Maeotis appellatur. Hac igitur definitione facile pervidetur mare omnibus adiectum finibus terrae; sed ne videatur nonnullis mirum, cum sphaera in sexaginta partes dividatur ut ante diximus, quare definimus ab aestivo circulo ad arcticum finem dumtaxat habitari, sic vel optime defendimus: sol enim per mediam regionem sphaerae currens ni- 1,9

1,9 *Deest* E *usque ad* non habitatur | **120** De terra *add. ante* terra B *LeBœu.* || **121** aequalis L aequali L^{corr} | discedens L discidens Y dissidens L^{corr} || **121-123** hanc ... sphaerae *om.* RP *compl.* $R^{corr}P^{corr}$ || **121-122** ac mediam L ac medium L^{corr} hanc mediam L^{sv} || **122** dimensio M dimensione M^{corr} || **123** e *add. ante* regione R^{corr} *om.* R^{corr2} | oceanus *add. post* profusus RP *om.* $R^{corr}P^{corr}$ || **124** ad A || **125** continere Aη | poterimus continentur L poterimus continuo L^{sv} continere (-ri *corr.*) poterimus L^{mg} || **127** trifagiam N trifarie AFδ || **128** Africa (Affr- δ) tertia Asia M^{sv}Pδ | tertia *om.* R *compl.* R^{corr} || **129** dividit ab Africa F | ab] in R^{sv} | oceani *om.* A oceanis Y oceani Y^{corr} || **130** Columnae A | vero M^{sv}P || **131** Nilus R Nili R^{corr} || **132** Asiam] Africam R | Tanus N Tanaus N^{corr} | conficiens αLFδη || **133** Motis F || **134** adiectum omnibus L | obiectum M^{corr}RPη | terrae finibus R || **135** partibus A || **136** diximus *om.* L *compl.* L^{mg} | definivimus (diff- PZ^{corr}) RPAFYZ^{corr} *LeBœu.* de finibus N || **137** finem *om.* F || **138** medium L mediam L^{corr} | sphaerae regionem δ mium his locis efficit fervorem. Itaque, qui finis est ab aestivo circulo ad hiemalem, ea terra a Graecis διακεκαυμένη vocatur, quod neque fruges propter exustam terram nasci neque homines propter nimium ardorem durare possunt; extremae autem regiones sphaerae duorum circulorum, quorum alter boreus, alter notius vocatur, fine arctici circuli et eius qui antarcticus vocatur, non habitantur, ideo quod sol ab his circulis semper est longe ventique assiduos habent flatus. Quamvis enim sol perveniat ad aestivum circulum, tamen longe ab arctico videbitur fine. Id ita esse hinc quoque licet intellegere: cum enim sol pervenit ad eum circulum qui hiemalis vocatur et efficiat nobis qui prope eum sumus constituti nimium frigus, quid arbitramur eis locis frigoris esse qui longius etiam absunt a nobis? Quod cum in hac parte sphaerae fiat, idem in altera parte definitum putavimus, ideo quod similes eius sunt effectus. Praeterea hinc quoque intellegimus illic maximum frigus et in aestivo circulo calorem esse quod quae terra habitatur, eos tamen videmus qui proxime sunt arcticum finem uti bracis et eius modi vestitu, qui au-

139 his *om.* R *compl.* R^{corr} is N | effecit N | quae αFδη *LeBœu.* || **140** a Graecis terra δ terra a Graecis B^{corr} | diacaumene L diace caumenei W diace cacumen ei B diacecaumene ei B^{corr} || **141** appellatur Y | neque[1]] non Z || **142** homine P homines P^{corr} || **142–143** propter ... regiones *om.* W || **143** duo A || **145** arcticus MA antracticos B antarcticus $M^{corr}B^{corr}$ | habitatur SNMRLγY habitantur M^{corr} | eius B his $B^{corr.}$ || **145–147** ab his ... sol *om.* F || **146** est semper B | assiduos] quasi duos AEδ || **147** tunc RP tamen $R^{sv}P^{sv}$ || **148** non *add. ante* longe δ | videtur A || **149** perveniat RF || **151** arbitremur R arbritamur N arbitramur R^{corr} | quae δ || **152** etiam *om.* N | parte sphaerae *om.* Z || **153** idem *om.* A id est E | alia L^{sv}γ altera F^{sv} | definitivum N | putamus RL^{corr}F || **154** sunt eius B | affectus Y || **155** in *om.* Y *compl.* Y^{sv} || **156** quia F quoniam η quae F^{corr} | tamen *om.* η | vidimus R videmus R^{corr} | proximi L || **157** sint SNMLF sunt M^{corr} | arcticum finem] arctico R arcticum P ad arcticum finem R^{corr}L arcticum finem P^{corr} | uti bracis *om.* P | modo Y modi Y^{corr} | vestituum SN vestitium M vestitu vestituum RP vestium AE vestitu vestium $M^{corr}L^{mg}$Fδη *LeBœu.*

tem proximi sunt aestivo circulo, eos Aethiopas et perusto corpore esse. Habitatur autem sic temperatissimo caelo cum inter aestivum circulum et arcticum finem haec perveniat temperatio, quod ab arctico circulo frigus, ab aestivo fervor exortus, in unum concurrens, efficit medium finem temperatum qui habitari possit. Itaque, cum sol ab eo loco discessit, hieme necessario conflictamur, quod ventum exorientem non reverberat sol. Quod cum veniat in hac definitione, illud quoque fieri posse videmus, ut hiemali circulo nobis ad antarcticum finem habitari possit, quod pares eodem perveniant casus. Certum quidem esse nemo contendit neque pervenire eo potest quisquam propter interiectum terrae quae propter ardorem non habitatur; sed cum videmus hanc regionem sphaerae habitari, illam quoque in simili causa posse constitui suspicamur.

158 sint αL sunt $R^{sv}P^{sv}L^{corr}$ | eos *om.* F | Aethypas R Aethyopas R^{corr} | perustos Pη || **159** habitantur AE | sic *om.* W | temperantissimo RL || **160** pervenit A || **161** temparatio N temporatio P temperantia W^{sv}B || **162** currens N | mediam finem temperatam αγδη *LeBœu.* || **163** quae αγδη *LeBœu.* | possit habitare W possit habitari W^{corr}B | posset E possit E^{corr} | discedit RF discesserit L || **163-167** itaque … habitari possit *om.* AE || **166** posse fieri η || **167** habituri Z | eadem E | fine *add. post* eodem R | perveniat NAE || **168** certum quidem] certumque id η | non *add. ante* contendit AE || **169** iniectum RP interiectum $R^{corr}P^{corr}$ || **170** habitur E habitatur E^{corr}

LIBER SECVNDVS

PR. Sed quoniam quae nobis de terrae positione dicenda fuerunt et sphaeram totam definivimus, nunc quae in ea signa sint singillatim nominabimus; e quibus igitur primum duas Arctos et Draconem, deinde Arctophylaca cum Corona dicemus et eum qui Engonasin vocatur. Exinde Lyram cum Olore et Cepheo et eius uxore Cassiepia filiaque Andromeda et genero Perseo. Dicemus etiam protinus Aurigam, a Graecis Heniochum appellatum, Ophiuchum praeterea cum Aquila et Sagitta parvoque Delphine; inde Equum dicemus cum eo sidere quod Deltoton vocatur.

His corporibus enumeratis, ad duodecim signa perveniemus; ea sunt haec: Aries, Taurus, Gemini, deinde Cancer cum Leone et Virgine, praeterea Libra, dimidia pars Scorpionis, et ipse Scorpius cum Sagittario et Capricorno; Aquarius autem cum Piscibus reliquas habet partes.

His enumeratis, suo ordine est Cetus cum Eridano flumine et Lepore, deinde Orion cum Cane et eo signo quod

LIBER SECVNDVS. **1** dicende L dicenda L^{corr} | dicenda positione W positione dicenda W^{corr} || **2** fuerant EF | signa *om.* F *compl.* F^{corr} || **3** sunt LBY | singulatim Bη || **3-4** duos (duas L^{corr}) primum L || **4** duos B || **5** dicimus αF | ceteum (-th- F) PF et eum P^{corr}F^{corr} | Libram B Liram B^{corr} || **6** uxorem A | Casiepia W Casiopea Z | eius *add. post* filiaque δ || **7** genere AW | dicimus αY dicemus R^{corr} || **8** Ephiuchum *add. post* appellatum N *om.* N^{corr} || **9** Delphino (-fi- R) SMR Delfine R^{corr} | dicimus α dicemus R^{corr} || **11** adnumeratis F | pervenimus αLη perveniemus R^{corr} || **12** haec *om.* B *compl.* B^{corr} | deinde *om.* W || **13** et *om.* SNMRγ *compl.* M^{corr}F^{corr} | et *add. post* Libra LY || **15** autem *om.* SP || **16** Eridiano F Eridano F^{corr}

Procyon vocatur, praeterea est Argo cum Centauro et Ara, deinde Hydra cum Pisce qui notius vocatur. Horum omnium non inutile videtur historias proponere, quae certe aut utilitatem ad scientiam, aut iucunditatem ad delectationem afferent lectori.

Igitur, ut supra diximus, initium est nobis Arctos ma- 2,1
xima. Hanc autem Hesiodus ait esse Callisto nomine, Lycaonis filiam eius qui in Arcadia regnavit, eamque studio venationis inductam ad Dianam se applicuisse; a qua non mediocriter esse dilectam propter utriusque consimilem naturam. Postea autem ab Iove compressam, veritam Dianae suum dicere eventum, quod diutius celare non potuit; nam iam utero ingravescente, prope diem partus in flumine corpus exercitatione defessum cum recrearet, a Diana cognita est non conservasse virginitatem. Cui dea pro magnitudine suspicionis non minorem retribuit poenam. Erepta enim facie virginali, in ursae speciem est conversa, quae Graece ἄρκτος appellata, in ea figura corporis Arcada procreavit.

Sed, ut ait Amphis comoediarum scriptor, Iuppiter simula-

18 Procyron N | Argo cum *om.* R *compl.* R^{corr} | arva N Ara N^{corr} || **20** utile Mγη inutile M^{corr}F^{corr} | postponere EF proponere F^{corr} || **20–21** ad scientiam aut utilitatem B aut utilitatem ad scientiam B^{corr} || **21** ad^{2}] aut B ad B^{corr} | affert (ad- EF) γ afferrent BY afferunt Z adferint F^{corr} afferent B^{corr} || **23** *Titulum add.* De Maiore Arcturo SL De Arcturo Maiore RB (*post* maxima *in* B) Figura Arcturi Maioris A Fabula Arctorum η | maxime R maxima R^{corr} || **24** Calisto SNMPLγWη Calixto B | Lyaconis R Lycoonis L Lycaonis L^{corr} || **25** Archadiam F || **26** non *om.* A || **27** dilectam esse δ | dilectum M dilectam M^{corr} | praeter A || **28** compressa LF^{corr} | verita LF^{corr} | est *add. post* verita L || **28–29** Dianae dicere suum Y dicere Dianae suum Z || **29** posset E || **30** ingravescente utero δ | intumescente γ | partis R partus R^{corr} | corpus in flumine η || **31** defensum N defessum N^{corr} || **32** servasse RLγ observasse δ | dea *om.* RP *compl.* R^{corr}P^{corr} || **33** tribuit Z | facit M facile Y facie M^{corr} || **34** est *om.* Z || **34–35** ἄρκτος Graece δ || **35** appellatur γ | Arcadum R || **36** ait *om. et* dicit *add. post* scriptor R | scriba AE | similatus P tus effigiem Dianae, cum virginem venantem ut adiutans persequeretur, amotam a conspectu ceterorum compressit. Quae rogata a Diana quid ei accidisset quod tam grandi utero videretur, illius peccato id evenisse dixit; itaque propter eius responsum in quam figuram supra diximus eam Diana convertit. Quae cum in silva ut fera vagaretur, a quibusdam Aetolorum capta ad Lycaonem pro munere in Arcadiam cum filio est deducta; ibi dicitur inscia legis in Iovis Lycaei templum se coniecisse, quam confestim filius est secutus. Itaque, cum eos Arcades insecuti interficere conarentur, Iuppiter memor peccati ereptam Callisto cum filio inter sidera collocavit, eamque Arctum, filium autem Arctophylaca nominavit, de quo posterius dicemus.

Nonnulli etiam dixerunt cum Callisto ab Iove esset compressa, Iunonem indignatam in ursam eam convertisse; quam Dianae venanti obviam factam ab ea interfectam et postea cognitam inter sidera collocatam. Sed alii dicunt, cum Callisto Iuppiter esset in silvam persecutus, Iunonem suspicatam id quod evenit contendisse, ut eum manifesto diceret deprehendisse; Iovem autem, quo facilius suum peccatum tegeretur, in ursae speciem conversam reliquisse; Iunonem autem in eo loco pro virgine ursam invenisse, quam Dianae venanti, ut eam interficeret, demonstrasse; quod factum ut

37 adiuvans γ Y^{corr} || **38** amota N | ceterarum RAη ceterorum R^{corr} || **39** rogitata L rogata L^{corr} | quid] quod Z | quod] quam N || **40** id illius peccato B || **41** supra diximus figuram η | superius R || **42** Diana *om.* Z Dianam N Diana N^{corr} || **43** Aethelorum δ | Lyconem W Licaonem W^{corr} | in *om.* PW || **44** est *om.* AE | educta Z | ibique A | iocis B iovis B^{corr} || **45** se *om.* W | est filius B | secutus est P || **47** erepta EF | Calisto PLγWη Calixto B || **49** docebimus η || **50** Calisto PLγη Calixto B || **51** eum B || **53** iter E inter E^{corr} | locatam δ || **54** Calisto PLγWη R^{corr} Calixto B | Iuppiter *om.* Z | silva AEZ || **55** manifeste PL manifestum A || **56** quod R quo R^{corr} | peccatum suum η | tergeretur Z || **57** Iovem F Iunonem F^{corr} || **57–58** Iunonem ... invenisse *om.* L *compl.* L^{corr} || **58** eodem F | ursa E | venisse R invenisse R^{corr} | quamque R perspiceretur Iovem aegre tulisse, effigiem ursae stellis figuratam constituisse.

Hoc signum, ut complures dixerunt, non occidit et qui volunt aliqua de causa esse institutum negant Tethyn, Oceani uxorem, id recipere, cum reliqua sidera eo perveniant in occasum, quod Tethys Iunonis sit nutrix, cui Callisto succubuerit ut paelex.

Araethus autem Tegeates historiarum scriptor non Callisto, sed Megisto dicit appellatam et non Lycaonis, sed Cetei filiam, Lycaonis neptem, praeterea Cetea ipsum Engonasin nominari. Reliqua autem superioribus conveniunt; quae res in Nonacri monte Arcadiae gesta demonstratur.

Arctus Minor. Hanc Aglaosthenes qui Naxica con- 2,2
scripsit ait Cynosuram esse, unam de Iovis nutricibus ex Idaeis nymphis; ab eius quoque nomine et urbem quae Hystoe vocatur, a Nicostrato et sodalibus eius constitutam, et portum qui ibi est et agri maiorem partem Cynosuram appellatam; hanc autem inter Curetas fuisse qui Iovis fuerunt administri.

Nonnulli etiam Helicen et Cynosuram nymphas esse Iovis nutrices dicunt et hac re etiam pro beneficio in mundo collo-

60 haec retulisse AE || **62** ut *om.* A | quam plures P cum plures Y | dixere A | occidet Y occidit Y^{corr} | et] ut SNMRδF^{sv} et M^{corr}R^{corr}B^{corr} *om.* P || **63** esse *om.* P *compl.* P^{corr} | constitutum L | institutum esse γL^{sv} || **63-64** uxorem Oceani η || **65** Calisto SLγWη Calixto B | subcubuerat N succumberit E subcubuerit N^{corr} || **66** supellex F pelex F^{corr} || **67** Araethus *edd.*] Ariethus (-tus Aη) *codd.* | Theiates L | Calisto SLγWη Calixto B || **68** appellatam dicit η || **68-69** sed ... Lycaonis *om.* L *compl.* L^{corr} || **69** Lycaonis R | neptam E | propterea P praeterea P^{corr} || **71** Nonagri L Onacri Y Nonacri L^{corr} | declaratur L demonstrantur FB demonstratur F^{corr}L^{sv} || **72** *Titulum add.* De Minore Arcturo S De Arcturo Minore RLB Figura Arcturi Minoris A | Aglaosthenes *edd.*] Glosthenes (-te- MRPη) αL^{corr}γδη Glothenes L Aglostenes R^{corr}P^{corr} | Navica Y || **73** ex B || **74** Histoe SNMPδη Istoe RAE || **77** Curetas] curas se A | ministri LR^{corr}F^{corr} administri L^{corr}

catas et utrasque Arctos appellatas esse, quas nostri Septentriones dixerunt, sed maiorem Arctum complures plaustri similem dixerunt et ἅμαξαν Graeci appellaverunt. Cuius haec memoriae prodita est causa: initio qui sidera perviderunt et numerum stellarum in unaquaque specie corporis constituerunt non Arctum, sed Plaustrum nominaverunt, ut ex septem stellis duae quae pares et maxime in uno loco viderentur pro bubus haberentur, reliquae autem quinque figuram plaustri simularent. Itaque et quod proximum huic est signum Booten nominari voluerunt, de quo posterius plura dicemus.

Aratus quidem non hac re Booten nec illud Plaustrum dicit appellari, sed quod Arctus videatur ut plaustrum circum polum qui boreus appellatur versari et Bootes agitare eam dicatur; in quo non mediocriter videtur errare. Postea enim de septem stellis, ut Parmeniscus ait, quinque et viginti sunt a quibusdam astrologis constitutae ut ursae species non septem stellarum perficeretur. Itaque et ille qui antea plaustrum sequens Bootes appellabatur Arctophylax est dictus et isdem temporibus quibus Homerus fuit haec Arctus est appellata

81 esse *om.* η ‖ **82** arcturum F | plaustro P ‖ **82-83** sed … dixerunt *om.* L *compl.* L^{corr} ‖ **83** esse *add. post* similem F *om.* F^{corr} | maxan M anaxan Rδη amaxan M^{corr} | Graece η ‖ **84** in *add. ante* initio $M^{sv}L^{corr}$ γη | ab his *add. ante* qui L | praeviderunt AE ‖ **85** unaquaeque Rδ unaquaque $R^{corr}B^{corr}$ ‖ **86** et *add. post* constituerunt *codd.* | non *om.* N | et *add. post* nominaverunt F^{corr} | ut *ex Fitzw. 165 et Pal. 1363*] *om. codd.* quod *Bu.* | haec R ex R^{corr} ‖ **87** quae *om.* R^{corr} | partes RPF pares $R^{corr}F^{corr}$ pariles L^{corr} | *post* et *add.* ex S quod R ex eis L eius γ (*om.* E^{corr}) ‖ **88** plaustri *om.* δ *compl.* B^{corr} ‖ **89** similarent M^{corr}Aδη | quod *om.* Y ‖ **90** nominari] appellare LB ‖ **91** Aractus N Arctus R Aratus R^{corr} | autem R | re *om.* L *compl.* L^{corr} | nomina B nec illud B^{corr} ‖ **92** quod *om.* A | circa Lγ circum L^{corr} ‖ **93** boreas N | Boetes A | eam agitare η | eum B ‖ **94** non *om.* A | autem M^{corr}Pη | ad N ‖ **95** Parmiscus δ | XXX F | sunt *om.* RA *compl.* R^{corr} ‖ **96** ut] et δ ut B^{corr} ‖ **97** numero *add. post* stellarum LF^{corr} | proficeretur N | illa F ille F^{corr} | antea *om.* E ‖ **98** appellatur NLAEF^{corr}W appellabantur R appellabatur $R^{corr}W^{corr}$

de Septentrionibus. Ille enim dicit hanc utroque nomine et Arctum et Plaustrum appellari, Booten autem nusquam meminit Arctophylaca nominari.

Incidit etiam compluribus erratio quibus de causis minor Arctus φοινικική appelletur et illi qui hanc observant verius et diligentius navigare dicantur, quare, si haec sit certior quam maior, non omnes hanc observent. Qui non intellegere videntur de qua historia sit profecta ratio ut φοινικική appellaretur. Thales enim Milesius, qui diligenter de his rebus exquisivit et hanc primus Arctum appellavit, natione fuit Phoenix ut Herodotus dicit; igitur omnes qui Peloponnesum incolunt priore utuntur Arcto, Phoenices autem quam a suo inventore acceperunt observant et hanc studiosius perspiciendo diligentius navigare existimantur et vere eam ab inventoris genere φοινικικήν appellant.

S e r p e n s. Hic vasto corpore ostenditur inter duas Arctos 2,3

100 de septentrionibus *om.* L || **101** appellari] nominari η | Boteas NAE Bootis Fδ Bootem F^{corr} | nusquam *om.* B || **102** nominare A || **103** enim L autem enim F | cum pluribus η || **104** φοινικική *ex* phoenicice (-cae N) SN] phoenice (Phe- Lγδη, -cae MP^{corr}) MP^{corr}Lγδη *LeBœu.* phonicae P | appellatur SRPB appellaretur N appelletur S^{corr} $R^{corr}P^{corr}$ | et] ut R^{corr} | conservant F | veris B venus Y verius B^{corr} Y^{corr} || **105** dicuntur η | et *add. ante* quare F *om.* F^{corr} || **106** observant R^{corr}Fδ conservent Z || **107** videantur N | quali δ | φοινικική *ex* phoenicice S] phoenice (phe- RLFδη fe- AE -cae N) NMRPLγδη *Le Bœu.* | appelletur γδη appellaretur F^{corr} || **108** Milesius *post* Herodotus *codd.* | de *add. ante* qui W | de his rebus *om.* δ || **109** artum A | ratione N | phonix P phoenix P^{corr} || **110** Peloponnesum] Peloponnensum N Poloponesisum P Peloponensum LAEδY Peloponeisum P^{corr} Peloponessem F Peloponessum $F^{corr}Y^{corr}$ || **111** priorem N | autem *om.* L | quam *om.* AE || **112** et *add. post* acceperunt γ *om.* F^{corr} | perspiciendum N perficiendo E || **113** diligentius *om.* P *compl.* P^{corr} | eum L | inventoribus R inventoris R^{corr} || **114** φοινικικήν *ex* phoenicicem SR] phoenicen (phe- γWη foe- L -cem NL) NMPLγWη *LeBœu.* phenice B phoeniciem N^{corr} || **115** *Titulum add.* De Serpente SRLBZ Figura Serpentis A Fabula de Serpente Y | duos γ collocatus. Qui dicitur aurea mala Hesperidum custodisse et ab Hercule interfectus, ab Iunone inter sidera collocatus, quod illius opera Hercules ad eum est profectus; qui hortum Iunonis tueri solitus existimatur. Ait enim Pherecydes, Iunonem cum duceret Iuppiter uxorem, Terram venisse ferentem aurea mala cum ramis; quae Iunonem admiratam petisse a Terra ut in suis hortis sereret, qui erant usque ad Atlantem montem. Cuius filiae cum saepius de arboribus mala decerperent, Iuno dicitur hunc ibi custodem posuisse.

Hoc etiam signi erit quod in sideribus supra eum draconem Herculis simulacrum ostenditur, ut Eratosthenes demonstrat; quare cuivis licet intellegere hunc maxime draconem dici. Nonnulli etiam dixerunt hunc draconem a Gigantibus Minervae obiectum esse, cum eos oppugnaret; Minervam autem arreptum draconem contortum ad sidera iecisse et ad ipsum axem caeli fixisse; itaque adhuc eum implicato corpore videri ut nuper ad sidera perlatum.

2,4 A r c t o p h y l a x. De hoc fertur ut sit Arcas nomine, Callistus et Iovis filius, quem dicitur Lycaon, cum Iuppiter ad eum in hospitium venisset, cum alia carne concisum pro epulis apposuisse; studebat enim scire si deus esset qui suum hospitium desideraret. Quo facto non minore poena est affectus; nam statim Iuppiter, mensa proiecta, domum eius

117 ab^2] et L ‖ **118** audiens *add. post* Hercules L | est *om.* M^{corr}PY | profectus est R ‖ **119** tueri] custodiri L | enim *om.* B *compl.* B^{corr} | Phercides W Pherepecides B Pherecides B^{corr} ‖ **120** diceret M duceret M^{corr} | invenisse M^{corr}PFδη ‖ **122** Terram F Terra F^{corr} | sereret hortis δ | ad *om.* AE | Athlatem L Athalantam Y Athlantem L^{corr} ‖ **123** saepe L ‖ **127** quodvis αγ *LeBœu.* quod vos δ *om.* R^{corr}η ‖ **130** arreptam NAE | ad sidera contortum P ‖ **131** implicito M^{corr}Bη implicato B^{corr} ‖ **132** eum *add. post* videri B *om.* B^{corr} | ut] et SNRF ut R^{corr} | perlatus L perlatum L^{corr} ‖ **133** *Titulum add.* De Arctophilace (Arto- D) LBη Figura Arctophylacis A | Calistu S Calistus M^{corr}PEF Calistoi L Calistois L^{corr} Calistos W Calixtos B Calisto η ‖ **134** Iovi F Iovis F^{corr} | quem] quidem N ‖ **137** desiderasset B | est *om.* L fulmine incendit, ipsum autem in lupi figuram convertit. At pueri membra collecta et composita in unum dedit cuidam Aetolorum alendum; qui adulescens factus, in silvis cum venaretur, inscius vidit matrem in ursae speciem conversam, quam interficere cogitans persecutus est in Iovis Lycaei templum quo ei qui accessisset mors poena erat Arcadum lege. Itaque, cum utrumque necesse esset interfici, Iuppiter eorum misertus ereptos inter sidera collocavit, ut ante diximus; hic autem e facto sequens Vrsam perspicitur et Arctum servans Arctophylax est appellatus.

Nonnulli hunc Icarum, Erigones patrem, dixerunt, cui propter iustitiam et pietatem existimatur Liber Pater vinum et vitem et uvam tradidisse, ut ostenderet hominibus quomodo sereretur et quid ex eo nasceretur et, cum esset natum, quomodo id uti oporteret. Qui cum sevisset vitem et diligentissime administrando floridam facile fecisset, dicitur hircus in vineam se coniecisse et quae ibi tenerrima folia videret decerpsisse; quo facto Icarum animo irato tulisse eumque interfecisse et ex pelle eius utrem fecisse ac vento plenum praeligasse et in medium proiecisse suosque sodales circum eum saltare coegisse. Itaque Eratosthenes ait: Ἰκαρίου ποσὶ πρῶτα περὶ τράγον ὠρχήσαντο.

139 flumine Y | figuram] figuratum N | vertit P convertit P^{corr} || **141** Aethelorum δ | cum in silvis δ | silvas NF || **142** matrem inscius vidit δ | specie R || **144** ei] et αLFδη ei B^{corr} *om.* R^{corr} | accusasset R accessit B accessisset B^{corr} || **146** hoc LF^{corr} || **147** e *om.* L | sequens e facto F sequens facto F^{corr} || **149** Icarium SNMδ Icarum M^{corr}B^{corr} | Eregiones S Erigonis MRLγδη || **150–151** vitem et vinum δ || **152** sereretur *om.* P *compl.* P^{corr} | quod Z | ab B | ea γ | et] ut N | cum *om.* SNRPL *compl. post* esset P^{corr} ut R^{corr} | notum RPL natum R^{corr}P^{corr} || **153** id *om.* γ | uti eo η || **154** reddidisset facile R fecisset facile AE || **155** *post* se *add.* felicem A facile EF | videretur R viderit L viderentur R^{corr} || **156** decerpisse SNM PEFBη decerpsisse F^{corr}Z^{corr} | factum N | Icarium (Icha- A) SNMAδ Icarum M^{corr}B^{corr} | iratum A || **157** plenam F plenum F^{corr} || **158** perligasse AEB | circa AB || **159** saltasse N salutare Y | Itaque … ait *om.* AE | Eratostheneas N Erasthotenes F Erathostenes F^{corr} || **159–160** Ἰκαρίου … ὠρχήσαντο *Graecis litteris scripta in codd. om.* AE

Alii dicunt Icarum, cum a Libero Patre vinum accepisset, statim utres plenos in plaustrum imposuisse; hac re etiam Booten appellatum. Qui cum perambulans Atticorum fines pastoribus ostenderet, nonnulli eorum aviditate pleni novo genere potionis inducti somno consopiuntur atque alius aliam se in partem reiciunt, ut semimortua membra iactantes alia ac decebat loquebantur. Reliqui eorum arbitrati venenum ab Icaro datum pastoribus, ut eorum pecora abigeret in suos fines, Icarum interfectum in puteum deiecerunt, sed, ut alii demonstrant, secundum arborem quandam defoderunt. Qui autem obdormierant experrecti, cum se numquam melius quiescere faterentur ac requirerent Icarum ut pro beneficio munerarentur, interfectores eius, animi conscientia permoti, statim se fugae mandaverunt et in insulam Ceorum pervenerunt; a quibus ut hospites recepti domicilia sibi constituerunt.

At Erigone, Icari filia, permota desiderio parentis, cum eum non redire videret ac persequi conaretur, canis Icari, cui Maera fuerat nomen, ululans ut videretur obitum domini la-

161 Icarium (Icha- A) αAE Icarum $R^{corr}P^{corr}$ || **162** plaustro L | posuisse δ || **164** nam *add. ante* nonnulli N | aviditate *om.* F *compl.* F^{corr} || **165** atque] itaque B || **166** semimortui Z || **167** ac dicebant N ac cedebat A accedat E | horum γ || **168** Icario αAEY Icaro $R^{corr}P^{corr}$ | abiret R abigeret R^{corr} || **169** Icarium αAE Icarum $R^{corr}P^{corr}$ | proiecerunt R || **170** demonstrat alii Y demonstrant alii Y^{corr}Z | quandam *om.* S | sub arbore quadam R sub arborem quandam Y || **171** obdormierunt SNPLγδ obdormierant P^{corr} | nusquam L || **172** quiescere melius η | Icarium αAE Icarum $M^{corr}R^{corr}P^{corr}$ || **173** muneraretur SRLF^{corr}δπ || **174** se *om.* F *compl.* F^{corr} fugae se L | mandaverunt] dederunt B | in *om.* L | Ceorum *Bu.LeBœu.*] eorum αLγδ Aetholorum P^{corr}η || **175** devenerunt P pervenerunt P^{corr} | ut hospites *om.* N | eorum *add. post* domicilia B *om.* B^{corr} | sibi *om.* F *compl.* F^{corr} || **177** Erigon R Erigone R^{corr} | Icarii αAE Icari $M^{corr}R^{corr}P^{corr}$ || **177-178** filia ... Icari *om.* E *compl.* E^{corr} || **178** redire non NFδ | Icarii αAE Icarum δ Icari $M^{corr}R^{corr}P^{corr}$ B^{corr} || **179** nomen Maera fuerat E nomen fuerat Maera F | domini *om.* L *compl.* L^{corr} | lacrimari AEδη crimare rediit ad Erigonen, cui non minimam cogitatae mortis suspicionem ostendit; neque enim puella timida suspicari debebat nisi patrem interfectum, qui tot dies ac menses abesset. At canis vestem eius tenens dentibus perduxit ad cadaver; quod filia, simul ac vidit, desperata spe, solitudine ac pauperie oppressa, multis miserata lacrimis, in eadem arbore qua parens sepultus videbatur suspendio sibi mortem conscivit. Cui canis mortuae spiritu suo parentavit. Nonnulli enim hunc in puteum se deiecisse dixerunt Anigrum nomine; quare postea neminem ex eo puteo bibisse memoriae tradiderunt. Quorum casum Iuppiter miseratus in astris corpora eorum deformavit. Itaque complures Icarum Booten, Erigonen Virginem nominaverunt de qua posterius dicemus; canem autem sua appellatione et specie Caniculam dixerunt, quae a Graecis, quod ante maiorem Canem exoritur, Procyon appellatur.

Alii hos a Libero Patre figuratos inter sidera dicunt. Interim cum in finibus Atheniensium multae virgines sine causa suspendio sibi mortem consciscerent, quod Erigone moriens erat precata ut eodem leto filiae Atheniensium afficerentur quo ipsa foret obitura, nisi Icari mortem persecuti et eum forent ulti, itaque cum id evenisset ut ante diximus, petentibus

180 redit δZ | cogitare N || **181** ostendit] dedit L || **182** partem Y | diebus ac mensibus L^{corr} | ac menses *om.* B *compl.* B^{corr} | haberet D || **183** at] ut N | dentibus tenens F | perducit P || **184** ac] ut RL | sollicitudine L || **186** sepultus parens η | mortem sibi η || **187** spiritu suo parentavit mortuae F | enim *om.* η eum B enim B^{corr} || **188** hunc *om.* P hanc π | se *om.* B | duxerunt N | Anhigrum αL^{corr} Anhygrum F Hanigrum B || **189** neminem postea Aη || **190** misertus SNEFB miseratus E^{corr} B^{corr} || **190-191** eorum corpora E || **191** eorum *om.* L | plures P cum plures Y | Icarium αAEW Icarum $M^{corr}R^{corr}P^{corr}$ || **192** postea P || **193** autem *om.* AE | appellatione sua η | Canicula N | appellaverunt L || **194** qui L || **197** in *om.* NAη || **198** consciscerunt Z | Erigon R *om.* Y Erigone R^{corr} || **199** Atheniensium filiae η || **200** ipso E | abitura E obitura E^{corr} | Icarii αL Icari $M^{corr}R^{corr}P^{corr}$ | persecuta δ persecuti B^{corr} || **201** haec evenissent A haec venisset E | paenitentibus δ eis Apollo dedit responsum, si vellent eventu liberare se, satisfacerent Erigone. Qui, quod ea se suspenderat, instituerunt uti, tabula interposita, pendentes funibus se iactarent ut qui pendens vento movetur; quod sacrificium sollemne instituerunt. Itaque et privatim et publice faciunt et id ἀλήτιδας appellant quod eam patrem persequentem cum cane, ut ignotam et solitariam oportebat, mendicam appellabant, quas Graeci ἀλήτιδας nominant. Praeterea Canicula exoriens aestu Ceorum loca et agros fructibus orbabat et ipsos morbo affectos poenas Icaro cum dolore sufferre cogebat, quod latrones recepissent. Quorum rex Aristaeus Apollinis et Cyrenes filius, Actaeonis pater, petit a parente quo facto calamitate civitatem posset liberare; quem deus iubet multis hostiis expiare Icari mortem et ab Iove petere ut, quo tempore Canicula exoriretur, dies quadraginta ventum daret qui aestui Caniculae mederetur. Quod iussum Aristaeus confecit et ab Iove impetravit ut etesiae flarent, quas nonnulli etesias dixe-

202 dedisset AE | eventu *om.* AE | liberaret S liberari M^{corr}RPδη *LeBœu.* | se *om.* RPη *LeBœu.* si M *om.* M^{corr} || **203** Erigoni RAF | suspenderat se δ | suspenderit Y | constituerunt A || **204** ut AE | tabella δ | pendentes *Scheff.Bu.LeBœu.*] pendente *codd.* | finibus M funibus M^{corr} | secarentur R sectarentur R^{corr} sectarent P se iactarent P^{corr} || **205** moveretur δ movetur B^{corr} | quod *om.* P | quo sacrificio solemni AE | sollemne (solem- Y) sacrificium η | instituerunt] imposuerunt AE || **206** publice et privatim η | aletidos SN adletidas L aletidas L^{corr} aletiois A aletidios E allethidas δ || **207** eandem A eadem E | ut *om.* P *compl.* P^{corr} || **208** et ... oportebat *om.* L *compl.* L^{corr} | ut *add. ante* oportebat R^{corr} | appellant SN | quos RA || **209** Graece SNMPL | elitidas P aletidas P^{corr} alecidas η | vocant F appellabant δ appellant η || **210** Ceorum *edd.*] eorum *codd.* || **211** Icario αAE Icaro $R^{corr}P^{corr}$ || **212** cum *add. ante* recepissent R | Alisteus A | Apollonis R Apollinis R^{corr} | Cyrrenes N Cyrenis (Cire- η) RLAγη Cinenes B Cirenes B^{corr} || **213** Atheonis L | petet Z petiit *Bu.LeBœu.* || **214** possit η | expiari AE || **215** Icarii SNMRAE Icari $M^{corr}R^{corr}$ | et *om.* δ et B^{corr} | ut ... tempore *om.* P *compl.* P^{corr} || **216** diebus XL R | quia M qui M^{corr} | aestu SNM aestum PLδ aestus η || **217** iustum F iussum F^{corr} | conficit SN || **218** etesias] heniauctas R runt quod quotannis certo tempore exoriuntur; ἔτος enim Graece annus est Latine. Nonnulli etiam etesias appellaverunt quod expostulatae sunt ab Iove et ita concessae, sed de hoc in medio relinquetur, ne nos omnia praeripuisse existimemur.

Sed ut ad propositum revertamur, Hermippus, qui de sideribus scripsit, ait Cererem cum Iasione, Electrae filio, concubuisse; quam ob rem fulmine percussum complures cum Homero dixerunt. Ex his, ut Petellides Gnosius, historiarum scriptor, demonstrat, nascuntur filii duo, Philomelus et Plutus, quos negant inter se convenisse; nam Plutum, qui ditior fuerit, nihil fratri suo de bonis concessisse, Philomelum autem necessario adductum, quodcumque habuerit, ex eo boves duos emisse et ipsum primum plaustrum fabricatum esse; itaque arando et colendo agros ex eo se aluisse; cuius matrem inventa miratam ut arantem eum inter sidera constituisse et Booten appellasse. Ex hoc autem Parianta demonstrant natum qui de suo nomine Parios et oppidum Parion appellavit.

219 quae L | quotannis] annis S M^{corr} anni M quodannis N A | tempore certo η | ἔτος *Bu.*] heniauctos αL^{corr}Fδη heniactos L heniautos AE || **220** Latine annus est E | echnesias Y ethnesias Z || **222** hoc *om.* P *compl.* P^{corr} | relinquitur B relinquetur B^{corr} || **224** revertamur] redeamus η || **225** Iasione *Bu.LeBœu.*] Iasone αLγWB^{corr}η ausone B | Electrae *Bu.LeBœu.*] Loetis SPη Laetis MR Letis Nγδ Thetis L || **226** cum plures L complures L^{corr} || **227** et *add. ante* ex P | Pethellidas (Pae- SN) SNMRLδ Petelidas AE Pethellides M^{corr} || **229** se *om.* N | divitior SN MPγ || **230** autem *om.* P || **231** habuerunt Y || **231-232** duos boves η || **232** duo N | est *add. post* fabricatum Y || **233** esse *om.* M | itaque] idque γ itque W itaque $F^{corr}W^{corr}$ | se ex eo η || **233-235** cuius ... appellasse *om.* M *compl.* M^{corr} || **234** miratam inventa M^{corr} | inventam iratam SRL inventa iratam N | inventum Y | miratam *om.* P *compl.* P^{corr} | eum *om.* γ || **235** autem *om.* L | Parianta *edd.*] Pareanta αγδZ Pareuntha L Parta W^{corr} Parenta Y | demonstrat η demonstrant Z^{corr} || **236** natum *om.* W *compl.* W^{corr} | Parion *edd.*] Paron *codd.* || **237** appellatum S | a Libero Patre inter sidera collocata *add. post* appellavit AE

2,5 Corona. Haec existimatur Ariadnes fuisse, a Libero Patre inter sidera collocata. Dicitur enim in insula Dia, cum Ariadne Libero nuberet, hanc primum coronam muneri accepisse a Venere et Horis, cum omnes dii in eius nuptiis dona conferrent. Sed, ut ait qui Cretica conscripsit, quo tempore Liber ad Minoa venit cogitans Ariadnen comprimere, hanc coronam ei muneri dedit, qua delectata non recusavit condicionem. Dicitur etiam a Vulcano facta ex auro et Indicis gemmis per quas Theseus existimatur de tenebris labyrinthi ad lucem venisse, quod aurum et gemmae in obscuro fulgorem luminis efficiebant.

Qui autem Argolica conscripserunt hanc afferunt causam, quod Liber, cum impetrasset a parente ut Semelen matrem ab Inferis reduceret et quaerens ad eos descensionem ad Ar-

238 *Titulum add.* De Corona SRLδη Figura Coronae A | *Textus in* E *difficilis lectu est usque ad* miranda | existimatur *om.* N | Ariadnis R Ariadne A Aridianes F Adriadnes Wη Ariagnes B Ariadnes R^{corr}F^{corr} Adriagnes B^{corr} | a] et R et a R^{corr} || **239** collocasse N | Diad F Diadi δY Diadrei Z Dia F^{corr} | dum A || **240** Ariadnes RLF^{corr} Adriadne PWZ Ariagne B Adriane Y Adriagne B^{corr} | Patre *add. post* Libero δ Patri *add. post* Libero B^{corr} | munere Aδ | accepisset F accepisse F^{corr} || **240–241** a veneratoris accepisse δ accepisse a venere ethoris W^{corr}B^{corr} || **241** venerethoris (-to- NF) SNMPFη Venere RF^{corr} Venere et Thoris L^{corr} | dii in] deum N dein F dii in F^{corr} | nuptias Aη || **242** conferret Y conferrent Y^{corr} || **243** Minoia R Minora Y Minoa R^{corr} | Ariatne A Adriadnen (-em Z^{corr}) WZ^{corr} Ariagnen B Adrianem π Adriagnen B^{corr} || **244** munere MPLAFη pro munere Rδ | quia R qua R^{corr} || **245** stupri *add. post* condicionem M^{corr}P^{corr}δη | enim Lη autem δ | Vulgano A | facto Y | inductis B Indicis B^{corr} || **246** geminis η | per quas] quas SRP qua NL quibus R^{corr} | laborinthi P^{corr}W laberinthi (-ti Z) LFBη || **247** quo F quod F^{corr} | fulgurem N || **248** conficiebant S || **248–249** luminis … causam *om.* Y compl. Y^{corr} || **249** efferunt R afferunt R^{corr} || **250** quod *om.* Y *compl.* Y^{corr} | Pater *add. post* Liber B | cum *om.* A | imperasset δ impetrasset B^{corr} | Semelam αLγW *LeBœu.* | suam *add. post* matrem L || **251** educeret L || **251–254** ad Argivorum … descensionem *om.* L *compl.* L^{corr}

givorum fines pervenisset, obviam ei quendam factum nomine Polymnum, hominem dignum huius saeculi, qui petenti Libero descensionem monstraret; hunc autem, cum vidisset puerum aetate miranda, corporis pulchritudine reliquis praestantem, mercedem petisse ab eo quae sine detrimento eius daretur; Liberum autem, matris cupidum, si eam reduxisset, iurasse quod vellet se facturum, ita tamen quod deus homini non pudenti iuraret. Pro quo Polymnus descensum monstravit. Igitur, cum Liber ad eum locum venisset et vellet descendere, coronam quam a Venere muneri acceperat deposuit in eo loco qui Στέφανος est e facto appellatus; noluit enim secum ferre, ne immortale donum mortuorum tactu coinquinaretur. Qui cum matrem incolumem reduxisset coronam dicitur inter astra collocasse ut aeterna memoria nominis efficeretur.

Alii dicunt hanc coronam Thesei esse et hac re propter eum collocatam; nam qui dicitur in astris Engonasin, is Theseus esse existimatur, de quo posterius plura dicemus. Dicitur enim, cum Theseus Cretam ad Minoa cum septem virginibus et sex pueris venisset, Minoa de virginibus Eriboeam quandam nomine, candore corporis inductum, comprimere

252 quoddam A || **253** Ipolymnum SMR Ypolimnum (-nm- Y) Pη Hypolypnum LF Polypnum A Ipolimmum δ || **254** demonstraret η || **256** petisse mercedem E || **257** autem *om.* δ || **259** non pudenti] impudenti LF | pro *om.* αLγ | Polymnus *LeBœu.*] Ipolymnus SR Ypolymnus NM Ypolimnus (-nm- Y) PLη Polypnus A Hypolypnus E Hypolypmnus F Ypolimmus δ || **260** demonstravit η || **260–261** et vellet] velletque P || **261** descenderet F descendere F^{corr} | muneri *om.* L munere L^{corr}AEB || **262** e facto est Eη a facto est δ || **263** domum N || **264** matrem *om.* B *compl.* B^{corr} | reduxisset incolumem η || **265–266** nominis memoria η || **266** afficeretur SNMLAE efficeretur $M^{corr}L^{corr}$ || **268** collocata SNMδ collocatam M^{corr} | qui] cum S | Engonasis L | is *om.* F || **269** pulchra N plures R plura R^{corr} || **270** Graeciam (-tiam W) δ Cretam B^{corr} || **271** et sex … virginibus *om.* E *compl.* E^{corr} | Ariboeam AE || **272** opprimere RP voluisse; quod Theseus se passurum negaret, ut qui Neptuni filius esset, non valeret contra tyrannum pro virginis incolumitate decertare. Itaque, cum iam non de puella, sed de genere Thesei controversia facta esset, utrum is Neptuni filius esset necne, dicitur Minos anulum aureum de digito sibi detraxisse et in mare proiecisse. Quem referre iubet Thesea si vellet credi se Neptuni filium esse; se enim ex Iove procreatum facile posse declarare. Itaque comprecatus patrem petiit aliquid signi ut satisfaceret se ex eo natum statimque tonitru et fulgore caeli indicium significationis fecisse. Simili de causa Theseus sine ulla precatione aut religione parentis in mare se proiecit; quem confestim delphinum magna multitudo mari provoluta lenissimis fluctibus ad Nereidas perduxit, a quibus anulum Minois et a Thetide coronam quam nuptiis a Venere muneri acceperat retulit, compluribus lucentem gemmis.

Alii autem a Neptuni uxore accepisse dicunt coronam; quam Ariadne Theseus dono dicitur dedisse, cum ei propter virtutem et animi magnitudinem uxor esset concessa; hanc

273 *post* quod *add.* cum SRL | negare M negaret M^{corr} negarat P^{corr} | ut *om.* R^{corr} || **274** non *om.* R^{corr}δ | ipse *add. post* valeret L | contra *om.* N || **275** disceptare P decertare P^{corr} || **276** verum αL utrum M^{corr}P^{corr}L^{corr} | si *add. post* is R^{corr} || **277** fuisset E esset E^{corr} *om.* B | Minoys R Minos R^{corr} | anulum *om.* AE | aureum anulum δ || **278** detraxisset F detraxisse F^{corr} | mari γ | quae A | referre *om.* Y | Theseum δ || **279** credi se] credidisse SAE | filium Neptuni η || **280** cum precatus SNPLγδη tum precatus R || **281** petit αLF || **282** tonitrum MP tonituum N | fulgorem SMP fulgurem N fulgure RF^{corr} | fecisse *om.* AE fecisset Z || **283** religione] regione E || **284** mari E || **285** levissimis δη || **286** Neridas W | Minos (My- AE) SAE nimis N || **286–287** a Thetide] e heside R e theside R^{corr} thesidae L a Thetidem Y || **287** munere PAE || **289** a *om.* LE *compl.* L^{corr} | coronae AE || **289–292** coronam ... Liberum *om.* L *compl.* L^{corr} || **290** quam *om.* αLγδ | Ariadni R Adne P Adriane L Adriadne WηL^{corr} Ariagne B Ariadne P^{corr} Adriagne B^{corr} || **291** magnitudinem animi η | concessa *om.* Lγ autem post Ariadnes mortem Liberum inter sidera collocasse.

Engonasin. Hunc Eratosthenes Herculem dicit supra 2,6
Draconem collocatum, de quo ante diximus, eumque paratum ut ad decertandum, sinistra manu pellem leonis, dextra clavam tenentem: conatur interficere draconem Hesperidum custodem qui numquam oculos operuisse somno coactus existimatur, quo magis custos appositus esse demonstratur; de hoc etiam Panyasis in Heraclea dicit. Horum igitur pugnam Iuppiter admiratus inter astra constituit; habet enim Draco caput erectum, Hercules autem dextro genu nixus sinistro pede capitis eius dextram partem opprimere conatur, dextra manu sublata ut feriens, sinistra proiecta cum pelle leonis ut cum maxime dimicans apparet. Etsi, quis sit hic, negat Aratus quemquam posse demonstrare, tamen conabimur ut aliquid verisimile dicamus.

Araethus autem, ut ante diximus, hunc Cetea, Lycaonis filium, Megistus patrem dicit; qui videtur, ut lamentans filiam

292 autem *om.* E *compl.* E^{corr} | Ariadnis RA Adriadnes LW Ariatnis E Ariagnes B Adriadnis η Ariagnis B^{corr} || **294** *Titulum add.* De Engonasi RLWZ De Engonasin BY Figura Engonasin sive Herculis A | Herculum (Er- E) γ | dicit *om.* Y | contra γ || **295** dracones Y | collocatam Y | ante *add. ante* paratum F *om.* F^{corr} || **296** ad *om.* B *compl.* B^{corr} | pellem leonis sinistra manu P || **297** clavem FZ | ut *add. post* tenentem R^{corr} | conaretur ηL conatum η conatur M^{corr} conetur R^{corr} | draconem] leonem F | Hesperidem F Hesperidum F^{corr} || **298** operuisse oculos S | aperuisse NLAE operuisse L^{corr} || **299** appositum (adpo- E) AE || **300** etiam *scr. ante* in L | Panyasis *Bu.*] Panyastis (Pani- RPγδ) αLγδ Paniastes η | Erculea N Era dea Y | dixit η || **302** enim δ || **303** dextram *om.* S || **304** sublata] prolata P | sublata ut] sublevavit R sublevata ut R^{corr} || **305** cum *om.* R quam Lη tum R^{corr} | appareret R^{corr} A appareat η | qui sit αL *LeBœu.* sit qui W quis sit qui B qui Y quis Z quis sit P^{corr} | hoc δη hunc B^{corr} || **306** quemquam ut Aratus δ ut Aratus quemquam η | conabitur F conabimur F^{corr} || **307** verisimilis E || **308** Araethus *Bu.*] Ariethus (-tus AEZ) αLAEδη Aries F | autem *om.* SNMγ || **309** Megestus (-th- F) M^{corr}RPF Megistus R^{corr} | dixit M dicit M^{corr}

in ursae figuram conversam, genu nixus, palmas diversas tendere ad caelum ut eam sibi restituant. Hegesianax autem Thesea dixit esse qui Troezene saxum extollere videtur, quod existimatur Aegeus sub eo saxo Ellopium ensem posuisse et Aethrae Thesei matri praedixisse ne ante eum Athenas mitteret quam, sua virtute lapide sublato, potuisset gladium patri referre. Itaque niti videtur ut quam altissime possit extollat. Hac etiam de causa nonnulli lyram quae proxima ei signo est collocata Thesei esse dixerunt, quod ut eruditus omni genere artium lyram quoque didicisse videbatur. Idque et Anacreon dicit: ἀγχοῦ δ' Αἰγείδεω Θησέος ἐστὶ λύρη.

Alii autem Thamyrim a Musis excaecatum, ut supplicem ad genua iacentem dicunt, alii Orphea a Thraciis mulieribus interfici, quod viderit Liberi Patris initia. Aeschylus autem in fabula quae inscribitur Προμηθεὺς λυόμενος Herculem ait esse non cum Dracone, sed cum Liguribus depugnantem. Dicit enim, quo tempore Hercules a Geryone boves abduxe-

310 figurae AE figura F | nixum αLAE nexo F || **311** Hegesianax *edd.*] Hegesienax SMRPLFδY Hesienax N Hegeslenax AE Heiesienax Z || **312** Tyzone A || **313** Hellopium P Ellepium γ Ellopeium Y | ense F | potuisse Y || **314** Aethrae Thesei] etresi A etressi E | ne] ut non B || **315** qua Y || **315–316** gladio putri (patri F) refervere γ || **316** ut *om.* αLγη *compl.* R^{corr} | altissimum Nγ || **317** *ante* extollat *add.* lapidem δ | de causa etiam L | lyram *om.* αLγ *compl.* P^{corr} | proxima] pro maxima Y || **318** ut] et δ || **319** omnium artium genere η | lyra SN || **320** id R | et *om.* δZ || **320–321** ἀγχοῦ … λύρη *Graecis litteris scripta in codd. om.* AE || **322** Thamurim R^{corr} Thamarin (-im E^{corr}F) AE^{corr}F Tamarim E Thamirum Z | a] in AE || **323** ienua R ianuam γ | autem *add. post* alii Y | Tharis AE || **324** interfectum R^{corr}L | Liberi Patris viderit B | Achilus L Aesculus W Eschius Y Aeschilus R^{corr} || **325** Prometheseus R | λυόμενος *edd.*] hyomenos (hi PFη) SMRPLγWη hymenos N || **326** ait *om.* AE | esse] autem AE | cum dracone] dracones Y | sed cum *om.* N || **327** Herculis R Hercule Z | a Ierione P Agenoride Z | adduxerit RAZ abduxerat L abstulerit δ abduceret Y rit, iter fecisse per Ligurum fines; quos conatos ab eo pecus abducere manus contulisse et complures eorum sagittis confixisse; sed postquam Herculem tela defecerint, multitudine barbarorum et inopia armorum defessum, se ingeniculasse, multis iam vulneribus acceptis, Iovem autem misertum filii curasse ut circum eum magna lapidum copia esset; quibus se Herculem defendisse et hostes fugasse; itaque Iovem similitudinem pugnantis inter sidera constituisse.

Hunc etiam nonnulli Ixiona brachiis vinctis esse dixerunt, quod vim Iunoni voluerit afferre, alii Promethea in monte Caucaso vinctum.

Lyra inter sidera constituta est hac, ut Eratosthenes ait, 2,7
de causa, quod initio a Mercurio facta de testudine Orpheo est tradita qui Calliopes et Oeagri filius eius rei maxime studiosus fuit. Itaque existimatur suo artificio feras etiam ad se audiendum allicuisse. Qui querens uxoris Eurydices mortem

ΣHC_1C_2 (*ab* Lyra)

341 est *om.* HC_1C_2 | Opagri HC_1C_2 | erat *add. ante* filius HC_1C_2 || **342** fuit itaque *om.* HC_1C_2 || **343** audiendas HC_1C_2 | applicuisse (apli- H) HC_1C_2

328 iter fecisse] interfecisse N | contra *add. ante* quos η | conatis A conatus E | pecus ab eo η || **329** mani R manus R^{corr} | quam plures P | fixisse P || **330** Herculi RLAE | tela Herculem δ | deficerent R defecerunt LB defecerint B^{corr} || **331** barbarum P || **333** circa δ | copia lapidum R || **333–334** se Herculem] Hercules δ se Hercules η || **334** defendisset δη | fugasset WB^{corr}η fugisset B | similitudine R^{corr}W similitute B similitudinem B^{corr} || **336** Ixion A | vinctum F victis Y vinctis F^{corr} || **337** vi W | voluit L | adferri N inferre η || **338** Cancaso N Causaso E Caucaso E^{corr} | unctum W invictum Y || **339** *Titulum add.* de Lyra (Li- Lη) RLδη Figura Lyrae A | Libra B Lira B^{corr} | astra γ | collocata RB | Erasthothenes (-te- B) δ || **340** in *add. ante* initio Z | a] de B || **341** Caliopes S Calliopis Z | Oagri R Eoagri P Oegri EF^{corr}Y Eoegri F Eagri δ Oeagri R^{corr} || **342** fuit *om.* α LFδ | de M ad M^{corr} || **343** Eurydicis (-ri- LEBη) MRLAEBη Euridis F Eurydices M^{corr}

ad Inferos descendisse existimatur et ibi deorum progeniem suo carmine laudasse praeter Liberum Patrem; hunc enim oblivione ductus praetermisit, ut Oeneus in sacrificio Dianam. Postea igitur Orpheus, ut complures dixerunt, in Olympo monte, qui Macedoniam dividit a Thracia, sed, ut Eratosthenes ait, in Pangaeo sedens, cum cantu delectaretur, dicitur ei Liber obiecisse Bacchas quae corpus eius discerperent interfecti. Sed alii dicunt, quod initia Liberi sit speculatus, id ei accidisse; Musas autem collecta membra sepulturae mandasse et lyram quo maxime potuerant beneficio, illius memoriae causa figuratam stellis inter sidera constituisse, Apollinis et Iovis voluntate, quod Orpheus Apollinem maxime laudaret; Iuppiter autem filiae beneficium concessit.

Alii autem dicunt Mercurium, cum primum lyram fecisset

ΣHC_1C_2 (*usque ad* beneficium concessit *sed ab* Musas *ad* concessit H *difficilis lectu est*)

345 huius (uius H) HC_1C_2 || **346** ductus intermisit HC_1 intermisit ductus C_2 || **349** Pangae HC_1C_2 || **351** ut *add. ante* alii HC_1C_2 | a Libero C_2 || **353** quae HC_1C_2 | potuerant] potenterat at H portenterat at C_1 || **356** maxime Apollinem HC_1C_2 | filia C_1C_2 filiae C_2^{corr}

344 descendisse ad Inferos L | progeniem deorum F || **345** propter R praeter R^{corr} || **346** Eoneus R Oenus P Oepeus L Eneas L^{corr}AEB Oeneus (E- R^{corr}) $R^{corr}P^{corr}B^{corr}$ || **347** igitur] dicitur δ || **348** quod Y | Macedonia A | et *add. post* dividit F | Thraecia N || **349** Erastotenes F Erasthothenes W Arestotenes B | Pangaeo *edd.*] Pancaeo (-ceo γη) SNMR^{corr} Pγη Pancaheo R Panchaeo Lδ || **350** Liber ei B | Liberum L Liber L^{corr} || **351** interfici N | sit Liberi R || **352** et ob *add. ante* id R | ei id Z || **353** qua R^{corr} quod L quo L^{corr} | potuerunt NLAE potuerat P || **354** causam AE | figuram tam δ figuratam B^{corr} || **355** quorum αLδη quod $L^{corr}B^{corr}$ || **356** Apollonem B Apollinem B^{corr} | laudavit R^{corr} | autem *om.* P | filio MP^{corr}Fδη filiae M^{corr} | beneficio P || **358** item SNM enim L autem M^{corr}

in Cyllene monte Arcadiae, septem chordas instituisse ex Atlantidum numero, quod Maia una ex illarum numero esset, quae Mercurii est mater. Deinde postea cum Apollinis boves abegisset, deprehensus ab eo, quo sibi facilius ignosceret, petenti Apollini ut liceret se dicere invenisse lyram concessit et ab eo virgulam quandam muneri accepit. Quam manu tenens Mercurius, cum proficisceretur in Arcadiam et vidisset duos dracones inter se coniuncto corpore alium alium appetere, ut qui dimicare inter se viderentur, virgulam in utrumque subiecit; itaque discesserunt. Quo facto, eam virgulam pacis causa dixit esse constitutam.

Nonnulli etiam, cum faciunt caduceos, duos dracones implicatos virgula faciunt, quod initium Mercurio fuerat pacis; eius exemplo et in athleticis et in reliquis eiusmodi certationibus virgula utuntur. Sed ut ad propositum revertamur, Apollo, lyra accepta, dicitur Orphea docuisse et, postquam ipse citharam invenerit, illi lyram concessisse.

359 Cillanae R Cyllane P Cyllene (-aenae R^{corr}) $R^{corr}P^{corr}$ Cylleno (Ci-δη) L^{corr}δη | statuisse AE | et AE || **360** Altantidum N Atlantum (-th- P) RP Athlandum E Adlantidum Fδ Athaltidum B Athlantidum $P^{corr}E^{corr}$ | nuro AE | una *om.* A || **361** mater est η | postea *om.* S || **362** abegisset boves δ | est *add. post* deprehensus δ *om.* B^{corr} | qui R quod AE quo R^{corr} || **363** a *add. ante* Apollini F | Apollo W Apolloni B Apollini B^{corr} | dicere liceret se Pδ diceret se γ liceret se Y || **364** virgultum N | munere F || **366** duo NMP duos P^{corr} | implicatos *add. post* dracones η | coniuncto *om.* Y || **367** alium *om.* Y | qui *om.* R || **368** in] inter η || **370** caduceos cum faciunt η cum caduceo P cum caduceos P^{corr} | duo NMP duos P^{corr} | implicitos Bη || **371** causa *add. post* pacis F *om.* F^{corr} || **372** exemplo eius Z | et^1 *om.* L | in *om.* SNMPLγδη *LeBœu. compl.* L^{corr} | athleticis *edd.*] athletis SNRPLAFWY^{corr}Z atletis M adletis EB athetis Y athlete R^{corr} | et^2 *om.* R^{corr} | in *om.* E | reliquis] alteris A | huiusmodi F eiusmodi F^{corr} || **373** utuntur virgula S | ut *om.* P | ad *om.* Y || **375** ipse *om.* γ ille R | concessit AE

Nonnulli etiam dixerunt Venerem cum Proserpina ad iudicium Iovis venisse, cui earum Adonin concederet; quibus Calliopen ab Iove datam iudicem, quae Musa Orphei est mater; itaque iudicasse uti dimidiam partem anni earum unaquaeque possideret; Venerem autem indignatam quod non sibi proprium concessisset, obiecisse omnibus quae in Thracia essent mulieribus ut Orphea amore inductae ita sibi quaeque appeterent ut membra eius discerperent; cuius caput in mare de monte perlatum fluctibus in insulam Lesbum est reiectum; quod ab his sublatum et sepulturae est mandatum. Pro quo beneficio ad musicam artem ingeniosissimi existimantur esse; lyra autem a Musis, ut ante diximus, inter astra constituta est. Nonnulli aiunt, quod Orpheus primus puerilem amorem induxerit, mulieribus visum contumeliam fecisse; hac re ab his interfectum.

ΣHC_1C_2 (*usque ad* discerperent *sed usque ad* venisse H *difficilis lectu est)*

376 cum] quam C_1 | Proserpinam C_1 | iudicium ad C_1C_2 || **377** venisse *om.* C_1 | Adonium HC_1C_2 || **378** ad (a C_1C_2) Iove Calliopem (-pen C_2) HC_1C_2 || **379** itaque] eam HC_1C_2 | unaquaeque parum HC_1C_2 || **380–382** Venerem ... mulieribus] propter quod Venus irata mulieribus quae in Thracia (Tra- C_1C_2) sunt HC_1C_2 || **382** quibus Calliopem ... Thracia sunt *iter. post* sunt HC_1 || **382–383** ut Orphea ... discerperent] carpere dedit HC_1C_2

376 Venerem *om.* αLAEδ *scr. ante* dixerunt F *compl.* $P^{corr}L^{corr}$ | Proserpinam L cum Proserpina L^{corr} || **377** venisset RγB | cuius M quibus M^{corr} || **378** Calliope A | est Orphei Lη || **378–379** quae...iudicasse *om.* L *compl.* L^{corr} || **379** partim Y | anni *om.* Z | earum anni P | unaquaeque earum E || **380** autem] hoc F || **381** proprium sibi B | Thraecia N Traci R Tracia R^{corr} || **382** erant R | Orphei R | inducto F || **383** decerperent L || **384** mare de monte] mare de fonte AE maredem fonte F | Lesbum *om.* Z || **385** retectum Z reiectum Z^{corr} | sepultura RF sepulturae R^{corr} | est *om.* P esse R || **386** quo pro γ | ingeniosissime A || **387** autem] haec F | inter] in M || **388** constituta] collocata L | primus *om.* L primus L^{corr} || **389** visus L || **390** in *add. ante* hac S | ab his hac re δ

Olor. Hunc κύκνον Graeci appellant, quem complures 2,8
propter ignotam illis historiam communi genere avium ὄρνιν appellaverunt. De quo haec memoriae prodita est causa: Iuppiter, cum amore inductus Nemesin diligere coepisset neque ab ea ut secum concumberet impetrare potuisset, hac cogitatione amore est liberatus. Iubet enim Venerem aquilae simulatam se sequi, ipse in olorem conversus ut aquilam fugiens ad Nemesin confugit et in eius gremio se collocavit. Quem Nemesis non aspernata, amplexum tenens, somno est consopita; quam dormientem Iuppiter compressit, ipse autem avolavit et, quod ab hominibus alte volans caelo videbatur, inter sidera dictus est esse constitutus. Quod ne falsum diceretur, Iuppiter e facto eum volantem et aquilam sequentem collocavit in mundo. Nemesis autem, ut quae avium generi esset

ΣHC_1C_2

391 quam HC_1C_2 || **393** memoria HC_1 || **394** Nemesiam C_1 || **395** secum concumberet] sui copiam faceret HC_1C_2 || **397** olore HC_1 | ut ... fugiens] impetum aquilae vitans HC_1C_2 || **398** quae HC_1C_2 || **399** tenens] ens H eius C_1C_2 | consopitae HC_1 || **400** quam ... ipse] et ab eo compressa iuppiter (iupi- H) HC_1C_2 || **401** hominis H homines C_1 omnibus C_2 | alte] longe HC_1C_2 | caelo *om.* HC_1C_2 || **402** constitutus *om.* HC_1C_2 || **403** eum] cignum (cyg- H) HC_1C_2 || **404** peperit quod est *add. ante* generi C_2 | esset *om.* HC_1C_2

391 *Titulum add.* De Olore δη De Cigno R^{mg} De Olore qui et Cignus L Figura Oloris id est Cigni A | Olorem A | Graeci *om.* δ *compl.* B^{corr} || **392** avium ὄρνιν *om.* B || **393** memoria SNAE || **395** ut...concumberet] vi se cum non cumberet N | secum *om.* AE | impetrasse N || **396** ab *add. ante* amore R | similatam MγWB^{corr} simulatam M^{corr} || **397** seseque SNMRδ | conversum L convertit δ conversus L^{corr} || **399** amplexu AE | consopita] composita Z || **400** oppressit (opr- Z) η | autem *om.* W *compl.* W^{corr} | evolavit R avolavit R^{corr} || **401** ab hominibus *om.* R *compl.* R^{corr} | ab *om.* L *compl.* L^{corr} ad N | omnibus MP | apte P alte P^{corr} || **402** est *om.* Lδ *compl. ante* dictus L^{corr} | esse *om.* R | constitutus] collocatus η | falso R | videretur LW || **403** hoc *add. ante* e R | eam SNMRLAE eum M^{corr} | consequentem P | locavit P || **404** esse Z iuncta, mensibus actis, ovum procreavit quod Mercurius auferens detulit Spartam et Ledae sedenti in gremium proiecit; ex quo nascitur Helena ceteras specie corporis praestans, quam Leda suam filiam nominavit. Alii autem cum Leda Iovem concubuisse in olorem conversum dixerunt; de quo in medio relinquemus.

2,9 Cepheus. Hunc Euripides cum ceteris Phoenicis filium, Aethiopum regem esse demonstravit, Andromedae patrem, quam ceto propositam notissimae historiae dixerunt; hanc autem Persea a periculo liberatam uxorem duxisse; itaque, ut totum genus eorum perpetuo maneret, ipsum quoque Cephea inter sidera superiores numerasse.

2,10 Cassiepia. De hac Euripides et Sophocles et alii complures dixerunt ut gloriata sit se forma Nereidas praestare.

ΣHC_1C_2 (*usque ad* filiam nominavit)

405 iuncta] tunc (th- C_1) HC_1C_2 | a *add. ante* mensibus HC_1C_2 | ovam C_2 | peperit HC_1 || **405–406** procreavit ... detulit *om.* C_2 || **407** nascitur] nata dicitur HC_1 nata esse dicitur C_2 | Helena ... praestans *om.* C_1 ceteras ... praestans *om.* HC_2 || **408** filiam] fiat C_1 | nominavit *om.* HC_1 dicit C_2

405 coniuncta A || **407** lena E Hedena B Helena B^{corr} | ceteris AE cetera R^{corr} | praestans corporis E || **408** quae AE | Ledam AE | familiam M filiam M^{corr} || **409** conversam R versum η conversum R^{corr} | esse *add. ante* dixerunt η || **410** medium AF | relinquamus η || **411** *Titulum add.* De Cepheo RLδη Figura Cephei A | Cepheum A Cephen B Cepheus B^{corr} | Erupides R Euripedes W Eripedes B Eripides Z Euripides $R^{corr}B^{corr}$ || **412** demonstravit esse W | esse *om.* B | monstravit R | Andromeden R Andromede R^{corr} || **413** positam F | novissimae P notissimae P^{corr} || **414** Perseum SMRPLFδη per se N | a periculo *om.* R periculis γ || **415** notum P totum P^{corr} | ipsum quoque] ipsumque γ | Cepheum R || **416** superiora R || **417** *Titulum add.* De Cassiepia RY De Cassipia L De Casiepia Z Figura Cassiephiae A | Cassiephia LAE^{corr}F Cassepia P Casiepia Wη Cassiepia P^{corr} | Eurupides R Euripedes δ Euripides R^{corr} | Sophodes R Phocles A Phodes E Sophocles R^{corr} | et alii *om.* R *compl.* R^{corr} | plures γ cum plures Y || **418** ut...se *om.* N | forma Nereidas] manere idas N

Pro quo facto inter sidera sedens in siliquastro constituta est; quae propter impietatem, vertente se mundo, resupinato capite ferri videtur.

Andromeda. Haec dicitur Minervae beneficio inter 2,11
astra collocata propter Persei virtutem, quod eam ceto propositam periculo liberarat. Nec enim ab ea minorem animi benevolentiam pro beneficio accepit; nam neque pater Cepheus neque Cassiepia mater ab ea potuerunt impetrare quin parentes ac patriam relinquens Persea sequeretur. Sed de hac Euripides hoc eodem nomine fabulam commodissime scribit.

Perseus. Hic nobilitatis causa et quod inusitato genere 2,12
concubitionis esset natus, ad sidera dicitur pervenisse. Qui missus a Polydecte, Magnetis filio, ad Gorgonas, a Mercurio qui eum dilexisse existimatur talaria et petasum accepit, praeterea galeam qua indutus ex adverso non poterat videri. Itaque Graeci Ἄϊδος galeam dixerunt esse, non ut quidam

ΣHC_1 (*ab* Perseus)

430 inusitato] novo HC_1 || **431** erat HC_1 || **432** Polidicte C_1 || **433** poterat videri *scr. post* talaria C_1 || **435** itaque *om.* C_1 | galeam *om.* HC_1 | esse *om.* HC_1

420 vertentem N vertentes R vertente R^{corr} || **421** ferre SNMP | videbatur W || **422** *Titulum add.* De Andromeda RLδη Figura Andromedae A | haec *om.* R || **423** astra] sidera P | propter Persei] propter a se AE | eam Ceto propositam] amto profitam AE | Ceto *om.* L *compl.* L^{corr} || **424** liberarit AE liberaret δη | ea minorem] eam morem F || **425** pro *om.* γ | Zepheus F || **426** neque] et AE | Casiepia Rη Cassiephia A | et *add. ante* mater A || **427** sequirentur R sequatur A sequeretur R^{corr} || **428** Euripedes δ | hoc *om.* Y | fabulae SNM fabulam M^{corr} | commodissimam P || **430** *Titulum add.* De Perseo RLη Figura Persei A | hic *om.* F | nobilitas NY nobilitate AE nobilitatis Y^{corr} || **432** Polidicte M Pocide R Polidete (ly- F) LF Polidecte $M^{corr}R^{corr}$ | filia M filio M^{corr} | Gorganas B Gorgonas B^{corr} || **433** pegasum γ || **434** praeter eam N | et *add. ante* galeam RW | quam Nγ || **435** ita B itaque B^{corr} | esse dixerunt δ | non *om.* P *compl.* P^{corr} | quidem R quidam R^{corr}

inscientissime interpretantur eum Orci galea usum; quae res nemini docto potest probari.

Fertur etiam a Vulcano falcem accepisse ex adamante factam, qua Medusam Gorgona interfecit; quod factum nemo conscripsit. Sed, ut ait Aeschylus tragoediarum scriptor in Phorcisi, Graeae fuerunt Gorgonum custodes; de quo in primo libro Genealogiarum scripsimus. Quae utraeque uno oculo usae existimantur et ita suo quaeque tempore accepto oculo vigilias egisse. Hunc Perseus una earum tradente exceptum in paludem Tritonida proiecit; itaque, custodibus ex-

ΣHC_1 (*sed ab* fertur *ad* habere H *difficilis lectu est*)

437 probari potest HC_1 || **439** ex. *add. ante* qua C_1 || **440** conscripsit] non scripsit C_1 | tragoediarum scriptor *om.* C_1 || **441** Phorcisi] Forcisu C_1 || **441-442** Graeae ... scripsimus *om.* C_1 || **442** uno *om.* C_1 || **443** usae *om.* C_1 || **444** vigilias egisse] vigilasse C_1 | ab *add. ante* una C_1 | tradente *om.* C_1 || **445** Eritonidam C_1

436 interpretatur LB interpretantur $L^{corr}B^{corr}$ | galeam AE || **437** a nemine R nemine PY homini L nemini P^{corr} | non *add. ante* potest L *om.* L^{corr} | dicto N doctore Y || **438** vulgano A | adamantem E | facta N || **439** quam R qua R^{corr} | Medusa S Medussam NAF Medusum B Medusam B^{corr} | Corgona N Gorgonam R^{corr} PAη Gorgonem δ Gorgones W^{corr} | interfecit] iter fecit N | nemo] nec A ne E || **440** conscripsit] non scripsit (-bsit N) N M R^{corr} A E scripsit F W B^{corr} scribit B | Aesdulus N || **441** Phorci S Phorcis (For- W) M R^{corr} P L F W η Phorsici N Phorcusi A Phorcus E Fortis B | Igraeae S M R^{corr} P L F δ η Graecae N A E | fuerunt *om.* M^{corr} P | fuerunt *add. post* custodes M^{corr} | Gurgonum custodes N Gorgones III R Gorgones P Gorgoneum custodes A E custodes Gorgoneum F Gorgonum custodes P^{corr} | de quo] in quibus S N M R A E quarum L de quo M^{corr} de quibus R^{corr} || **442** libro primo η | libri S | genealogiam L genealogiarum L^{corr} || **443** quaeque suo L | quoque S N M R A E quaeque M^{corr} || **444** vigilia R vigilias R^{corr} | exceptam A || **445** Trotonida R Tridonida P Tritonidam A E δ Z Trinonidam Y Tritonida $R^{corr}P^{corr}$

caecatis, facile Gorgona somno consopitam interfecit. Cuius caput Minerva in pectore dicitur habere collocatum. Evhemerus quidem Gorgona a Minerva dicit interfectam, de qua alio tempore plura dicemus.

H e n i o c h u s. Hunc nos Aurigam Latine dicimus, nomine 2,13
Erichthonium, ut Eratosthenes monstrat. Quem Iuppiter, cum vidisset primum inter homines equos quadrigis iunxisse, admiratus est ingenium hominis ad solis inventa accessisse, quod is princeps quadrigis inter deos est usus. Sed Erichthonius et quadrigas, ut ante diximus, et sacrificia Minervae et templum in arce Atheniensium primus instituit. De cuius progenie Euripides ita dicit: Vulcanum Minervae pulchritudine corporis inductum petisse ab ea ut sibi nuberet neque impetrasse et coepisse Minervam sese occultare in eo loco qui propter Vulcani amorem Hephaestius est appellatus. Quo persecutum Vulcanum ferunt coepisse ei vim af-

ΣHC_1 (*usque ad* dicitur habere)

446 sopitam C_1 || **447** a Minerva C_1

446 Tritonida *add. post* facile F | Gorgonam R^{corr}Aδ | cui R cuius R^{corr} || **447** Minerva] manu sua AE | dicitur in pectore Nη | habere *om.* N || **448** quidam RP | Gorgonam SMRPL^{corr}EAB Corgonam N Gorganam LW Gorgona R^{corr} | quo Y || **450** *Titulum add.* Dheniocho R De Henioco (E- δ) Lδ De Auriga η Figura Aurigae A | Heniochum A | Auriga F | Latine *om.* γδ | dicimus] vocamus γ || **451** Herithonium F Erithonium Y Ericthonium Y^{corr} | Heratotenes P Erasthothenes (-te- B) δ Heratostenes P^{corr} Erasthostenes B^{corr} || **452** quadrigos B quadrigis B^{corr} || **453** adventa N || **455** et^1 *om.* P *compl.* P^{corr} | quadrigias R quadrigas R^{corr} || **456–457** et templum ... Minervae *om.* γ || **457** Euripidis N Eripides R Euripedes δ Euripides R^{corr} | Vulganum M Vulcanum M^{corr} || **458** corporis pulchritudine η | inductus AE || **459** nec F || **459–460** in eo ... appellatus *om.* F || **460** pro Vulcani amore η | propter *om.* L *compl.* L^{corr} | Hephetistius S || **461** persecutam AE | coepisse ferunt P | inferre η ferre et, cum plenus cupiditatis ad eam ut complexui se applicaret, repulsus effudit in terram voluptatem; quo Minerva, pudore permota, pede pulverem iniecit. Ex hoc autem nascitur Erichthonius anguis qui ex terra et eorum dissensione nomen possedit. Eum dicitur Minerva in cistula quadam ut mysteria contectum ad Erechthei filias detulisse et his dedisse servandum; quibus interdixit ne cistulam aperirent. Sed, ut hominum est natura cupida, ut eo magis appetant quo interdicatur saepius, virgines cistam aperuerunt et anguem viderunt. Quo facto, insania a Minerva iniecta de arce Atheniensium se praecipitaverunt; anguis autem ad Minervae clipeum confugit et ab ea est educatus.

Alii autem anguina tantum crura habuisse Erichthonium dixerunt eumque primo tempore adulescentiae ludos Minervae Panathenaea fecisse et ipsum quadrigis cucurrisse; pro quibus factis inter sidera dicitur collocatus. Nonnulli etiam qui de sideribus scripserunt hunc natione Argeum Orsilochum nomine primum quadrigarum inventorem esse dixerunt et pro inventione siderum locum possedisse.

Alii autem hunc Mercurii filium ex Clytia natum, nomine Myrtilum, Oenomai aurigam definierunt. Cuius post notam omnibus mortem parens corpus in mundo constituisse existi-

462 cupiditate SAE cupitatis P cupidinis P^{corr} | pervenisset *add. post* eam η | complexus NLγB^{corr} || **463** terra Pγ || **464** iecit AE | haec F || **465** Ericthonii sanguis F | et] ex B et B^{corr} | dissensionem F || **466** possedit] accepit η || **467** Ericthei $M^{corr}P^{corr}$ δZ Herectie AE Herectige F Erithei Y || **468** ne cistulam] nec istud iam N | cistam η || **469** omnium Y | natura hominum est B | natura est Y | haec *add. post* ut EF || **470** quod SNMRLW | interdicitur RLη | et *add. post* virgines Y | cistulam SLB || **471** eiecta Z || **474** autem *om.* E | anguina *om.* P *compl.* P^{corr} || **475** ab adulescentia P adulescentiae P^{corr} || **476** Panethenea (-aea P) MRP Panathea Fδ Panathenea $R^{corr}B^{corr}$ || **478** Orgeum AE | Silochum R Orsilochium AE || **480** possedisse] obtinuisse η || **481** Dilicia F || **482** Martilum N | fuisse *add. ante* definierunt L^{corr}F | finierunt W | per A | natam NLY natum RP notam P^{corr} || **483** hominibus L | apparens δ matur. Huius in humero sinistro capra instare et in manu sinistra haedi videntur formati; de quibus nonnulli ita dicunt: Olenum quendam fuisse nomine Vulcani filium, ex hoc duas nymphas Aega et Helicen natas, quae Iovis fuerunt nutrices. Alii autem etiam ab his urbes quasdam appellari dixerunt et Olenon in Elide, Helicen autem in Peloponneso et Aegam in Haemonia ibi nominari; de quibus Homerus in Iliadis secundo dicit.

Parmeniscus autem ait Melissea quendam fuisse, Cretae regem; ad eius filias Iovem nutriendum esse delatum; quae quod lac non habuerint, capram ei admisisse, Amaltheam nomine, quae eum dicitur educasse; hanc autem geminos haedos solitam esse procreare et fere eo tempore peperisse quo Iuppiter nutriendus est allatus. Itaque própter beneficium matris et haedos quoque dicitur inter sidera collocasse; hos autem haedos Cleostratus Tenedius dicitur primus inter sidera ostendisse.

Musaeus autem dicit Iovem nutritum a Themide et Amalthea nympha, quibus eum mater Ops tradidisse existimatur;

484 cuius R | sinistra N || **485** ita *om.* R || **486** Olenam N Oleum Y Olenum $N^{corr}Y^{corr}$ | Vocalni N || **487** duos P duas P^{corr} | Aega et Helicen] Aegeta Elicen S Aegaetelicen N Aega et Elizen L Oegelicen AE Ega et Dicen F Egam et Helicen η || **488** dixerunt *om.* γ || **489** Oleno P Olenon P^{corr} | Elide *ego*] Aulide *codd. Bu.* Aeolide *Burs.* Alide *LeBœu.* | Elizen L | Peloponneso *edd.*] Peloponesso SMRPD Peloponnenso N Peloponenso LE Peloponense A Pelopocnesse F Pelopenense δ Peloponesse Z || **490** Aegam in *om.* αLγδ | Oemonia γ Hermonia Y | Humerus N || **491** Ialtadis SNRPAE Hiliades M Hiliadis M^{corr} Iliadis P^{corr} Iaitadis L || **492** Parmenis R Parmeniscus R^{corr} | Melisea M^{corr}P Molysea R Melysea R^{corr} Mellissea L in Elissea W || **493** filiam A || **494** quod] cum B | habuerit R habuerint R^{corr} | ei *om.* E || **495** dicitur eum δ || **496** fere] forte L | perisse L peperisse L^{corr} || **497** qui N | Iovis η | itaque] autem || **498** Martis RL matris L^{corr} | quaeque Y || **499** Deostratus MPY Clestratus N Cdeostraccatus F Cleostraccatus F^{corr} | Teneus RP Tenedius $R^{corr}P^{corr}$ | primus *om.* η || **501** Meieus E || **502** Opis SE Obs L Opus F Ops F^{corr}

Amaltheam autem habuisse capram quandam ut in deliciis, quae Iovem dicitur aluisse. Nonnulli etiam Aega Solis filiam dixerunt, multis candore corporis praestantem, cui contrarius pulchritudini horribilis aspectus existebat. Quo Titanes perterriti petierunt a Terra ut eius corpus obscuraret; quam Terra specu quodam celasse dicitur in insula Creta. Quae postea Iovis fuisse nutrix, ut ante ostendimus, demonstratur, sed, cum Iuppiter fidens adulescentia bellum contra Titanas appararet, responsum est ei, si vincere vellet, ut αἰγός pelle tectus et capite Gorgonis bellum administraret, quam αἰγίδα Graeci appellaverunt. Itaque facto eo quod supra declaravimus Iuppiter Titanas superans regnum est adeptus et reliqua ossa αἰγός caprina pelle contecta anima donavit et stellis figurata memoriae commendavit et postea quibus ipse vicerat tectus Minervae concessit.

Evhemerus ait Aega quandam fuisse Panos uxorem; eam ab Iove compressam peperisse quem viri sui Panos diceret filium; itaque puerum Aegipana, Iovem autem Aegiochum appellatum. Qui quod eam diligebat plurimum, inter astra caprae figuram memoriae causa collocavit.

503 quandam capram B | quendam A || **504** Aegea S Aegiam R Aegam (E- δη) Lδη Aegam R^{corr} | filiam Solis B | esse *add. post* filiam B || **505** cuius R^{corr}Lη || **506** pulchritudinis αAE pulchritudini N^{corr}R^{corr} | existabat N || **507** a Terra] Terrae R | corpus eius RZ | obscuraretur R || **508** Terram B Terra B^{corr} | quodam specu δ || **509** ostendimus] diximus δ || **510–512** contra ... bellum *om.* A || **511** appareret SRδ appararet S^{corr}R^{corr}B^{corr} | egros B egos B^{corr} || **512** quam *om.* N quod Lγ | eida E || **513** quo P || **515** animam γ || **516** figuratam PAE Bη || **518** Evhemerus] Et Hemerus R Eumerus L Eubemerus F Euhumerus Y | Aegam (E- δη) RLδη Age E Aega E^{corr} || **519** fuisse *add. ante* compressam F | perisse P peperisse P^{corr} || **520** puerum *om.* P petrum AE | Aegipana *edd.*] Aegipan *codd.* | Aegiopum P Heniochum L Aegiochum P^{corr} || **521** qui *om.* E cui SNRAF Aega L || **521–522** plurimum ... collocavit *non habet* A || **522** figura SNWη figurae RP figuram P^{corr}

Ophiuchus, qui apud nostros scriptores Anguitenens est dictus, supra Scorpionem constitutus est, tenens manibus anguem medium corpus eius implicantem. Hunc complures Carnabonta nomine dixerunt Getarum qui sunt in Thracia regem fuisse, qui eodem tempore rerum est potitus quo primum semina frugum mortalibus tradita esse existimantur. Ceres enim, cum sua beneficia largiretur hominibus, Triptolemum, cuius ipsa fuerat nutrix, in curru draconum collocatum – qui primus omnium una rota dicitur usus, ne cursu moraretur – iussit omnium nationum agros circumeuntem semina partiri, quo facilius ipsi posterique eorum a fero victu segregarentur. 2,14

Qui cum pervenisset ad eum quem supra diximus Getarum regem, ab eo primum hospitaliter acceptus, ⟨deinde⟩ non ut beneficus advena et innocens, sed ut crudelissimus hostis insidiis captus, aliorum paratus producere suam paene perdidit vitam. Carnabontis enim iussu cum draco unus eorum esset interfectus, ne, cum Triptolemus sensisset insidias parari, curru praesidium sibi constituere speraret, Ceres eo venisse

2,14 *Deest* A *deest* E *ab* regis | **523** *Titulum add.* De Ophiuco RLBη De Ophiucu W | praeterea *add. post* Ophiuchus γ || **524** Scorpion SNM Scorpionem M^{corr} | constituitur δ | est *om.* αLγδ *LeBœu.* | manibus tenens B || **525** anguem *om.* F | implicatum N | quam plures P || **526** Carbonta RP Carnabunta F Carnabonta P^{corr} | et *add. post* dixerunt R || **527** regis R regem R^{corr} | rerum] regno L regnum η | potius NMR potitus $M^{corr}R^{corr}$ || **528** mortalium N | existimatur F || **530** cursu αFZ currum B curru $R^{corr}P^{corr}B^{corr}$ | draconem RP draconum P^{corr} | collocavit R^{corr} || **531** morti eripuisse *add. post* collocatum L *om.* L^{corr} | et *add. post* usus L *om.* L^{corr} | ne *om.* P *compl.* P^{corr} | curru SMR^{corr} cursum F currum η || **532** circumeuntes F^{corr} || **533** posterique] et posteri δ | vinctu R victu R^{corr} || **536** deinde *Bu.LeBœu.*] *om. codd.* mox *Burs.* || **537** et *om.* L *compl.* L^{corr} | crudelissimi F || **539** Carnabuntis F | et *add. ante* enim F || **540** eum B^{corr} | parare L parari L^{corr} || **541** curru] circum F | praesidia N | sibi praesidium sibi W sibi praesidium B | constituere *om.* B construere Y | speraret] paret R pararet R^{corr} | Cererem L Cerere F | *ante* eo *add.* enim LF dicitur η *om.* L^{corr} | venisset LF venisse L^{corr} || **541–542** curru … adulescenti *om.* Y *compl.* Y^{corr}

et erepto adulescenti currum, dracone altero subiecto, reddidisse, regem pro coepto maleficio poena non mediocri affecisse. Hegesianax enim dicit Cererem memoriae hominum causa ita Carnabonta sideribus figurasse, manibus tenentem draconem ut interficere existimetur; qui ita vixerat acerbe ut iucundissimam sibi conscisceret mortem.

Alii autem Herculem esse demonstrant in Lydia apud flumen Sagarin anguem interficientem qui et homines complures interficiebat et ripam frugibus orbabat; pro quo facto ab Omphala quae ibi regnabat multis ornatum muneribus Argos remissum, ab Iove autem propter fortitudinem inter sidera collocatum.

Nonnulli etiam Triopan Thessalorum regem dixerunt esse qui, cum suum domicilium tegere conaretur, Cereris ab antiquis collocatum diruit templum; pro quo facto, a Cerere fame obiecta, numquam postea frugibus ullis saturari potuisse existimatur. Novissime prope ad terminum vitae dracone obiecto mala plurima perpessus, aliquando mortem adeptus, inter astra Cereris voluntate est constitutus. Itaque adhuc videtur eum draco circumplexus aeterna merentem afficere poena.

542 ereptum RLF erepto L^{corr} | curvum F curru Y | draconi R || **543** prae SM pro M^{corr} | certo RPδη coepto P^{corr} | malesino Z | affectum RP affecisse P^{corr} || **544** Hegesionax B | dixit N || **545** Charnabunta F Carbonanta η || **546** draconem ut interficere] ut interficere draconem αLF | ut^{1} *om.* Y *compl.* Y^{corr} | vixerit L | acerve (-vae N) SNRP acerbe $R^{corr}P^{corr}$ || **548** autem] vero F || **549** Sagarum Y | quia R | et *om.* F | homine R homines R^{corr} | quam plures P || **550** a ripa SNMRF ripam M^{corr} || **551** Emphala L Omphila W Omphola B | regina *add. ante* quae δ | qui RF || **552** autem *om.* P || **554** Triophan RY Tyriophan F | Thesalarum P Thesalorum (Te- B) P^{corr}B | dixerunt *scr. post* etiam δ | esse dixerunt F || **556** a *om.* R *compl.* R^{corr} || **557** fami R fama W fame R^{corr} | obiecta famae B | illis R ullis R^{corr} | saturare B satura Z | posse B || **558** novisse Y | vitae] tute SR | a *add. ante* dracone L | draconi SNR || **558–559** drachonis obiectu F || **560** inter] in M | est *om.* F || **561** viderunt Y | circumflexus F

Polyzelus autem Rhodius hunc Phorbanta nomine demonstrat qui Rhodiis auxilio maximo fuisse demonstratur: nam cum eorum insulam serpentium multitudine occupatam cives ὀφιοῦσσαν appellassent et in ea multitudine ferarum draco fuisset ingenti magnitudine qui plurimos eorum interfecisset et patria denique deserta carere coegisset, dicitur Phorbas, Triopae filius ex Hiscilla Myrmidonis filia natus, eo tempestate delatus omnes feras et eum draconem interfecisse; qui cum maxime Apollini dilectus esset, inter sidera locatus interficiens draconem laudis et memoriae causa videtur. Itaque Rhodii, quotienscumque longius a litore prodeunt classe, prius sacrificant Phorbantis adventu ut talis eventus inopinatae virtutis accidat civibus qualis inscium Phorbanta futurae laudis ad sidera gloriae pertulit casus.

Complures etiam astrologi hunc Aesculapium finxerunt, quem Iuppiter Apollinis causa inter astra collocavit. Aesculapius enim, cum esset inter homines et tantum medicina ce-

563 Polyzelus *edd.*] Polizeius SM^{corr}RPFZ Polyceius N Polizeus (-ly- W) MLW Polyzetus B Politeius Y | Herodius F Rhodiis B^{corr} | auxilio *add. post* Rhodius B | Phorpanta N Phorbonta L Phoribanta B || **564** Rhodius δ || **566** Opphiussam NMδ Offiussam PF Ofphiusam L Ophiusam YZ^{corr} Ophiusiam Z | inter eam multitudinem R || **567** ingenti fuisset η || **568** deserta denique W || **569** Triophe F | Hiscilla *edd.*] Hiscela SNMPLFδZ Hischela R | Myrrimidonis N | ea MRL Wη eo $M^{corr}L^{corr}$ || **570** eo *add. post* tempestate η | deletus F | cum Z | interfecisse *om.* L || **571** quod R qui R^{corr} | dilectus est Apollini B | inter sidera *om.* αLFδ *compl.* $M^{sv}P^{sv}$ || **571–572** qui … videtur *om.* L *compl.* L^{mg} *sed* laudis et memoriae causa interfecisse *scr. post* eum draconem L || **572** ut *add. ante* locatus R | memoria L^{mg} | videretur αL Fη *LeBœu.* *om.* B || **573** Herodii NRP Rhodi L Hrodii $R^{corr}P^{corr}$ | a *om.* N || **574** classes MP^{corr}δη | Ohorbantis P Phorbantis P^{corr} | adventui RL | ut talis] ut aliis SNMR ut talis $M^{corr}R^{corr}P^{corr}$ ut illis P ut F || **575** *ante* eventus *add.* ut N illis M^{corr}η | civibus *om.* P *compl.* P^{corr} || **576** futurae] fuit uncae F || **577** astrologi *om.* F | fixerunt N || **578** locavit P || **579** enim] autem N | tantam medicinam R tantum medicina R^{corr} | ceteris medicina Z teris praestaret ut non satis ei videretur hominum dolores levare nisi etiam mortuos revocaret ad vitam, novissime fertur Hippolytum quod iniquitate ⟨novercae⟩ et inscientia parentis erat interfectus sanasse, ita uti Eratosthenes dicit. Nonnulli Glaucum Minois filium eius opera revixisse dixerunt; pro quo peccato Iovem domum eius fulmine incendisse, ipsum autem propter artificium et Apollinem, eius patrem, inter sidera anguem tenentem constituisse.

Vt quidam dixerunt, hac de causa anguem dicitur tenere quod, cum Glaucum cogeretur sanare, conclusus quodam loco secreto, bacillum tenens manu, cum quid ageret cogitaret, dicitur anguis ad bacillum eius arrepsisse; quem Aesculapius mente commotus interfecit bacillo fugientem feriens saepius. Postea fertur alter anguis eodem venisse ore ferens herbam et in caput eius imposuisse; quo facto utrosque loco fugisse; quare Aesculapium usum et eadem herba et Glaucum revixisse. Itaque anguis et in Aesculapii tutela et in astris dicitur collocatus; qua consuetudine ducti posteri eius tradiderunt reliquis ut medici anguibus uterentur.

582 novercae *Bu.LeBœu.*] *om. codd.* | inscitia (-cia Y) Rη || **583** uti *om.* δ | ut *add. post* uti S | Aresthotenes B Erastotenes η || **584** Minoos NMRPLWη *LeBœu.* Minoes F | opere P opera P^{corr} | facto *add. post* pro B^{corr} || **585** *ante* peccato *add.* ut SNMPδ LeBœu. pro B^{corr} | incendisse fulmine δ | incendisse *om.* Z || **586** partem Y || **587-588** constituisse ... tenere *om.* N || **588** ut quidam] nonnulli SMRFδ ut nonnulli L ut quidam M^{corr} | dicitur anguem P | tenere dicitur RZ dici tenere F || **589** cum *om.* F | cogeret N || **590** manu tenens L | agere S || **591** anguis] agnus N || **592** mente] monte N || **593** alter *om.* Z | ora R ore R^{corr} || **594** capite η || **595** Aesculapius M Sculapium P Aesculapium M^{corr}P^{corr} | et^{1} *om.* L ut P et P^{corr} | in *add. ante* eadem B | et^{2} *om.* Pδη || **596** in^{1} *om.* RPF *compl.* P^{corr}F^{corr} | Aesculapius (Hes- P -sco- N) NRP Hesculapii P^{corr} | Iovis *add. ante* tutela R | et^{2} *om.* RP *compl.* P^{corr} || **597** posteri] posterius δ || **598** reliquus B reliquis B^{corr}

S a g i t t a. Hanc unam de Herculis telis esse demonstrant, 2,15
qua aquilam dicitur interfecisse quae Promethei iocinera fertur exedisse; de quo pluribus dicere non inutile videtur. Antiqui cum maxima caerimonia deorum immortalium sacrificia administrarent, soliti sunt totas hostias in sacrorum consumere flamma. Itaque, cum propter sumptus magnitudinem sacrificia pauperibus non obtingerent, Prometheus, qui propter excellentiam ingenii miram homines finxisse existimatur, recusatione dicitur ab Iove impetrasse ut partem hostiae in ignem coicerent, partem in suo consumerent victu; idque postea consuetudo firmavit. Quod cum facile a deo, non ut homine avaro, impetrasset, ipse Prometheus immolat tauros duos quorum primum iocinera cum in ara posuisset, reliquam carnem ex utroque tauro in unum compositam corio bubulo texit, ossa autem quae circum fuerunt reliqua pelle contecta in medio collocavit et Iovi fecit potestatem ut quam vellet eorum sumeret partem. Iuppiter autem, etsi non

ΣC_1C_2 (*usque ad* exedisse)

599 Sagittam C_2 || **600** quam C_1C_2 | interfecisse dicitur C_1C_2 | iocine refertur C_1 occiso refertur C_2

2,15 *Desunt* AE | **599** *Titulum add.* De Sagitta RLδη | Sagittam (sacy- F) FZ | esse telis N || **600** quam W | dicitur *om.* P | iocinora δ iocinira L iocinera B^{corr} || **601** verbis *add. post* pluribus η | diceret Y | utile RP LFδ inutile $R^{corr}L^{corr}$ || **602** maxime P^{corr}δ | caerimonia maxima F || **603** ut ministrarent F administrarent F^{corr} || **604** flammas FB^{corr} || **605** qui *om.* P *compl.* P^{corr} || **606** miram] figuram B | hominis B | fixisse NY || **607** excusatione Lη || **609** id quod SNM idque M^{corr} | confirmavit δYZ^{corr} | qui R quod R^{corr} | a deo] ab eo S || **610** ab *add. ante* homine L^{corr} || **610-611** ipse … posuisset *om.* M *compl.* M^{corr} || **611** duos tauros δη | duos *om.* L | prius vero P quorum primum P^{corr} | primi L primum L^{corr} | eorum *add. post* primum MP *om.* M^{corr} | imposuisset δ || **612** reliqua Z | uno SL | compositam in unum δ || **613** bubuli Lη | autem *om.* F | quae circum] quae cum SN quaecumque MP^{corr}Lη *LeBœu.* | fuerint N fuerunt N^{corr} | reliqua fuerunt δ || **614** contexta F pro divina fecit cogitatione neque, ut deum licebat, omnia qui debuit ante providere, sed – quoniam credere instituimus historiis –, deceptus a Prometheo, utrumque putans esse taurum delegit ossa pro sua dimidia parte; itaque postea in sollemnibus et religiosis sacrificiis, carne hostiarum consumpta, reliquias quae pars fuit deorum eodem igni comburunt.

Sed, ut ad propositum revertamur, Iuppiter, cum factum rescisset, animo permoto, mortalibus eripuit ignem ne Promethei gratia plus deorum potestate valeret neve carnis usus utilis hominibus videretur, cum coqui non posset. Prometheus autem consuetus insidiari sua opera ereptum mortalibus ignem restituere cogitabat. Itaque, ceteris remotis, devenit ad Iovis ignem quo deminuto et in ferulam coniecto laetus ut volare non currere videretur ferulam iactans, ne spiritus interclusus vaporis exstingueret in angustia lumen. Itaque homines adhuc plerumque qui laetitiae fiunt nuntii celerrime veniunt; praeterea in certatione ludorum cursoribus instituerunt ex Promethei consuetudine ut currerent lampadem iactantes.

Pro quo Iuppiter facto mortalibus parem gratiam referens mulierem tradidit his, quam a Vulcano factam deorum vo-

615–616 pro divina non η || **616** re *add. ante* divina L | cogitatione fecit R | cogitationem Z || **617** instituimus] constituimus F || **619** esse] est N | ossa *om.* P *compl.* P^{corr} || **620** sollempnitatibus B sollempnibus B^{corr} | in *add. ante* religiosis S | sacrificiis *om.* R *compl.* R^{corr} || **621** deorum fuit L | eodem *om.* RPZ *compl.* R^{corr}P^{corr} | igne M || **624–626** ne ... posset *om.* δ *compl.* B^{mg} || **625** plus] ius SMRPLF eius N | potestate *om.* B^{mg} | neu FB^{mg} || **626** omnibus L hominibus L^{corr} | cum quoqui P conquoqui P^{corr} | coqui] concoqui SMY || **627** suo opere P sua opera P^{corr} | sua *om.* Y *compl.* Y^{corr} | erectum B ereptum B^{corr} || **628** cogebatur R cogitans P cogitabat P^{corr} || **629** diminuto B || **630** lectus Y | iactans] iactasse fertur L || **631** vapores F || **632** nuntii sunt δ | celerum SN celerium M celeres R celeriter L celerrime M^{corr} || **633** eveniunt SNM | certatio P certamine B certatione P^{corr} || **634** ex] et B | similitudine P consuetudine P^{corr} | lampades S luntas omni munere donavit; itaque Pandora est appellata. Promethea autem in monte Scythiae nomine Caucaso ferrea catena vinxit; quem alligatum ad triginta milia annorum Aeschylus tragoediarum scriptor dicit. Praeterea admisit ei aquilam quae assidue noctu renascentia iocinera exesset; hanc autem aquilam nonnulli ex Typhone et Echidna natam, alii ex Terra et Tartaro, complures Vulcani factam manibus demonstrant animamque ei ab Iove traditam dicunt.

Sed de eius solutione haec memoriae prodita est causa: cum Iuppiter Thetin pulchritudine corporis inductus peteret neque a timida virgine impetraret neque ea re minus efficere cogitaret, illo tempore Parcae feruntur cecinisse fata quae perfici natura voluit rerum; dixerunt enim quicumque Thetidis fuisset maritus, eius filium patria fore laude clariorem. Quod Prometheus non voluntate sed necessitudine vigilans auditum Iovi nuntiavit. Qui veritus id quod ipse Saturno patri fecisset in simili causa, ne patris regno privatus cogeretur, destitit Thetin velle ducere uxorem et Prometheo pro beneficio meritam retulit gratiam eumque vinculis liberavit, neque, id quod fuerat iuratus, remisit vacuum omni alligatione

638 Pondera F | esse δ || **639** Prometheum Fη | Caucaso nomine R | Caucasum F Causo Y || **640** milia *om.* R *compl.* R[corr] | Aeschelus P Aeschylus P[corr] || **641** ait δ dixit Z || **642–643** quae … aquilam *om.* Z || **643** Thypone NMP Thyphone (Thi- B) P[corr]LB Thifone W Tipone Y | Echidna *Bu.LeBœu.*] Echyona (Echi- L) SNMPF Echione Rδ Ethiona YLZ[corr] Thionia Z || **644** autem *add. post* alii F | ex Terra] Extera NM Exterea L ex Terram Y ex Terra M[corr] | Tauro F Tartaro F[corr] || **645** demonstrantur N || **646** memoria N | causam F causa F[corr] || **647** Thetidis αFδη | conubium *add. ante* pulchritudine *Bu.LeBœu.* | ductus Z inductus Z[corr] || **648** virgine timida P | eam rem η || **649** facta R fata R[corr] || **650** voluit natura η || **652** necessitudine] necessitate NPL || **654** patri N patrio F | privatus regno η | privaretur coactus F || **655** destit L destitit L[corr] | velle Thetim (Tethim B) δ || **656** meritum R meritam R[corr] | eum qui R eumque R[corr] | a *add. ante* vinculis Z || **657** hic R id R[corr] | iratus N iuratum R iuratus R[corr] | vacum N vacuum N[corr] futurum, sed memoriae causa ex utraque re, hoc est lapide et ferro, digitum sibi vincire iussit. Qua consuetudine homines usi quo satisfacere Prometheo viderentur, anulos lapide et ferro conclusos habere coeperunt. Nonnulli etiam coronam habuisse dixerunt ut se victorem impune peccasse diceret. Itaque homines in maxima laetitia victoriisque coronas habere instituerunt; id exercitationibus et conviviis perspicere licebit.

Sed potius ad initium causae et interitum aquilae revertamur. Hercules missus ab Eurystheo ad Hesperidum mala nescius viae devenit ad Promethea quem in Caucaso monte vinctum fuisse supra diximus; a quo via demonstrata, illi victoria evenit. Sed, dum iter faceret, contendit ut et draconem de quo ante diximus interfectum iret et gratiam pro beneficio Prometheo referret. Nam confestim sagitta aquilam quae iocinera eius dirumpebat aggreditur; qua demissa eam inter-

658 a *add. ante* lapide L *om.* L^{corr} || **659–661** digitum ... ferro *om.* B *compl.* B^{mg} *sed* qua consuetudine ... coeperunt *scr. post* conclusos habere coeperunt B || **659** vincere NP vinciri RL^{corr}η *LeBœu.* vincire P^{corr} | quia R qua R^{corr} || **660** usu M usi M^{corr} | quo] quoque N || **662** dicerent LF || **663** homine R homines R^{corr} | magna R maximo B maxima B^{corr} | victorisque Z || **664** in *add. ante* exercitationibus P^{corr}Y | convivis P | conspicere M || **666** potius] opinor αLδ *LeBœu.* opinio FB^{corr} | quod *add. ante* ad R | revertar αη *LeBœu.* revertendum esse L revertatur FB^{corr} || **667** ab *om.* B | mala] poma SNMRLFδZ pomi Y || **669** fuisse *om.* P | illi *om.* αLFδ *LeBœu. compl.* L^{corr} et R^{corr} | victoriae δ victor iam *Bu.LeBœu.* || **670** evenit sed *om.* αLFδ *LeBœu. compl.* L^{corr} | facere αLF faceret M^{corr}P^{corr} | et *om.* LFδ || **670–671** aquilam de qua ... interfectam δ || **671** eum *add. post* interfectum R *om.* R^{corr} | iret] diceret αFδ *LeBœu.* | et *om.* L | pro beneficio *om.* L *compl.* L^{corr} || **672** Prometheo *om.* αLFδ *LeBœu. compl.* L^{corr} | refert L || **672–673** sagitta ... aggreditur] honorem quem potuit reddidit merenti αLF *LeBœu.* honorem quem potuit merenti reddidit δ sagitta ... aggreditur L^{corr} || **673** *post* qua *add.* clade *LeBœu.* | dimissa NRη *LeBœu.* de re S || **673–674** eam ... igitur *om.* αLFδ *LeBœu. compl.* L^{corr}

fecit. Igitur homines instituerunt ut, hostiis immolatis, iocinera consumerent in deorum altaribus ut exsaturare eos pro visceribus Promethei viderentur.

Vt Eratosthenes autem de Sagitta demonstrat, hac Apollo Cyclopas interfecit qui fulmen Iovi fecerunt, quo Aesculapium interfectum complures dixerunt. Hanc autem sagittam in Hyperboreo monte Apollinem defodisse; cum autem Iuppiter ignoverit filio, ipsam sagittam vento ad Apollinem perlatam cum frugibus quae eo tempore nascebantur. Hanc igitur ob causam inter sidera demonstrant.

Aquila. Haec est quae dicitur Ganymedem rapuisse et 2,16
amanti Iovi tradidisse; hanc etiam Iuppiter primus ex avium genere sibi delegisse existimatur. Quae sola tradita est memoriae contra solis exorientis radios contendere volare; itaque supra Aquarium volare videtur. Hunc enim complures Ganymedem esse finxerunt.

ΣHC_1 (*ab* Aquila)

684 est quae *om.* HC_1 | rapi H raptum C_1 | et *om.* HC_1 || **685** hanc] quam HC_1 | primus ex avium] ex avium H rex aululum C_1 || **686** dilexisse HC_1 | quae sola] quod unam hanc ex avibus HC_1 | traditum HC_1 || **687** contendere volare] volatu contendere HC_1 || **688** nunc *add. ante* supra HC_1 | volare videtur] videtur collocata HC_1 | hunc] nunc HC_1

674 in laude Herculis *add. post* homines η | ut] in M | aquilae *add. ante* iocinera η || **675** eas P eos P^{corr} || **677** ut *om.* P || **678** qui] quod L | Iovis fulmen L Iovi fulmen L^{corr}δ | Aesculapius F^{corr} || **679** dixere F || **680** autem] hoc F hoc autem Z || **681** ignoraverit SNRPLFδ ignoverit P^{corr} | ad Apollinem (Appo- Z) vento η | perlatum N || **682** frigoribus R frugibus R^{corr} | qui R || **683** monstrant RPZ monstratur Y || **2,16** *Desunt* AE | **684** *Titulum add.* De Aquila RLδη | haec est *om.* P *compl.* P^{corr} | dicitur *scr. post* tradidisse P | Gammeden N || **685** primum P || **686** sibi delegisse] rapuisse Z sibi delegisse Z^{corr} | dilexisse R || **687** valere M^{corr} RPL^{corr}F volare R^{corr} || **688** Aquarum N | quam plures P || **689** fixerunt Z finxerunt Z^{corr}

Nonnulli etiam dixerunt Meropem quendam fuisse qui Coum insulam tenuerit regno et a filiae nomine Coon et homines ipsos a se Meropas appellaret; hunc autem habuisse uxorem quandam nomine Ethemeam genere nympharum procreatam quae, cum desierit colere Dianam, ab ea sagittis figi coepit, tandem a Proserpina vivam ad Inferos arreptam esse; Meropem autem desiderio uxoris permotum mortem sibi consciscere voluisse, Iunonem autem misertam eius in aquilam corpus eius convertisse et inter sidera constituisse, ne si hominis effigie eum collocaret, nihilominus memoriam tenens coniugis desiderio moveretur.

Aglaosthenes autem, qui Naxica scripsit, ait Iovem Cretae surreptum Naxum delatum et ibi esse nutritum; qui, post-

ΣHC_1 (*usque ad* etiam dixerunt *et ab* Aglaosthenes)

701 Aglosthenes (-te- C_1) HC_1 | Naxiaca HC_1 | conscripsit HC_1 | Cretae] sub Cete HC_1 || **702** subreptam HC_1

690 etiam *om.* P | Metropem B Meropem B^{corr} | quandam F quendam F^{corr} || **691** Choum Rδη Cum LF | regnum R regno R^{corr} | et a] eam R ea P et a P^{corr} | filiam P filiae P^{corr} | Choon RYZ^{corr} || **692** appellari M appellaret M^{corr} | autem *om.* Z *compl.* Z^{corr} | habuisse *om.* B *compl.* B^{corr} || **693** nympharum genere $M^{corr}P^{corr}$ || **694** desisset R | ab ea *om.* N || **695** figi coepit *om.* L *compl.* L^{corr} | tam SN tamen MR tandem M^{corr} | a *om.* F || **695-696** esse raptam M^{corr}P raptam esse η || **696** Meropam (-pan P) SNMPδ Meroam F | morte Y || **696-697** desiderio … autem *om.* M *compl.* M^{corr} || **697** sibi *om.* MP | misertum L misertam L^{corr} || **697-698** convertisse in aquilam corpus eius δ || **698** eius corpus P | eius *om.* Z | vertisse η || **699** homines N | eum effigie B | eam M^{corr}Fη cum NML eum L^{corr} | eum collocaret] constitueret P eum collocaret P^{corr} | nichilominus δ hominis F nichil hominis B^{corr} | memoria NR^{corr} memoriae R || **700** coniugiis N | commoveretur L^{corr}η || **701** Aglaosthenes *edd.*] Aglosthenes (-te- PFB^{corr}η) αFB^{corr}η Anglostenes L Glostenes δ || **702** surruptum (sub- P) SNP surreptum P^{corr} | Naxam δ Naxum B^{corr}

quam pervenerit ad virilem aetatem et voluerit bello lacessere Titanas, sacrificanti ei aquilam auspicatam; quo auspicio usum esse et eam inter astra collocasse. Nonnulli etiam dixerunt Mercurium, alii autem Anapladem pulchritudine Veneris inductum in amorem incidisse et, cum ei copia non fieret, animo, ut contumelia accepta, defecisse, Iovem autem misertum eius, cum Venus in Acheloo flumine corpus ablueret, misisse aquilam quae soccum eius in Amythaoniam Aegyptiorum delatum Mercurio traderet. Quem persequens Venus ad cupientem sui pervenit; qui, copia facta, pro beneficio aquilam in mundo collocavit.

D e l p h i n u s. Hic qua de causa sit inter astra collocatus, 2,17

ΣHC_1 (*usque ad* collocasse *et ab* Delphinus)

703 pervenit HC_1 ‖ **704** ei *om.* HC_1 | aquilam *om.* C_1 ‖ **705** usum ... collocasse] iovem victorem revertisse et aquilam inter sidera collocasse HC_1 ‖ **714** Delphin HC_1 | de qua C_1 | inter astra] in mundo HC_1

703 pervenit SNMRLη | voluit R ‖ **704** Titan at S Titan ad N Titan P Titanas P^{corr} | sacrificanti] ad sacrificandum R ‖ **705** visum N | et] ut P et P^{corr} | locasse P | etiam] autem P ‖ **706** Anaphaden Mη Anaplidem L Anapladen (-dem L^{corr}) $M^{corr}L^{corr}Y^{corr}$ | pulchritudinem Y ‖ **707** amore SNZ | concidisse L incidisse L^{corr} ‖ **708** animum SNMLFδ animo M^{corr} | accepto R accepta R^{corr} ‖ **709** Acheno S Achelod (Ha- N) NR Acheloa P Achaloo Y Acheloo $P^{corr}Y^{corr}$ ‖ **710** missae N missam RPL misisse $P^{corr}L^{corr}$ | Amythaoniam *edd.*] Amythonea (-mi- RLFδ -to- P) αLFδ Amithenea η ‖ **711** Venus persequens δ ‖ **712** cupiditatem SP cupientem P^{corr} | sui pervenit] supervenit F ‖ **712-713** aquilam pro beneficio R ‖ **713** locavit P ‖ **2,17** *Desunt* AE | **714** *Titulum add.* De Delphino (-phy- R -fi- W) RLδY De Delphinon Z | delphin SNPFη *LeBœu.* | sit *om.* Z

Eratosthenes ita cum ceteris dicit: Neptunum, quo tempore voluerit Amphitriten ducere uxorem et illa cupiens conservare virginitatem fugerit ad Atlanta, complures eam quaesitum dimisisse, in his et Delphina quendam nomine; qui pervagatus in insulas aliquando ad virginem pervenit eique persuasit ut nuberet Neptuno et ipse nuptias eorum administravit. Pro quo facto inter sidera delphini effigiem collocavit. Et hoc amplius: qui Neptuno simulacra faciunt, delphinum aut in manu aut sub pede eius constituere videmus; quod Neptuno gratissimum esse arbitrantur.

Aglaosthenes autem, qui Naxica conscripsit, Tyrrhenos ait fuisse quosdam navicularios qui puerum etiam Liberum Patrem receptum et Naxum cum suis comitibus travectum redderent nutricibus nymphis; a quibus eum nutritum et nostri

ΣH (*saepe haud facilis lectu praesertim ab* et hoc amplius) C$_1$ (*usque ad* esse arbitrantur)

715 Netunus H Neptunus C$_1$ || 716 Amphitriten voluerit HC$_1$ | Nerei filiam *add. ante* ducere HC$_1$ || 717 fugeret HC$_1$ || 719 in] paene omnes HC$_1$ | aliquando ... pervenit *om.* HC$_1$ | eique] ei qua HC$_1$ || 721 Neptunus *add. post* facto HC$_1$ || 722 et hoc amplius] itaque C$_1$ | qui *scr. ante* faciunt C$_1$ | Neptuni C$_1$ | simulacrum C$_1$ || 723 pedibus C$_1$ | videamus C$_1$ || 724 Neptuno] ei C$_1$ | esse *om.* C$_1$

715 Erasthotenes B | dixit η || 716 voluerunt η voluerit Y^{corr} | Amphitridem η | deducere Z || 717 virginem R virgitatem L virginitatem R^{corr}L^{corr} | fugerit *ex Dorvil. 145 Vind. 2269* fugeret αLFδη fugerit M^{corr}P^{corr} | Athalanta Z | complure N | eum η | quaesitam SNM^{corr}R PLB quaesitum L^{corr} || 718 Delphynum R Delphinam F | quandam P quendam P^{corr} || 719 in *om.* RPδ *LeBœu.* || 721 iter R inter R^{corr} | delphin N || 722 amphius Z || 723 ei R | videntur L || 724 qui R quod R^{corr} | arbitratur P arbitrantur P^{corr} || 725 Aglaosthenes *edd.*] Aglosthenes (-te- RPLFη) αLFB^{corr}η Glosthenes δ | autem *om.* F | Naxia M Naxica M^{corr} | scripsit NRL conscripsit L^{corr} || 725–726 quosdam ait fuisse η || 726 esse δ | quondam R | etiam] et Y || 727 et *LeBœu.*] ut *codd.* | transvectum M^{corr}P^{corr}δη traiectum LF || 728 nostra N

in progenie deorum et complures Graeci dixerunt. Sed, ut ad propositum revertamur, navicularii spe praedae inducti navem avertere voluerunt; quod Liber suspicatus comites suos iubet symphoniam canere. Quo sonitu inaudito Tyrrheni, cum usque eo delectarentur ut etiam in saltationibus essent occupati, cupiditate se in mare inscii proiecerunt et ibi delphini sunt facti. Quorum cogitationem cum Liber memoriae hominum tradere voluisset, unius effigiem inter sidera collocavit.

Alii autem dicunt hunc esse delphina qui Ariona citharoedum ex Siculo mari Taenarum travexit; qui cum ceteros artificio praestaret et circum insulas quaestus causa vagaretur, servuli eius, arbitrati plus in perfidiosa libertate commodi quam in placida servitute esse, cogitare coeperunt ut, domino in pelagus proiecto, bona eius inter se partirentur. Qui cum cogitationem eorum sensisset, petiit non ut dominus a servis et innocens ab improbis, sed ut parens a filiis, ut se liceret ornatum qua saepe vicerat veste, quoniam nemo esset alius qui ut ipse suum questu prosequeretur eventum. Quod cum impetrasset, cithara sumpta, suam coepit deflere mortem; quo sonitu ducti delphines e toto mari pronatant ad

729 progeniem η | esse *add. post* deorum δ | quam plures M^{corr}P | ad *om.* B *compl.* B^{corr} || **730** redeamus P | navim Lδη || **732** symphonia SNRP^{corr}F symponia P | audito FZ || **733** eo usque L usque adeo Fδ *LeBœu.* | salutationibus N || **734** cupiditatis L | saltandi *add. post* cupiditate M^{corr}δ *LeBœu.* | se in mare] semina L | mari PFB | proiecerunt inscii η || **738** delphynum R || **739** Tenearum N Thenarium (Te- δ) M^{corr}RPδ | transvexit M^{corr}RP^{corr}LFδη | ceteris M cetero RW ceteros M^{corr}R^{corr}W^{corr} || **739-740** praestaret artificio B || **740** et *om.* L *compl.* L^{corr} || **741** sunt *add. post* arbitrati F | libertati L libertate L^{corr} || **743** inter] in P inter P^{corr} || **744** petit αLFη petiit M^{corr} || **745** a filiis *om.* L *compl.* L^{corr} || **746** ornatu R onatum P ornare δ ornatum P^{corr} | quo R quae F | saepe vincerat NR saepe usus erat L consueverat η saepe vicerat R^{corr}L^{corr} | veste] vestire R vestiri R^{corr} || **747** qui *om.* αLF | questum N | persequeretur SB || **749** ductu R ducti R^{corr} | delphines e] delphini se SRPLF delphine se NM delphines e M^{corr}P^{corr}

Arionis cantum. Itaque, deorum immortalium potestate invocata, super eos se deiecit; quorum unus Ariona exceptum pertulit ad Taenarium litus. Cuius memoriae causa quae ibi statua statuta est Arionis, in ea delphini simulacrum affixum videtur; pro qua re inter sidera ab antiquis astrologis est figuratum. Servi autem, qui se putarant servitute elapsos, tempestate Taenarum perducti a domino comprehensi non mediocri supplicio sunt affecti.

2,18 Equus. Hunc Aratus et alii complures Pegasum, Neptuni et Medusae Gorgonis filium, dixerunt, qui in Helicone Boeotiae monte ungula feriens saxum fontem aperuit qui ex eius nomine Hippocrene est appellatus.

Alii dicunt, quo tempore Bellerophontes ad Proetum Abantis filium, Argivorum regem, devenerit, Antiam, regis uxorem, hospitis amore inductam petisse ab eo uti sibi copiam faceret, promittens ei coniugis regnum. Quae cum impetrare non potuisset, verita ne se ad regem criminaretur occupat: eum sibi vim afferre voluisse Proeto dicit. Qui, quod eum dilexerat, noluit ipse supplicium sumere, sed, quod ei

750 Orionis δ Arionis δ^{corr} | cantu N | potestatem N || **751** sese η | proiecit F || **752** Tanarium R Thenarum L Athenarum δ Thenarium L^{corr} | quae *om.* LP *compl.* P^{corr} | ibi *om.* N ubi SL || **753** statua statuta] statuta SNRF constituta M statua PLδ statua stituta M^{corr} | est *om.* P | Orionis δ Arionis δ^{corr} | in ea *om.* P | delphinis N || **755** servi] famuli P | putabant P putarent Y^{corr} || **756** Thenarium (Te- B) M^{corr}P^{corr}B || **757** afflicti P || **2,18** *Desunt* AE | **758** *Titulum add.* De Equo RLδη | Equum P Equus P^{corr} | quam plures PL || **759** Medusse N Medusee L | Boetiae MRPLFδη || **760** fontem *om.* L *compl.* L^{corr} | in eius Z eius ex L || **761** Hipocrene δ Ipocrene P || **762** Bellorofontes M Belerophons R Bellorophontes P Bellorofon L Bellorofons δ Bellophorontes η Bellerophons R^{corr} || **763** Abantis] Iobantis L | deveniret R devenerit R^{corr} || **764** amorem M amore M^{corr} | ut δ || **766** rege F || **767** vim sibi η | inferre δ | Proetus L | dicit qui *om.* L | qui *om.* P *compl.* P^{corr} || **768** voluit N | ipse *om.* η esse N | supplicio W supplicium W^{corr} | quod *om.* S | ei *om.* αLη ei *post* sciebat *scr.* δ *compl.* M^{corr}

equuum esse sciebat, mittit eum ad Iobatem, Antiae patrem, quam alii Stheneboeam dixerunt, ut ille filiae pudicitiam defendens Bellerophontem obiceret Chimaerae, quae eo tempore Lyciorum agros flamma vastabat. Vnde victor profugiens post fontis inventionem, cum ad caelum contenderet evolare neque longe iam abesset, despiciens ad terram, timore permotus, decidit ibique perisse dicitur; equus autem subvolasse et inter sidera ab Iove constitutus existimatur.

Alii non criminatum ab Antia, sed ne saepius audiret quod nollet aut precibus eius moveretur, profugisse Argis dixerunt. Euripides autem in Melanippa Hippen Chironis Centauri filiam Thetin antea appellatam dicit; quae cum aleretur in monte Pelio et studium in venando maximum haberet, quodam tempore ab Aeolo, Hellenis filio, Iovis nepote, persuasam concepisse cumque iam partus appropinquaret, profugisse in silvam ne patri, cum virginem speraret, nepotem procreasse videretur. Itaque, cum parens eam persequeretur, dicitur petisse a deorum potestate ne pariens a parente con-

769 Iobatem *om.* P Iubatem W Iubantem B Iobantem B^{corr} | Antiae *om.* P *compl.* P^{corr} reginae *add. ante* Antiae P || **770** Stheneboeam *edd.*] Thenobeam (Te- Fη) SNMP^{corr}Fη Thenebam R Thenabeam P Theonobeam L Thoenobeam δ Sthoenobeam B^{corr} | filiam a pudicitiae F pudicitiam filiae η || **771** Bellorofontem SNMLFδ Bellerofontem R Bellophorontem η | Chymene R crimine Z Chymere R^{corr} || **772** effugiens P || **773** contenderent Y tenderet Z || **774** respiciens Lη | ad *om.* P *compl.* P^{corr} || **775** permotus] perterritus δ || **778** agris N Argos FB^{corr} || **779** Euripes RP Euripedes δ Euripidos Y Euripides $R^{corr}P^{corr}$ | Melanippe R Menalippa Fδ Melanippa R^{corr} || **780** Thetin *edd.*] Thean (Te- PF) αFδη Thechan L | dicunt F | alacriter B aleretur B^{corr} || **781** et *om.* M *compl.* M^{corr} || **782** nepta N || **783** partus iam B | propinquaret η || **784** in silvam] insulam N in silliam W | pater LFB^{corr} | virginitatem B | *post* speraret *add.* et SNMPF ei δ *om.* P^{corr} | neptem N || **785** procreatum F procreare δ procreasse F^{corr} | prosequeretur R || **786** illa *add. post* dicitur δ | a *om.* η | ab eorum P a deorum P^{corr} | parens SM pariens M^{corr} | conspicetur Y conspiceretur Y^{corr}

spiceretur; quae deorum voluntate, postquam peperit, in equam conversa inter astra est constituta.

Nonnulli eam vatem dixerunt fuisse, sed quod deorum consilia hominibus sit enuntiare solita in equam esse conversam. Callimachus autem ait, quod desierit venari et colere Dianam, in quam supra speciem diximus eam Dianam convertisse. Haec dicitur etiam hac re non esse in conspectu Centauri quem Chirona esse nonnulli dixerunt et etiam dimidiam apparere quod noluerit sciri se feminam esse.

2,19 Deltoton. Hoc sidus, quod ut littera est Graeca in triangulo posita, ita appellatur. Quod Mercurius supra caput Arietis statuisse existimatur, ideo ut obscuritas Arietis huius splendore quo loco esset significaretur et Iovis nomine Graece Διός primam litteram deformaret. Nonnulli Aegypti positionem, alii qua Nilus terminaret Aethiopiam et Aegyp-

ΣHC_1C_2 (*ab* Deltoton)

796 quod ut] velut HC_1C_2 || **797** ita] id HC_1C_2 | appellatum est HC_1C_2 | quod] id quod C_1 ideo quod C_2 || **798** ideo *om.* HC_1C_2 || **800** Graeco HC_1C_2 | prima littera HC_1C_2 || **801** alii qua] aliquam HC_1C_2 | terminaret] terra unaret HC_2 teraunaret C_1 | Aegyptum et Aethiopiam HC_1C_2

787 quae deorum] quod eorum F | pepererit W || **788** conversam Fη conversa F^{corr} | constituta] collocata η || **789** eam *om.* R *compl.* R^{corr} | esse η || **790** nuntiare sit P sit nuntiare Z sit enuntiare Z^{corr} | esse *om.* δ | versam R || **791** venerari L || **792** supra *om.* F | diximus speciem η || **793** rem L | non esse *om.* W || **794** nonnulli esse Fη | et *om.* RY | etiam] eam L | dimidia *LeBœu.* || **795** apparare R apparere R^{corr} || **2,19** *Desunt* AE | **796** *Titulum add.* De Deltoto R De Deltoton W De Deltotone Bη | Deloton N | quod ut] velut P ut η | sit *add. post* ut L | est] Δ L | est *scr. ante* posita η | Graece SNMLδ Graeca M^{corr} Graeci B^{corr} | Δ *add. ante* in W || **797** posito F posita F^{corr} | ita *om.* N itaque SMPδη || **798** statuisse] posuisse P | existimatur statuisse N || **799** in *add. ante* Iovis L || **800** Graeci F || **800–801** Nonnulli Aegypti … terminaret *om.* N || **801** quod RP qua P^{corr} | Nilus] nullus Y | et Aegyptum *om.* S *scr. post* dixerunt F tum dixerunt, alii Siciliam figuratam putaverunt, alii quod orbem terrarum superiores trifariam diviserint tres angulos esse constitutos dixerunt.

Aries. Hic existimatur esse qui Phrixum transtulisse et Hellen dictus est per Hellespontum; quem Hesiodus et Pherecydes ait habuisse auream pellem de qua alibi plura dicemus. Sed Hellen decidisse in Hellespontum et a Neptuno compressam Paeona procreasse complures, nonnulli Edonum dixerunt; praeterea Phrixum incolumem ad Aeetam pervenisse, arietem Iovi immolasse, pellem in templo fixisse et arietis ipsius effigiem, ab Nube inter sidera constitutam, habere tempus anni quo frumentum seritur, ideo quod Ino 2,20

ΣHC_1C_2 (*usque ad* dixerunt) et HC_1 (*ab* Aries)

802 dixerunt *om.* HC_1C_2 | Siciliam] sic illam HC_2 | alii quod] aliquod HC_1 eo quod C_2 || **803** diviserunt C_2 || **804** constitutos (constitos H) esse HC_1C_2 || **805–806** et Hellen transtulisse HC_1 || **806** dictus est] dicitur HC_1 || **807** ait *om.* HC_1 | dicimus HC_1 || **809** procreasse] peperisse HC_1 | complures *om.* C_1 | Odonum H || **810** dicto C_1 dixerunt C_1^{corr} || **812** et *om.* HC_1 | effigiem ipsius HC_1

802 esse *add. ante* dixerunt F | esse *add. post* figuratam R || **803** superiorem δ | diviserunt NLFη *LeBœu.* diviserint F^{corr} || **804** dixerunt esse constitutos η || **2,20** *Desunt* A *usque ad* exercitum deduxit E *usque ad* finem capituli | **805** *Titulum add.* De Ariete RLδη | Pyrrum F | dicitur *add. post* transtulisse L *om.* L^{corr} || **806** Helen F | ductus R dictus R^{corr} | Hellepontum M Helespontum Y Hellespontum $M^{corr}Y^{corr}$ | Hesidus N Hesiodus N^{corr} | Puerecydes N || **808** ab *add. post* sed R *om.* R^{corr} | cecidisse η | Helespontum R Hellespontum R^{corr} | a *om.* F || **809** compressum F | Poeona P^{corr}F Pena Y || **810** praeterea Phrixum *scr. post* pervenisse F | Aeetam *edd.*] Oetam SMRPF Etam Nη Cretam L Oetham δ || **812** Nube] Iove Lη || **813** tempore *add. post* quo F | seretur Y | ideo quod Ino *ex scholiis*] ideo quod *codd.* quod id Ino *Bu.* id Ino quod *Burs.LeBœu.*

tostum severit ante, quae maxime fugae fuit causa. Eratosthenes ait arietem ipsum sibi pellem auream detraxisse et Phrixo memoriae causa dedisse, ipsum ad sidera pervenisse, qua re, ut supra diximus, obscurius videatur.

Hunc autem nonnulli dixerunt in oppido Orchomeno, quod est in Boeotia, natum, alii in Salonum Thessaliae finibus procreatum. Alii dicunt Crethea et Athamantem cum aliis compluribus Aeoli filios fuisse, nonnulli etiam Athamantis filium Salmonea, Aeoli nepotem dixerunt; Crethea autem habuisse Demodicen uxorem quam alii Biadicen dixerunt; hanc autem Phrixi, Athamantis filii, corpore inductam in amorem incidisse neque ab eo ut sibi copiam faceret impetrare potuisse; itaque necessario coactam criminari eum

ΣHC_1 (*usque ad* ad sidera pervenisse) et H (*ab* nonnulli dixerunt *usque ad* filios fuisse)

814 ante *om.* HC_1 | fugae maxime HC_1 | causa fuit C_1 || **815** sibi ipsum HC_1 | auream pellem HC_1 || **818** Orcitomeno H || **820** Cretea dicunt H || **821** aliis] iis H

814 tostum *ex scholiis*] tortum SNR^{corr} to.tum M ortum M^{corr}RL δY hortum PL^{corr}FZ | ante severit η | maxima R | et *add. ante* Eratosthenes FB | Herastothenes F Erasthotenes B || **815** sibi ipsum W sibi ipsam B || **816** Phyxo N Phyrro F | dedisse] tradidisse η || **817** obscurior R | carens pelle lucente *add. post* videatur η || **818** Orchomenio P^{corr} L^{corr}δ Orchoömenio F Othomeno η Orchomeno B^{corr} || **819** Boetia MR^{corr}LFδη Betia R | Thesaliae (Te- P) SNRPLδY Thessaliae R^{corr} | finibus] phybisni F || **820** procreatum *om.* P | dicunt *om.* P | Creta N || **820–821** cum aliis … Athamantis *om.* RP *compl.* P^{mg} || **821** pluribus η | nulli P nonnulli P^{corr} | et *add. post* etiam $M^{corr}P^{mg}$Fδ | Athamantem SNPF Amanthem M Athamantis M^{corr} || **822** Salmonea *edd.*] Salmone SNR Salmonem PLδη Salmonam M | esse *add. ante* Aeoli Fδη *Le Bœu. post* nepotem L || **822–823** Crethea … dixerunt *om.* N *compl.* N^{mg} || **823** Byradicen N Modicen F Brandicen B Bradicen (-cem Z) η || **824** et *add. post* Phrixi P | adamantis S | corpore *om.* δ *compl.* B^{corr} || **825** amore N | ea F || **826** criminarium R criminari eum R^{corr}

ad Crethea coepisse, quod diceret ab eo vim sibi paene allatam, et horum similia mulierum consuetudine dixisse; quo facto Crethea ut uxoris amantem et regem decebat permotum Athamanti ut de eo supplicium sumeret persuasisse, Nubem autem intervenisse et ereptum Phrixum et eius sororem Hellen in arietem imposuisse et per Hellespontum quam longissime posset profugere iussisse: Hellen decidisse et ibi debitum naturae reddidisse et ex eius nomine Hellespontum appellatum, Phrixum Colchos pervenisse et, ut ante diximus, Arietis interfecti pellem in templo fixisse, ipsum autem a Mercurio ad Athamantem esse reductum, qui patri eius satisfecerit eum innocentia confisum profugisse.

Hermippus autem dicit quo tempore Liber Africam oppugnaverit devenisse cum exercitu in eum locum qui propter multitudinem pulveris Ammodes est appellatus. Itaque, cum in maximum periculum devenisset, quod iter faciendum esse necessario videbat, accessit eo ut aquae maxima penuria esset; quo facto exercitus ad defectionem maximam venire cogebatur. Qui quid agerent dum cogitant, aries quidam fortuitu ad milites eius errans pervenit; quos cum vidisset, fuga

827 Cratea N | illatam η || **828** consuetudinem Y || **829** Creteam η | ut *om.* R *compl.* R^{corr} et Z | athamantem SRP amantem P^{corr} | dicebat αB dicebant Y decebat N^{corr}P^{corr} || **830** Athanti B Athamanti B^{corr} | ea η || **831** autem *om.* P || **831-835** et eius … Phrixum *om.* Z et eius … per Hellespontum *compl. et* appellatum *add. fine* Z^{corr} || **831-832** Hellen sororem αLFη || **832** Hellesi Y || **832-833** et per … iussisse *om.* Y || **833** fugere F | Helle R Hellen R^{corr} || **834** et^{2} *om.* SNMPF || **835** appellatam MRPδ appellatum M^{corr}P^{corr}B^{corr} || **838** confixum M^{corr}RPZ confisum R^{corr} || **839** dixit P | oppugnaverat η || **842** in *om.* R || **842-844** quod iter … esset *om.* L *compl.* L^{mg} || **842-843** necessario esse η || **843** inesset R || **844** defensionem B defectionem B^{corr} | maximam *om.* SNMRL || **845** qui quid … cogitant] quicquid agerent dum cogitant N dum cogitant quid agerent P qui dum quid agerent cogitant δ quod quid agerent dum cogitant Y qui quod agerent dum cogitant Z qui dum cogitant quid agerent P^{corr} | quidem R quidam R^{corr} || **846** militem R | eius *ex Fitzw. 165 et Pal. 1363*] eorum *rell. codd.* seorsum *Bu.LeBœu.* | fugae R fuga R^{corr}

praesidium sibi paravit. Milites autem qui eum fuerant conspicati, etsi pulvere et aestu pressi vix progrediebantur, tamen ut praedam ex flamma petentes arietem sequi coeperunt usque ad eum locum qui Iovis Ammonis postea templo constituto est appellatus; quo cum pervenissent, arietem quem secuti fuerant nusquam invenire potuerunt, sed, quod magis his fuerat optandum, aquae magnam copiam in eo loco nacti, corpora recuperaverunt et Libero statim nuntiaverunt. Qui gavisus ad eos fines exercitum deduxit et Iovis Ammonis templum, cum arietinis cornibus simulacro facto, constituit, arietem inter sidera figuravit ita ut, cum sol in eius foret signo, omnia nascentia recrearentur quae veris tempore fiunt hac re maxime quod illius fuga Liberi recreavit exercitum; praeterea duodecim signorum principem voluit esse quod illius optimus exercitui fuerit ductor.

Sed de Ammonis simulacro Leon qui res Aegyptias conscripsit ait, cum Liber Aegyptum et reliquos fines regno teneret et omnia primus hominibus ostendisse diceretur, Ammonem quendam ex Africa venisse et pecoris multitudinem ad Liberum adduxisse, quo facilius et eius gratia uteretur et aliquid primus invenisse diceretur. Itaque pro beneficio ei Liber existimatur agrum dedisse qui est contra Thebas Ae-

847 sibi praesidium η | paruit N speravit Y paravit N^{corr} || **848** et M etsi M^{corr} | pressi *om.* W | gradiebantur F || **849–851** sequi … arietem *om.* N || **850** potestea Ammonis R || **851** qui P quo P^{corr} | pervenisset SF pervenissent F^{corr} || **852** persecuti η | inveniri N | quo F || **854** nacti *om.* W nancti N nati R nacti R^{corr} | sunt *add. post* nacti P | recuperatisque corporibus P | curaverunt L recuraverunt F | et *om.* P || **855** duxit η || **857** autem *add. post* arietem R | ut *om.* B *compl.* B^{corr} || **858** fere *add. ante* veris αAB^{corr} *om.* M^{corr} || **858–859** veris tempore *om.* F || **859** confiunt SNMRWB^{corr} fiunt M^{corr} | Liber B^{corr} || **860** propterea δ | principem *om.* L || **861** exercitu P^{corr} | fuit RF fuerat Aδ fuerit R^{corr}W^{corr} | ductus αδ ductor M^{corr}P^{corr} || **862** scripsit SP conscribens γ || **863** ait *om.* L dixit L^{corr} | regnum δ in regnum B^{corr} || **864** ostendisse hominibus η | ostendere B ostendisse B^{corr} || **866** adduxisse ad Liberum δ || **867** et *add. post* itaque Sγ | ei] et αLη gyptias et qui simulacra faciunt Ammonis capite cornuto instituunt, ut homines memoria teneant eum primum pecus ostendisse. Qui autem Libero factum voluerunt assignare, quod non petierit ab Ammone, sed ultro ad eum sit adductum, Liberi simulacra cornuta fecerunt et arietem memoriae causa inter sidera fixum dixerunt.

Taurus. Hic dicitur inter astra esse constitutus quod Eu- 2,21
ropam incolumem transvexerit Cretam, ut Euripides dicit. Nonnulli aiunt, cum ⟨Io⟩ in bovem sit conversa, ut Iuppiter ei satisfacere videretur, inter sidera constituisse, quod eius prior pars appareat ut tauri, sed reliquum corpus obscurius videatur; spectat autem ad exortum solis.

Cuius oris effigiem quae continent stellae Hyades appellantur. Has autem Pherecydes Atheniensis Liberi nutrices esse demonstrat, numero septem; quas etiam antea nymphas Dodonidas appellatas. Harum nomina sunt haec: Ambrosia, Eudora, Pedile, Coronis, Polyxo, Phyto, Thyone; hae dicuntur a Lycurgo fugatae et praeter Ambrosiam omnes ad The-

869 instituunt] constituunt L || **870** memoriae αLFδ | tenerent F teneant F^{corr} || **871** Liber eo Y | facto A || **872** ab] ob Y | sit ad eum δ || **873** Liberi *om.* RPF | sidera fixum dixerunt *add. post* Liberi A | illi *add. post* simulacra PF | cornuta simulacra δ | fecerunt *om.* A faciunt PF || **874** dicunt PF || **2,21** *Deest* E | **875** *Titulum add.* De Tauro Lδη Figura Tauri A | esse *om.* η || **876** Agenoris filiam *add. post* Europam S | transvexit RP | Eurupes R Euripedes δ Euripides R^{corr} | dixit R ait δ dicit R^{corr} || **877** aiunt *om.* A autem F | Io *Bu.LeBœu.*] *om. codd.* | conversus L || **878** videtur RP videretur R^{corr}P^{corr} | sidere P sidera P^{corr} || **880** exspectat SNRLA spectant P | autem *om.* L *compl.* L^{corr} | solem αδη *LeBœu.* solis B^{corr} || **881** oris *om.* F | effigies M effigiem M^{corr} | Figura Hyadum *add. post* stellae A || **883** antea *om.* RP ante Y || **884** Dodonas δ Dodonidas B^{corr} | haec sunt nomina L || **885** Pedile *Bu.LeBœu.*] Ptidile (Pty- N -dy- S) α Phydile (Phi- δY, -dy- W) LδY Phitile (Phy- F) γ Philide Z | Cronis L | Polixxo N Pulixo γ | Phyto *Bu.LeBœu.*] Phieto (Phy- RLF) αLγ Pheto δ Phieco η | Thyone *Bu.LeBœu.*] Tiene (Ty- S Thy- γ Thi- Aη) αLγδη | haec RW et P hae R^{corr} || **886** a *om.* L | Lucurco SN Ligurco M Ligurgo PLFWB^{corr}η Ligurio B Lucurgo N^{corr} | et praeter] praeterque P tin profugisse ut ait Asclepiades, sed ut Pherecydes dicit, ad Thebas Liberum perlatum Inoni tradiderunt. Quam ob causam ab Iove his gratia est relata quod inter sidera sunt constitutae. Pleiades autem appellatae sunt, ut ait Musaeus, quod ex Atlante et Aethra, Oceani filia, sint filiae quindecim procreatae, quarum quinque Hyadas appellatas demonstrat, quod earum Hyas fuerit frater, a sororibus plurimum dilectus; qui cum venans a leone esset interfectus, quinque de quibus supra diximus lamentationibus assiduis permotae dicuntur interisse; quare eas, quod plurimum de eius morte laborarent, Hyadas appellatas, reliquas autem decem sorores deliberasse de sororum morte et earum septem mortem sibi conscisse; quare, quod plures idem senserint, Pleiadas dictas.

Alexander autem Hyadas ait dictas quod Hyantis et Boeotiae sint filiae, Pleiadas autem quod ex Pleione Oceani et Atlante sint natae. Hae numero septem dicuntur, sed nemo amplius sex potest videre; cuius causa proditur haec quod de

887 aut R ait R^{corr} | Asclepiasdes F Aesclepiades B Asdepiades Y | sed *om.* N || **888** perlatas P perlatum P^{corr} | Inoni *om.* P *compl. post* tradiderunt P^{corr} Iunoni Lγδη || **889** eis γ | relicta RY relata R^{corr} | constituta Y || **890** Pleiades] Hyades (Ya- R) SNRPLAF Pliade δ | sunt appellatae δ | aut R ait R^{corr} | Museius B || **891** Atlantem N Adhlante F | Aethra] Aetla P Etera A Electra L^{corr}F Plione δη Aetra P^{corr} || **892** quinque *om.* NA | Hyades (Hi- P) PL Hiadas P^{corr} | esse *add. post* appellatas γ | demonstrant SNLFδη || **893** eorum L | Yadis R Hiades P Yas R^{corr} Hias P^{corr} || **894** alesset F esset F^{corr} || **896** plurimi F | morte eius F | laboraverunt γ || **897** Hyades R || **898** mortem N || **899** senserunt η | Plidas R Pliades (Ply- F) PF Pliadas (Ply- L) R^{corr}L Hyadas A Phiadas Y || **901** ait Hiadas B | aut R ait R^{corr} | Hyantis *edd.*] Hyses (Hi- δ) SN MR^{corr}PLFδ Hyades R his A Hisses η | et] est A | Boeotiae *ex* M^{corr}] Boetiae SPR^{corr}Fδη Boetii N Boeotii M Boetice R Boeatii L Boaotii A || **902** sunt δ | Figura Plyadum *add. post* filiae A | Pliades $M^{corr}$$P^{corr}$ Pliada Z | autem] hoc Z | filia *add. post* Oceani B^{corr}η || **902–903** filiae ... sint *om.* RP *compl.* P^{mg} || **903** Atlantes N Athalante Y | hae] in A || **904** quam *add. post* amplius δ | videre potest B | producitur M proditur M^{corr}

septem sex cum immortalibus concubuerint, tres cum Iove, duae cum Neptuno, una cum Marte; reliqua autem Sisyphi uxor fuisse demonstratur. Quarum ex Electra et Iove Dardanum, ex Maia Mercurium, ex Taygete Lacedaemona procreatum; ex Alcyone autem et Neptuno Hyriea, ex Celaeno Lycum et Nyctea natum. Martem autem ex Sterope Oenomaum procreasse, quam alii Oenomai uxorem dixerunt; Meropen autem Sisypho nuptam Glaucum genuisse, quem complures Bellerophontis patrem esse dixerunt; quare propter reliquas eius sorores inter sidera constitutam, sed, quod homini nupserit, stellam eius obscuratam. Alii dicunt Electram non apparere ideo quod Pleiades existimentur choream ducere stellis, sed, postquam Troia sit capta et progenies eius, quae a Dardano fuerit, sit eversa, dolore permotam ab his se removisse et in circulo qui arcticus dicitur constitisse et quo-

905 septem *om.* L *compl.* L^{corr} | cum *om.* PLδ quod SNMR *compl.* L^{corr} | concubuerint *om.* L *compl.* L^{corr} || **906** unam F | matre MF Marte M^{corr}F^{corr} || **907** fuisse uxor αLδ *LeBœu.* fuisse uxore F | monstratur F | quarum ex] quare cum RP quarum ex P^{corr} | Alectra M Electra M^{corr} || **908** Augete NMRPA Tagete M^{corr}P^{corr}δ | Lacedaemonia γδ || **909** ex *om.* N | Altrone δ | Hyriea *edd.*] Yrea αLγδ Ysea AB^{corr} Irea η | Celono L Celeno L^{corr} || **910** Lycon A Lincum F Licanum Y Licum F^{corr} | Mictea Y | et *add. post* natum Z *om.* Z^{corr} | Marta R Martem R^{corr} | autem *om.* P | Terope RA Steropo L Teropea F Steropeo L^{corr} | Enenon A Enemaum F || **911** Eoenoma S Eoenama N Eoenomai MW Eonoma RPLγ Ennomai Y Eonai Z Eonomai P^{corr}Z^{corr} | dicunt δ || **912** Sisippo P Sisipo P^{corr} | Gaucum R Claucum δ || **913** Bellerophontes N Bellorophontis (-fon- LW) LAWη Bellorum fontis F Belloforontis B || **914** eius *om.* γ | sorores eius B || **915** eius *om.* δ | esse *add. post* eius F | Electam R Electram R^{corr} || **916** apparare L apparere L^{corr} | Pillades SNMR Pillides Pδ Pliades M^{corr}R^{corr}P^{corr} | existimant P existimantur L existimetur W || **917** stellas AB^{corr}Y stellae δ stellis Y^{corr} | Troiam P Troia P^{corr} | capta *om.* δ *compl.* B^{corr} || **918** Dardanos Y | fuerat FB^{corr} fuerunt η | sit *om.* L | permota P^{corr} | ab his se] abisse N se ab his B || **919** ammovisse B | constituisse RPB constitisse P^{corr}

dam longo tempore lamentantem, capillo passo, videri. Itaque e facto Cometem esse appellatam.

Sed has Pleiadas antiqui astrologi seorsum a Tauro deformaverunt, ut ante diximus, Pleiones et Atlantis filias; quae cum per Boeotiam cum puellis iter faceret, Oriona concitatum voluisse ei vim afferre, illam fugere coepisse; Oriona autem secutum esse annos septem neque invenire potuisse; Iovem autem puellarum misertum inter astra constituisse et postea a nonnullis astrologis caudam Tauri appellatas. Itaque adhuc Orion fugientes eas ad occasum sequi videtur; eas stellas nostri Vergilias appellaverunt quod post ver exoriuntur et hae quidem ampliorem ceteris habent honorem, quod in earum signo exoriente aestas significatur, occidente autem hiems ostenditur, quod aliis non est traditum signis.

2,22 Gemini. Hos complures astrologi Castorem et Pollucem esse dixerunt, quos demonstrant omnium fratrum inter se amantissimos fuisse, quod neque de principatu contenderint neque ullam rem sine communi consilio gesserint. Pro qui-

920 tempore longo η | passo] posse F sparso η || **921** e *om.* A || **923** Pleiones *ex* Pliones W] Plesiones SNMPF Plesionis PA Phesionis L Plionis P^{corr}Bη || **924** Boetiam NMRPLγδη | iter cum puellis γ | facerent η | concitatum] contionatum αLA continuo natum L^{corr}F conatum $M^{corr}P^{corr}$ || **925** ei] eum N eis η | vim *om.* N | inferre η | illas η | fugare R fugere R^{corr} | coepisse fugere η || **926** annis Y | inveniri A || **927** iter ad P inter P^{corr} || **928** postea] post L potuisse A | nullis B nonnullis B^{corr} | Tauri *om.* B | appellatam αLγ || **929** fugientis SMRP fugentis N fugientes R^{corr} fugientem γ | eas[1]] eam γ | occasus P | qui se Y sequi Y^{corr} | eas] et has R et eas F || **930** Virgilias R^{corr}PL | vere A | exoriantur B exoriuntur B^{corr} || **931** hae quidem] equidem PF haec quidem A hae quidem P^{corr} || **932** in *om.* L | sole *add. post* exoriente η | significatur] significari videtur γ || **2,22** *Deest* E | **934** *Titulum add.* De Geminis LWη Figura Geminorum A | Geminos AB^{corr} | cum plures Y complures Y^{corr} | astrologi *om.* δ || **935** quo R quos R^{corr} || **935–936** inter se amantissimos fuisse fratrum M^{corr}P || **936** contenderent B contenderint B^{corr} || **937** neque ullam … gesserint *om.* L *compl.* L^{mg} | gesserunt N bus officiis eorum Iuppiter inter notissima sidera eos constituisse existimatur, Neptunum autem pari consilio munerasse; nam equos his quibus utuntur donavit et dedit potestatem naufragis saluti esse.

Alii dixerunt Herculem esse et Apollinem, nonnulli etiam Triptolemum quem supra diximus et Iasiona a Cerere dilectos et ad sidera perlatos. Sed qui de Castore et Polluce dicunt hoc amplius addunt ut Castor in oppido Aphidnis sit occisus quo tempore Lacedaemonii cum Atheniensibus bellum gesserunt. Alii autem, cum oppugnarent Spartam Lynceus et Idas, ibi perisse dixerunt. Pollucem ait Homerus concessisse fratri dimidiam vitam; itaque alternis diebus eorum quemque lucere.

C a n c e r. Hic dicitur Iunonis beneficio inter astra colloca- 2,23
tus quod, cum Hercules contra Hydram Lernaeam constitisset, ex palude pedem eius mordicus arripuisset; quare Her-

938 officio W officiis W^{corr} | inter *om.* NPA *compl.* P^{corr} | sidera notissima δ | novissima F notissima F^{corr} | eosque B || **939** autem *om.* SRP | concilio N | numerasse δZ || **940** equos his] aequoris A | his *om.* P *compl.* P^{mg} | potestatem *om.* A || **941** naufragiis F | salutis γ || **942** et *om.* Y | etiam *om.* F | dixerunt *add. post* etiam δ || **943** Iasiona *edd.*] Iasona SNMRL^{corr}AWB^{corr}η Iasonem P Iason LF Iosona B | esse *add. ante* dilectos F || **944** a Y ad Y^{corr} | Pollucem B Polluce B^{corr} || **945** hos P hoc P^{corr} | aridum SN aiunt RL credi P arridunt A adiciunt δ addunt $P^{corr}L^{corr}$ | Aphidnis *edd.*] Arhidnis (Ari- P) α Arichnis L Archidni A Arcadiae F Adriadni W Adriadin B Adriadnis (Adrhi- M^{corr}) $M^{corr}P^{corr}$η Arichdnis L^{corr} | sit *om.* P *compl. post* occisus P^{corr} || **946** Lacedaemona SNML Lacedaemones M^{corr}RPL^{corr}F *LeBœu.* | bella η | gesserunt] senserunt N || **947** Lyceus R || **948** et *add. post* dixerunt L | autem *add. post* Pollucem η || **949** dimidiam vitam fratri B | vitam] partem S || **2,23** *Desunt* E *toto capitulo et* Y *ab* omnes deos | **951** *Titulum add.* De Cancro Lδη Figura Cancri A | hic *om.* A | in astris P | locatus P || **952** Lenaeam P Lernaeam P^{corr} | contendisset R constituisset P constitisset P^{corr} || **953** exiluisset et *add. post* palude R et *add. post* palude SNMLFB^{corr} *om.* L^{corr} | morbus P mordicus P^{corr} | arripuisse SNML^{corr}Fη culem permotum eum interfecisse, Iunonem autem inter sidera constituisse ut esset cum duodecim signis quae maxime solis cursu continentur.

In eius deformationis parte sunt quidam qui Asini appellantur, a Libero in testa Cancri duabus stellis omnino figurati. Liber enim, ab Iunone furore obiecto, dicitur fugisse per Thesprotiam, cogitans ad Iovis Dodonaei oraculum pervenire, unde peteret responsum quo facilius ad pristinum statum mentis perveniret. Sed, cum venisset ad quandam paludem magnam quam transire non posset, de quibusdam asellis duobus obviis factis dicitur unum eorum deprehendisse et ita esse transvectus ut omnino aquam non tetigerit. Itaque, cum venisset ad templum Iovis Dodonaei, statim dicitur furore liberatus asellis gratiam retulisse et inter astra collocasse.

Nonnulli etiam dixerunt asino illi quo fuerit vectus vocem humanam dedisse; itaque eum postea cum Priapo contendisse de natura et victum ab eo interfectum. Pro quo Liberum eius misertum in sideribus annumerasse et, ut sciretur id pro deo, non pro homine timido, quia Iunonem fugerit,

954 eum *om.* SNMPLη || **957** deformatione RF deformationis F^{corr} || **958** duobus NMRF duas B duabus $N^{corr}M^{corr}B^{corr}$ || **959** mente captus *add. post* dicitur PFδη *LeBœu.* | fuisse RW fugisse W^{corr} || **960** Thespotiam P Trespotiam A Thesportiam F Thesprotiam P^{corr} | a R ad R^{corr} | Dodonaei *om.* R *compl.* R^{corr} Dodone δ || **961** peterent L peteret L^{corr} | quod F || **962** pervenire N pervenisset P | venisset] pervenisset Nη || **962-963** magnam paludem quandam η || **963** qua SN | de *om.* P *compl.* P^{corr} | quibus N || **964** duobus asellis M^{corr}RP | obviam L | is *add. ante* dicitur A | deprehendisset N deprendisse ML || **965** et *om.* N | esset P | transvectum L traiectus A transvectus L^{corr} | tangeret L || **966-967** furore dicitur W || **967** retulisset N reddisse Y reddidisse Z | et *om.* N || **969** vectus fuerat B | fuerat W || **970** post eum L postea eum B eum postea L^{corr} || **970-971** de natura contendisse η || **971** rerum *add. post* natura B^{corr} | vita A vinctum BL^{corr} victum B^{corr} || **972** eius *om.* A | desertum Y misertum Y^{corr} || **973** deo] eo F fecisse, supra Cancrum constituit, qui deae beneficio fuerat affixus astris.

Dicitur etiam alia historia de Asellis, ut ait Eratosthenes, quo tempore Iuppiter, bello Gigantibus indicto, ad eos oppugnandos omnes deos convocavit, venisse Liberum Patrem, Vulcanum, Satyros, Silenos asellis vectos. Qui cum non longe ab hostibus abessent, dicuntur aselli pertimuisse et ita pro se quisque magnum clamorem et inauditum Gigantibus fecisse, ut omnes hostes eorum clamore in fugam se coniecerint et ita sint superati. Huius similis est historia de bucina Tritonis; nam is quoque fertur, cum concham inventam excavasset, secum ad Gigantas tulisse et ibi sonitum quendam inauditum per concham misisse, hostes autem, veritos ne qua esset immanis fera ab adversariis adducta, cuius esset ille mugitus, fugae se mandasse et ita victos in hostium potestatem pervenisse.

L e o. Hic dicitur ab Iove inter sidera constitutus quod 2,24
omnium ferarum princeps esse existimatur. Nonnulli etiam hoc amplius dicunt quod Herculis prima fuerit haec certatio

974 constituit Cancrum N | quod R qui M^{corr} | deae] eius P de Y || **976** enim P | Erestotenes P Arastotenes Z Eratostenes P^{corr} || **977** bellum L | expugnandos γ || **978** convocavit deos δ | convocasset M^{corr}P || **979** Vulcano P Vulcanum P^{corr} | Sirenos R Silenos R^{corr} || **979-980** ab hostibus non longe B || **980** abessent] essent Z | dicunt F | asellis R aselli R^{corr} || **981** pro] per γ | et *om.* P || **982** se coniecerint] se converterint LZ conicerentur γ || **983** sunt L | huic M^{corr}P | bucino SNMR bucico P butino A butina F bucina M^{corr}P^{corr} || **984** Tritornis F^{corr} Tritotus B | his PL | cum *om.* A | excavasse A excausasset N || **985** secumque A sed cum L secum L^{corr} | Gigantes SMLδ || **986** emisisse Z || **987** ferat M fera M^{corr} || **988** ille *om.* A | potestate γ || **989** devenisse Z || **2,24** *Desunt* EY | **990** *Titulum add.* De Leone RLδZ Figura Leonis A | dictus A | inter sidera *om.* αLAFδ *LeBœu.* || **991** principi R princeps R^{corr} || **992** hoc *om.* L *compl.* L^{corr} | primum B | haec fuerit Z et quod eum inermis interfecerit; de hoc et Pisandrus et alii complures scripserunt.

Cuius supra simulacrum proxime Virginem sunt aliae septem stellae ad caudam Leonis in triangulo collocatae, quas crinem Berenices esse Conon Samius mathematicus et Callimachus dicit; cum Ptolemaeus Berenicen Ptolemaei et Arsinoes filiam, sororem suam, duxisset uxorem et paucis post diebus Asiam oppugnatum profectus esset, vovisse Berenicen, si victor Ptolemaeus redisset, se crinem detonsuram; quo voto damnatam crinem in Veneris Arsinoes Zephyritidis posuisse templo eumque postero die non comparuisse. Quod factum cum rex aegre ferret, ut ante diximus, Conon mathematicus cupiens inire gratiam regis dixit crinem inter sidera videri collocatum et quasdam vacuas a figura septem stellas ostendit quas esse fingeret crinem.

Hanc Berenicen nonnulli cum Callimacho dixerunt equos

993 inermis *om.* γ | interficeret Rδ interfecerit R^{corr}B^{corr} | eo γ quo B || **993–994** complures alii αLγZ *LeBœu.* || **994** conscripserunt LZ dixerunt vel scripserunt γ scripserunt L^{corr} || **995** supra *om.* M^{corr}P | proximum δ | est *add. post* proxime Pδ | Virginum SNR Virgine M Virgini M^{corr}Pδ Virginis AZ Virgines F Virginem R^{corr} | sunt *om.* PZ || **997** crimen M crines M^{corr}PFδ *LeBœu.* | Beronices M^{corr}PZ Berenicis LA Bereniois F Beronicis δ | Conon Samius] conversa mius Z | Calomachus A Calimachus B || **998** dicunt L^{corr}F | Tolomaeus (Tho- LB) PLB Ptolomeus (Ptho- L^{corr}) P^{corr}L^{corr} | Beronicem δZ | Ptholomei L Pholomei B | Arsinoes *edd.*] Aristonis (-tho- MR) SNMRP^{corr}LAF δη Astonis P || **999** suam sororem F | duxisse M duxisset M^{corr} | post paucis N || **1000** oppugnatam LγB oppugnatum B^{corr} | profectum S provectus R profectus R^{corr} | vovisse] voluisse SL novissime A | novissime *add. post* vovisse F | Beronicen (-cem WZ) FδZ Beronices B^{corr} || **1001** Ptholomeus L^{corr} | crimen M crinem M^{corr} | tonsuram W || **1002** damnatum (-mpn- PLFδ) M^{corr} PLFδZ | crimen F crinem F^{corr} | Arsionis L Archynoes F Arsenoes B | Zephinidis M^{corr} Zephiridis P Zephinitidis P^{corr}B Zepheritidis A Zephiratidis Z || **1003** eas *add. post* posuisse F *om.* F^{corr} | eosque SMRPLδZ easque NF | postera B || **1005–1006** videri inter sidera Z || **1006** collocatum videri M^{corr}RP || **1007** esset Z || **1008** Beronicen (-cem WZ) M^{corr}LδZ Berenicem L^{corr}

alere et ad Olympia mittere consuetam fuisse. Alii dicunt hoc amplius Ptolemaeum, Berenices patrem, multitudine hostium perterritum fuga salutem petisse, filiam autem saepe consuetam insiluisse in equum et reliquam copiam exercitus constituisse et complures hostium interfecisse, reliquos in fugam coniecisse. Pro quo etiam Callimachus eam magnanimam dixit. Eratosthenes autem dicit et virginibus Lesbiis dotem, quam cuique relictam a parente nemo solveret, iussisse reddi et inter eas constituisse petitionem.

Virgo. Hanc Hesiodus Iovis et Themidis filiam dicit, 2,25
Aratus autem Astraei et Aurorae filiam existimari, quae eodem tempore fuerit cum aurea saecula hominum et eorum principem fuisse demonstrat; quam propter diligentiam et aequitatem Iustitiam appellatam; neque illo tempore ab hominibus exteras nationes bello lacessitas esse neque navigio quemquam usum, sed agris colendis vitam agere consuesse; sed post eorum obitum qui sint nati, eos minus officiosos, magis avaros coepisse fieri; quare minus Iustitiam inter homines esse versatam; denique causam pervenisse usque eo dum diceretur aeneum genus hominum natum; itaque iam non potuisse pati amplius et ad sidera evolasse.

1009 Olympiam (Oli- Z) L Z Olympia L^{corr} | consuetam mittere Z || **1010** Pholoneum B | Beronices M^{corr} Berenicis RLγ Beronicis δZ || **1011** perterritum *om.* R *compl.* R^{corr} | fugas F fuga F^{corr} | petisse salutem Z | eius *add. post* autem Z || **1012** copiam] partem A || **1014** iecisse γ vertisse Z coniecisse Z^{corr} || **1015** Herastosthenes F | autem *om.* LW | et *om.* R || **1017** inter eas] interea *LeBœu.* || **2,25** *Desunt* EY | **1018** *Titulum add.* De Virgine RLδZ Figura Virginis A | Virginem γ | Thimidis L Thetimidis F Themidis L^{corr}F^{corr} | dixit MRPγ || **1019** Astrae SNMR Austrae L Astraei M^{corr} | dixit *add. post* filiam γ || **1020** *post* hominum *add.* essent R fuerunt Z || **1022** appellatam *om.* L appellatam dixere L^{corr} || **1023** extra B exteras B^{corr} || **1024** quamquam R quemquam R^{corr} | consuisse SNP consuevisse AFδ *LeBœu.* || **1025** sunt Z | officiosus B officiosos B^{corr} || **1026** inter homines Iustitiam F | homines *om.* N || **1027** conversatam A | eo *om.* L *compl.* L^{corr} || **1027-1028** eo dum] eodem A || **1028** dum *om.* W *compl.* W^{corr} | iam *om.* A || **1029** amplius pati Z | pervolasse A volasse Fδ

Sed hanc alii Fortunam, alii Cererem dixerunt et hoc magis non convenit inter eos quod caput eius nimium obscurum videtur. Nonnulli eam Erigonen, Icari filiam, dixerunt, de qua supra diximus, alii autem Apollinis filiam ex Chrysothemi natam et infantem παρθένον nomine appellatam eamque, quod parva interierit, ab Apolline inter sidera collocatam.

2,26 Scorpius. Hic propter magnitudinem membrorum in duo signa dividitur quorum unius effigiem nostri Libram dixerunt. Sed omnino totum signum hac de causa statutum existimatur quod Orion, cum venaretur et in eo exercitatissimum se esse confideret, dixisse etiam Dianae et Latonae se omnia quae ex terra oriantur interficere valere; quare terram permotam scorpionem misisse qui eum interficere demonstratur, Iovem autem utriusque animum admiratum scorpionem inter astra collocasse ut species eius hominibus documento esset ne quis eorum aliqua re sibi confideret; Dianam autem propter studium Orionis petisse a Iove ut idem illi beneficium daret petenti quod terrae ultro tribuisset; itaque

1030 hanc *om.* L | dixerunt] dixisse voluerunt γ | magis *om.* F *compl.* F^{corr} || **1032** eam] etiam Z | Herigonon P Erigone γ Erigotiem Z Erigon M^{corr} Erigonem Z^{corr} | Icarii SNRPL Icari R^{corr}L^{corr} || **1032–1033** dixerunt … filiam *om.* Z || **1033** quae W | Chrisostheme R Crisoteme Z Chrysosthemi (Chri- P^{corr}) M^{corr}P^{corr} Chrisothemi R^{corr} || **1035** eaque NMRP eamque R^{corr} | ab *om.* P *compl.* P^{corr} | Apollone B || **2,26** *Desunt* EY *et* A *vix legitur praecipue in fine capituli* | **1037** *Titulum add.* De Scorpione RLW De Scorpio BZ Figura Scorpii A | dicitur *add. post* hic B || **1038** quarum αLA quorum M^{corr}P^{corr}L^{corr} | unius *om.* αLγδ | Liberam N | esse *add. ante* dixerunt F || **1039** haec R hac R^{corr} | est *add. ante* statutum P | statuitur P statutum P^{corr} || **1039–1040** sed … existimatur *om.* N || **1040** existimatur *om.* P || **1041** se^{1} *om.* α *compl.* R^{corr} | se^{2} *om.* R || **1042** ex terra] exteriora N || **1043** misisse] eduxisse γ | interficeret αW *LeBœu.* interficere R^{corr} | monstratur R^{corr}FZ || **1043–1044** misisse … scorpionem *om.* M *compl.* M^{corr} || **1044** utrius S utrisque F utriusque F^{corr} || **1045** specie A species R^{corr} | eius *om.* W || **1046** essent B || **1047** idem *om.* R^{corr}F || **1047–1048** daret beneficium L^{corr}F || **1048** petenti … tribuisset *om.* L *compl.* ut illi … tribuisset L^{corr} | ultro] ultori δ eum ita constitutum ut, cum Scorpius exoriatur, occidat Orion.

S a g i t t a r i u s. Hunc complures Centaurum esse dixerunt, 2,27
alii autem hac de causa negaverunt quod nemo Centaurus sagittis sit usus; hic autem quaeritur cur equinis cruribus sit deformatus et caudam habeat ut Satyri. Dicunt enim nonnulli hunc esse Crotum nomine, Euphemes, Musarum nutricis, filium; ut ait Sositheus, tragoediarum scriptor, eum domicilium in monte Helicone habuisse et cum Musis solitum delectari, nonnumquam etiam studio venationis exerceri; itaque pro merita diligentia magnam laudem assecutum; nam et celerrimum in silvis et acutissimum in Musis factum esse; pro quo studio illius petisse Musas ab Iove ut in aliquo astrorum numero deformaretur; itaque Iovem fecisse et, cum omnia illius artificia uno corpore vellet significare, crura

ΣH *(difficilis est lectu)* C_1 (*ab* Sagittarius)

1051 Sagittarium C_1 || **1053** cur] qui vir H || **1054** caudam] quidam C_1 | Saturus HC_1 || **1055** Crotum] Croam H Croma C_1 | Euflemes HC_1 || **1056** ait *om.* HC_1 | eumque HC_1 || **1057** cum Musis] his C_1 || **1058** etiam] enim HC_1 || **1059** diligentia] in silvis assiduitate HC_1 || **1060** in silvis *om.* HC_1 || **1060–1061** factum esse] extitisse HC_1 || **1061** eum *add. post* ut HC_1 || **1062** fecisse et *om.* H fecisse et cum *om.* C_1

1049 ita *om.* αLAFZ || **2,27** *Desunt* E *usque ad* equinis Y *usque ad finem capituli* | **1051** *Titulum add.* De Sagittario RLδZ Figura Sagittarii A | Sagittarium γ | complures hunc F hunc complures F^{corr} | Centauri P Centaurum P^{corr} || **1052** autem *om.* M^{corr}P | hac de causa … nemo *om.* S | hac *om.* N || **1053** qui *add. ante* cur N | cur] qui vir A | cruribus] curribus E || **1054** habet Z habeat Z^{corr} | ut *om.* L || **1055** esse *add. post* nonnulli R *om.* R^{corr} | Trotum A | Euphemis LAEδZ || **1056** Sositheus *edd.*] Sostheus (-teus PδZ) αLδZ Sotheus R^{corr}γ || **1058** exercere E exerceri E^{corr} || **1059** itaque] ita E | magna E | laudem *om.* AE | insecutum N || **1060** sed *add. post* silvis AE | et^2 *om.* F sed N || **1060–1061** esse factum Z || **1062** eum *add. post* numero Z | deformaret αδZ deformaretur R^{corr} | fuisse F fecisse F^{corr} | et] ut αLγδ at *LeBœu.* || **1063** artificiosa L artificia L^{corr}

eius equina fecisse, quod equo multum sit usus, et sagittas adiunxisse ut ex his et acumen et celeritas esse videretur; caudam satyricam in corpore fixisse, quod iam non minus hoc Musae quam Liber Satyris sit delectatus. Ante huius pedes stellae sunt paucae in rotundo deformatae, quam coronam eius ut ludentis abiectam nonnulli dixerunt.

2,28 Capricornus. Huius effigies similis est Aegipani, quem Iuppiter, quod cum eo erat nutritus, in sideribus esse voluit ut capram nutricem, de qua ante diximus. Hic etiam dicitur, cum Iuppiter Titanas oppugnaret, primus obiecisse hostibus timorem qui πανικός appellatur, ut ait Eratosthenes; hac etiam de causa eius inferiorem partem piscis esse formatione

ΣH *(difficilis est lectu)* C_1 (*usque ad* dixerunt) et C_1C_2 (*ab* Capricornus)

1064 eius *om.* HC_1 || **1065** esse] eius HC_1 || **1066** finxisse H fixisse *om.* C_1 || **1068** pauca HC_1 || **1069** huius HC_1 || **1073** eum *add. post* obiecisse C_1C_2 || **1074** appellatur] vocatur C_1C_2 | ait Eratosthenes] Eratosthenes dicit C_1C_2 || **1075** formatione] deformatam C_1C_2

1064 multum … usus] mulium satus sus SN mulio satus esset R mulio sit usus L | e E | sagittis L sagittas L^{corr} || **1065** pro ingenio *add. ante* adiunxisse Z | adduxisse R adiunxisse R^{corr} | et^1 *om.* L ex L^{corr} | acumine R acumen R^{corr} | et^2 *om.* αL *compl.* R^{corr} | celeritatis L | esse] eius Z || **1066** finxisse γB | iam *om.* R^{corr}FδZ || **1067** hic E | delectus A dilectus E || **1068** paucae *om.* Z | et *add. ante* in PZ | rotundum F | quas M^{corr}Pδ || **1069** abiecta W || **2,28** *Deest* Y | **1070** *Titulum add.* De Capricorno LδZ Figura Capricorni AE^{mg} | simili P similis P^{corr} | Aegipan R^{corr} || **1071** voluit esse Z || **1072** etiam] autem E || **1074** πανικός *ex* panicos F] paniscos (-scus S) αLAEZ paniscuos δ panicos R^{corr} | haec E || **1075** pacis M piscis M^{corr} | deformationem AZ formationem EZ^{corr}

et quod muricibus hostes sit iaculatus pro lapidum iactatione.

Aegyptii autem sacerdotes et nonnulli dicunt poetae, cum complures dii in Aegyptum convenissent, repente pervenisse eodem Typhona, acerrimum Giganta et maxime deorum hostem; quo timore permotos in alias figuras se convertisse: Mercurium factum esse ibim, Apollinem autem quae Threicia avis vocatur, Dianam aeluro simulatam; quibus de causis Aegyptios ea genera violari non sinere demonstrant, quod deorum imagines dicantur. Eodem tempore Pana dicunt in flumen se diecisse et posteriorem partem corporis effigiem piscis, alteram autem hirci fecisse et ita a Typhone profugisse; cuius cogitatum Iovem admiratum inter sidera effigiem eius fixisse.

A q u a r i u s. Hunc complures Ganymedem esse dixerunt, 2,29

ΣC_1C_2 (*usque ad* iactatione) et C_1 (*ab* Aquarius)

1076 et *om.* C_1C_2 | hostes sit] sit hostibus C_1 || iactione C_1

1076 muciribus AE muribus W | lapidem R lapidum R^{corr} | iactione αLδ || **1078** sacerdos AE | dicunt *om.* A || **1079** dii in *Bu.*] de *codd.* dei *LeBœu.* | Aegypto SMRPLγδ || **1080** eo R eodem R^{corr} | Tryphona S Typonea M Typhonea A Typona E Typhona M^{corr} | Gygantem L || **1081** permotis δ permotos B^{corr} | convenisse P convertisse P^{corr} || **1082** esse factum B | ibum AE | quae] quaeque NAE qui Z quae Z^{corr} || **1082–1083** Threicia avis] thrietieuis N treia avis P trieicieius AE Treycia avis F Threcia avis Z Threicia avis (Tr- P^{corr}) P^{corr}Z^{corr} || **1083** vocatur] appellatur W dicitur Z | merulo PB aerulo L meluro FW merulam M^{sv}P^{corr}Z | similatam AE || **1083–1085** Dianam ... dicantur *om.* R *compl.* R^{corr} || **1084** volari E | sinere] finire Z | quae R^{corr} quo Z || **1085** eorum αγδ | dicuntur L dicantur L^{corr} | Pan L patria Z Pana Z^{corr} | dicitur L || **1086** flumine L | partem posteriorem Z | corporis] piscis P || **1087** piscis *om.* P | alteram] ad terram N | autem *om.* E | a Tiphone] ad Tiphonem R ad Tiphone L a Tiphone R^{corr}L^{corr} || **1089** fecisse M finxisse PB || **2,29** *Deest* Y | **1090** *Titulum add.* De Aquario LδZ Figura Aquarii AE^{mg}

quem Iuppiter propter pulchritudinem corporis ereptum parentibus deorum ministrum fecisse existimatur. Itaque ostenditur ut aquam aliquo infundens.

Hegesianax autem Deucaliona dicit esse quod, eo regnante, tanta vis aquae se de caelo profuderit ut cataclysmus factus esse diceretur. Eubulus autem Cecropem demonstrat esse, antiquitatem generis commemorans et ostendens, antequam vinum traditum sit hominibus, aqua in sacrificiis deorum usos esse et ante Cecropem regnasse quam vinum sit inventum.

2,30 P i s c e s. Diognetus Erythraeus ait quodam tempore Venerem cum Cupidine filio in Syriam ad flumen Euphraten venisse, eodem loco repente Typhona, de quo supra diximus, apparuisse, Venerem autem cum filio in flumen se proiecisse

ΣC_1 (*usque ad* factus esse) et HC_1 (*ab* Pisces)

1091 raptum C_1 | a *add. ante* parentibus C_1 || **1094** ne gestanax C_1 | Deucaliona] devocationem C_1 | una *add. post* dicit C_1 || **1095** se *om.* C_1 | profuderit] pressa C_1 || **1096** factus esse] fieret C_1 || **1102** ad flumen] de flumen H de flumine C_1 || **1104** flumine HC_1

1091 ereptum *om.* RP *compl.* $R^{corr}P^{corr}$ || **1093** aliquo] aliquam RA aliquando P aliquo $R^{corr}P^{corr}$ || **1094** Heg.essianax R Heiesianax P Hegessianax R^{corr} | Deucaliona *edd.*] Deucalion *codd.* | dicunt E || **1095** catolismus N catacusmus Z || **1096** esse] est M | Ebulus S Eubolus M^{corr} RPLFδZ Eubulas E | cycropem L || **1097** antiquitate δ | commemorans] demonstrans Z || **1098** esset B | omnibus P hominibus P^{corr} | aquam δ || **1099** usus N *om.* δ | cycropem L || **2,30** *Deest* Y | **1101** *Titulum add.* De Pisce W De Piscibus BZ Figura Piscium AE^{mg} | Dehognetus (Deo- δ) AEδ Diogetus F Diogenetus $R^{corr}F^{corr}$ Diognetes P^{corr} | Erythraeus *Bu.*] Erithracus (Ery- R tra- AEZ) αAEWZ Erithacus L Entracus F Erithratus B || **1102** Cupide N Copidene R Cupidene R^{corr} | Euphraten *om.* Z *compl.* Z^{corr} || **1103** eo B | Typhoona N Typhonia A || **1104** se in flumen E | se *om.* PZ et ibi figuram piscium forma mutasse; quo facto periculo esse liberatos; itaque postea Syros qui in his locis sunt proximi destitisse pisces esitare, quod vereantur eos capere ne simili causa aut deorum praesidia impugnare videantur, aut eos ipsos captare.

Eratosthenes autem ex eo pisce natos hos dicit de quo posterius dicemus.

Cetus. De hoc dicitur ut a Neptuno sit missus ut Andro- 2,31
medam interficeret, de qua ante diximus, sed, quod a Perseo sit interfectus, propter immanitatem corporis et illius virtutem inter sidera collocatus.

Eridanus. Hunc alii Nilum, complures etiam Oceanum 2,32
esse dixerunt. Qui autem Nilum volunt vocari propter mag-

ΣHC_1 (*usque ad* collocatus) et HC_1C_2 (*ab* Eridanus)

1105 figura HC_1 | forma] de formam H de forma C_1 | quod H || **1106** esse *om.* HC_1 | in *om.* HC_1 | sunt *om.* C_1 || **1107** pisces *om.* C_1 | verentur HC_1 | eos *om.* HC_1 || **1108** causa aut] caussam ut H causa ut C_1 || **1109** capere HC_1 || **1110** eo] eodem HC_1 || **1112** de hoc] hic HC_1 | ut[1]] ad HC_1 || **1113** interficeret *om.* HC_1 | quo HC_1 || **1117** qui … volunt *om.* HC_1C_2 | vocare HC_1C_2

1105 figurae P^{corr} || **1106** liberatus δ || **1107** pisce F^{corr} | esitare] edere M^{corr}P usitare LF^{corr} cedere δ | ne] non M^{corr} || **1108** aut[1]] ut M aut M^{corr} | videantur impugnare F || **1109** hos N | capere L || **1110** Eratothenes NL Erastostenes Z Eratosthenes N^{corr} | pisces F || **2,31** *Deest* Y | **1112** *Titulum add.* De Ceto (Coe- δ) Lδ De Cetu Z Figura Coeti AE^{mg} | Cetus *om.* R *compl.* R^{corr} | de *om.* L *compl.* L^{corr} | ut[1]] quod M^{corr}PδZ aut AE | missum SNMRL missus $M^{corr}L^{corr}$ | ut[2]] aut E || **1113** de qua] quam γ || **1114** interfectum SML interfectus $M^{corr}L^{corr}$ | immanitatem] magnitudinem L | per *add. ante* illius δ || **1115** collocatum SNMLγ collocatus $M^{corr}L^{corr}$ || **2,32** *Deest* Y | **1116** *Titulum add.* Deridano L De Eridano δZ Figura Eridani AE^{mg} | Eridanum AE | huc N hunc N^{corr} || **1117** esse *om.* R *compl.* R^{corr} | vocari volunt Z | vocari *om.* B || **1117-1118** dixerunt … esse *om.* N *compl.* qui … demonstrant N^{corr}

nitudinem eius et utilitatem aequissimum esse demonstrant. Praeterea, quod infra eum quaedam stella sit, clarius ceteris lucens, nomine Canopos appellata; Canopos autem insula flumine alluitur Nilo.

2,33 Lepus. Hic dicitur Orionis canem fugere venantis. Nam cum, ut oportebat, eum venatorem finxissent, voluerunt etiam significare aliqua de causa; itaque leporem ad pedes eius fugientem finxerunt. Quem nonnulli a Mercurio constitutum dixerunt eique datum esse, praeter cetera genera quadrupedum, ut alios pareret, alios haberet in ventre.

Qui autem ab hac causa dissentiunt negant tam nobilem et tam magnum venatorem, de quo et ante in Scorpionis sig-

ΣHC_1C_2 (*usque ad* Nilo) et HC_1 (*ab* Lepus)

1118 aquosissimum HC_1C_2 || **1119** quaedam] quae C_1 || **1120** Canopos nomine C_1 || **1121** insula] urbs HC_1C_2 | abluitur HC_1C_2 || **1122-1123** nam cum] nanque C_1 || **1124** ita HC_1 || **1125** eius *om.* HC_1 | finxerunt] direxerunt H dixerunt C_1 | a *om.* HC_1 || **1126** quadrupedum] animalium HC_1 || **1127** alios^1] alias HC_1 | alios^2] alias HC_1 | ventrem HC_1 || **1128** *post* negant *add.* oportere HC_1 || **1129** et^2 *om.* HC_1 | scorpione C_1

1118 demonstrantur N^{corr} || **1119** propterea LB | hunc P || **1120** a *add. ante* ceteris δ | Canapos R | est *add. post* appellata P^{corr} | Canapos R || **1121** abluitur δ || **2,33** *Deest* Y | **1122** *Titulum add.* De Lepore RLδZ Figura Leporis AE^{mg} | dicitur *om.* F | venanti N venantes R venantis R^{corr} || **1123** ut oportebat eum] oporeum AE | fixissent P finxissent P^{corr} || **1124** hoc *add. post* significare Z | de causa *om.* L *compl.* L^{corr} || **1125** eius] Orionis Z | fixerunt SNRPZ finxerunt Z^{corr} || **1126** esse *add. post* constitutum A | praeter] praeterea N || **1127** pareret] appararet N appareret N^{corr} | in ventre] invenire P in ventre P^{corr} || **1128** autem *om.* E | oportere *add. post* negant αLAEδ *om.* $M^{corr}P^{corr}L^{corr}$ || **1128-1129** tam nobilem … magnum] tam magnum venatorem et tam nobilem P || **1129** ante et P | in *add. ante* signo N no diximus, oportere fingi leporem venari; Callimachum quoque accusari quod, cum Dianae scriberet laudes, eam leporum sanguine gaudere et eos venari dixisset; itaque Oriona cum Tauro decertantem fecerunt.

Leporis autem hanc historiam memoriae prodiderunt, apud antiquos in insula Lero nullum leporem fuisse, sed ex eorum civitate adulescentium quendam studio generis inductum ab exteris finibus leporem feminam praegnantem attulisse et ad eius partum diligentissime ministrasse; itaque, cum peperisset, compluribus eius civitatis studium incidisse et partim pretio partim beneficio mercatos omnes lepores alere coepisse; ita non longo intervallo tantam multitudinem leporum procreatam ut tota insula ab his occupata diceretur. Quibus cum a dominis nihil daretur, in semina eorum impetu facto, omnia comederunt; quo facto incolae calamitate affecti, cum fame forent oppressi, communi consilio totius

ΣHC_1 (*usque ad* leporem venari)

1130 oportere … venari] et postea in ipsius non debere leporem venire HC_1

1130 fingere N ‖ **1130–1132** Callimachum … venari *om.* Z ‖ **1131** accusare ML accusari M^{corr}L^{corr} | leporem NR leporeum A leporum A^{corr} ‖ **1132** sanguinem SR sanguine R^{corr} | venerari N | dixisse Z ‖ **1133** tauri AE | ferunt L ‖ **1134** tradiderunt L ‖ **1135** apud] caput R apud R^{corr} | in *om.* P *compl.* P^{corr} | Clero M Liero E Lero M^{corr} | leporum A ‖ **1137** exteris] extremis B ‖ **1138** ad *om.* M^{corr}PF *LeBœu.* | diligentissime *om.* RP *compl.* P^{corr} | ministrare F administrasse W *LeBœu.* ‖ **1140** partem … partem S Nδ | lepores *om.* AE | et *add. post* lepores R ‖ **1141** alere] edere F | itaque RFδ | longo] nullo L longo L^{corr} | in *add. ante* intervallo B | tantum S ‖ **1142** insula toto L insula tota L^{corr} ‖ **1143** ad hominis N ad comedendum R ad homines P ab hominibus γδZL^{corr} *LeBœu.* a dominis P^{corr} | daretur *om.* B | semina] femina N ‖ **1144** comederunt] contenderunt N | incolae] incolome A ‖ **1145** cum *scr. ante* incolae L | forent oppressi] laborarent L ‖ **1145–1149** forent … doloris *desunt in* A ‖ **1145–1146** communi … eos *om.* L quo facto … dicuntur *compl.* L^{mg}

civitatis vix denique eos ex insula abegisse dicuntur; itaque postea leporis figuram in astris constituisse ut homines meminissent nihil esse tam exoptandum in vita quin ex eo plus doloris quam laetitiae capere posterius cogerentur.

2,34 Orion. Hunc Hesiodus Neptuni filium dicit ex Euryale Minois filia natum; concessum autem ei ut supra fluctus curreret ut in terra, quemadmodum Iphiclo datum dicitur ut supra aristas curreret neque eas infringeret.

Aristomachus autem dicit quendam Hyriea fuisse Thebis, Pindarus autem in insula Chio; hunc autem, cum Iovem et Mercurium hospitio recepisset, petisse ab his ut sibi aliquid liberorum nasceretur; itaque, quo facilius petitum impetraret, bovem immolasse et his pro epulis apposuisse; quod cum fecisset, poposcisse Iovem et Mercurium quod corium de bove foret detractum et quod fecerant urinae in corium infu-

ΣH (*ab* Orion *sed ab* filia *difficilimus lectu*) et C_1 (*ab* Orion)

1151 ei ut] eius C_1 || **1152** in terra *om.* C_1 | Iphicio C_1 || **1154** dicat C_1 | quondam C_1 | Hrea H Apraea $\dot{C}_1$ || **1155** Citio C_1 | hic C_1 | et Neptunum *add. post* Iovem C_1 || **1156** recepisset] recepisse dicitur C_1 | petisse] dedisse C_1 || **1157** itaque] id C_1 | petitum *om.* C_1 || **1158** eis C_1 || **1159** et Neptunum *add. post* Mercurium C_1

1145–1146 civitatis totius W totius civitatis W^{corr} || **1146** vix] vir E vim Z | denique] deinde R | dicunt PF dicitur E dicuntur P^{corr} || **1147** leporis postea EFZ | constituisset N | omnes P homines P^{corr} || **1148** tam esse F | exoptabile F | quin] qui non R || **2,34** *Deest* Y | **1150** *Titulum add.* De Orione LδZ Figura Orionis AE^{ms} | Euryiale R Eursale E Vriale δ Eursale E^{corr} || **1151** Minois *om.* R Menonis N Minonis N^{corr}AE | natam N || **1152** curreret ut] et R curreret ut R^{corr} | ut in terra *om.* P *compl.* P^{corr} | in terra *add. post* quemadmodum P *om.* P^{corr} | Iphiclo *edd.*] Phiclo SM RPLA Phido (Phy- F) NEF || **1153** nec F || **1154** Hyriea *edd.*] Catrea αL δZ Cratea γ || **1155** Pandarus B | insulam F | Cilio Z Clio Z^{corr} || **1156** hospitium W hospitio W^{corr} | suscepisset hospitio R | aliquis M^{corr}RPF *LeBœu.* || **1157** impetraret petitum E || **1158** immolavisse Z || **1159** quo W | de *om.* RB *compl.* R^{corr} || **1160** bove *om.* B | tractum Z detractum Z^{corr} | urinae *om.* L *compl.* L^{corr} | fudisse WZ disse et id sub terra poni iussisse; ex quo postea natum puerum quem Hyrieus e facto Vriona nomine appellaret; sed venustate et consuetudine factum esse ut Orion vocaretur. Hic dicitur Thebis Chium venisse et ibi Oenopionis filiam Meropen, per vinum cupiditate incensus, compressisse; pro quo facto ab Oenopione excaecatus et de insula eiectus, existimatur Lemnum ad Vulcanum pervenisse et ab eo ducem quendam Cedaliona nomine accepisse. Quem collo ferens dicitur ad Solem venisse et ab eo sanatus, ut se ulcisceretur, Chium revertisse, Oenopiona autem a civibus sub terra custoditum esse; quem postquam se invenire posse desperaret Orion, in insulam Cretam pervenisse et ibi venari coepisse

ΣH (*usque ad* cum Diana *sed usque ad* postea natum *difficilimus lectu, item ab* ad Vulcanum *usque ad* postquam se) et C_1 (*usque ad* supra diximus)

1161 et *om.* C_1 || **1162** demonstrant *add. post* puerum HC_1 | Capreus HC_1 | appellaret] appellari iussit HC_1 | sed] et C_1 | vetustate HC_1 || **1165** per vinum] oino et (*sic!*) HC_1 | quo *add. ante* compressisse C_1 || **1166** excaecatum HC_1 | eiectum HC_1 | existimatur *om.* HC_1 || **1167** eo *om.* C_1 || **1168** Dealtona C_1 Dedaltona C_1^{corr} || **1169** dicitur *om.* C_1 | venisse] devenit C_1 || **1170** revertisse] contendisse C_1 || **1171** quem *om.* C_1 | posse *om.* HC_1 | desperarat HC_1 || **1172** Oriona H | in insulam] in silva HC_1

1162 quae Z | Hyrieus *edd.*] Catreus αLAFWZ Catrus E Chares B Catreus (Cha- B^{corr}) $E^{corr}B^{corr}$ | e *om.* A eo W | Vriana N Oriona L Vrione AE Vriona L^{corr} | appellarit ML appellavit Z | vetustate B || **1163** est Pδ || **1164** a *add. ante* Thebis Z | Debis N | Chium] cum P^{corr} Chyo F || **1165** vinum] vim Z | infensus L succensus Z | pro *om.* L *compl.* L^{corr} || **1166** excaecatur PAE || **1167** *post* existimatur *add.* et L autem δ | Lemni δ Lennium Z | advenisse ad Vulcanum P ad Vulcanum pervenisse P^{corr} | e N eo N^{corr} || **1167–1168** quendam ducem RPγδ Z *Le Bœu.* || **1168** quandam L quendam L^{corr} | Cedalionea M^{corr} Cedarione P Celadonia L Cedaliona P^{corr} || **1169** ut *om.* P *compl.* P^{corr} || **1170** revertisse] reversum esse R | Oenoptana N Oenapiona γ | cillibus N | sub terra *om.* P se R sub terra $R^{corr}P^{corr}$ || **1172** Orionem R || **1172–1174** et ibi … pervenisse *om.* RP *compl.* R^{mg}

cum Diana et ei polliceri quae supra diximus et ita ad sidera pervenisse.

Nonnulli autem aiunt Oriona cum Oenopione prope nimia coniunctum amicitia vixisse et, quod ei voluerit suum studium in venando probare, Dianae quoque pollicitum quae supra diximus et ita interfectum. Alii dicunt cum Callimacho, cum Dianae vim voluerit afferre, ab ea sagittis esse confixum et ad sidera propter venandi consimile studium deformatum. Istrus autem dicit Oriona a Diana esse dilectum et paene factum ut ei nupsisse existimaretur; quod cum Apollo aegre ferret et saepe eam obiurgans nihil egisset, natantis Orionis longe caput solum videri conspicatus, contendit cum Diana eam non posse sagittam mittere ad id quod nigrum in mari videretur. Quae se cum vellet in eo studio maxime artificem dici, sagitta missa, caput Orionis traiecit; itaque eum cum fluctus interfectum ad litus eiecisset et se eum Diana percussisse plurimum doleret, multis eius obitum prosecuta lacrimis, inter sidera statuisse existimatur. Sed quae post mortem eius Diana fecerit, in eius historiis dicemus.

1173 Dia R^{mg} || **1175** autem *om.* E etiam N *compl.* E^{corr} | aiunt] dicunt Z | nimio P nimia P^{corr} || **1178** quae] quem RP quae P^{corr} || **1179** voluerit vim Z | inferre Z | eo R ea R^{corr} || **1180** confixum] interfectum R peremptum P confixum P^{corr} | consimile *om.* N simile E consimile E^{corr} || **1181** Istrus *edd.*] Histrius (Is- P Hys- L) *codd.* | dixit P dicitur E | Dianae F || **1183** aegre ferret] haec referret SNRLγ agere ferret M aegre ferret M^{corr} | eum P || **1184** longe videri caput solum S longe caput videri solum NMPZ longe caput solum R caput longe solum videri F | conspicatur AF || **1185** mittere *om.* P *compl.* P^{corr} dirigere R || **1186** mare F | se cum vellet] se convellet L cum vellet se Z || **1188** cum eum R | eum *om.* Z *compl.* Z^{corr} | abiecisset γ || **1189** eum] cum Z | percussisset F percussisse F^{corr} | plurimum] multum LB | eum P || **1190** persecuta M || **1191** quae *om.* N | Diana *om.* Z

Canis. Hic dicitur ab Iove custos Europae appositus esse et ad Minoa pervenisse. Quem Procris, Cephali uxor, laborantem dicitur sanasse et pro eo beneficio canem munere accepisse, quod illa studiosa fuerit venationis et quod cani fuerat datum ne ulla fera praeterire eum posset. Post eius obitum canis ad Cephalum pervenit, quod Procris eius fuerat uxor; quem ille ducens secum Thebas pervenit, ibi erat vulpes, cui datum dicebatur ut omnes canes effugere posset. Itaque, cum in unum pervenissent, Iuppiter nescius quid faceret, ut Istrus ait, utrosque in lapidem convertit. 2,35

Nonnulli hunc canem Orionis esse dixerunt et, quod studiosus fuerit venandi, cum eo canem quoque inter astra collocatum. Alii autem Icari canem esse dixerunt, de quo ante diximus; quae multa proposita suos habent auctores. Sed Canis habet in lingua stellam unam quae ipsa Canis appellatur, in capite autem alteram quam Isis suo nomine statuisse exis-

ΣHC_1 (*usque ad* ante diximus)

1193 ab Iove *om.* HC_1 || **1194** morbo *add. ante* laborantem HC_1 || **1195** eo *om.* HC_1 || **1196–1197** quod illa … datum *om.* HC_1 || **1199** quem] que HC_1 | pervenit Thebas HC_1 || **1202** lapides HC_1 | ne data beneficia aliquo tempore degenerarentur *add. post* convertit HC_1 || **1203** Orionem HC_1 || **1204** inter] in HC_1 | constitutum HC_1 || **1205** Icarii HC_1

2,35 *Deest* Y | **1193** *Titulum add.* De Cane δZ Figura Canis A E^{mg} || **1194** ad *om.* M | Minora R Minoa R^{corr} | quam F quem F^{corr} || **1195** *post* canem *add.* in R || **1196** illa *om.* δ | fecerit M fuerat W fuerit M^{corr} || **1197** eum praeterire R || **1197–1198** datum … fuerat *om.* N || **1198** fuerat eius B | fuerit M^{corr}P || **1198–1199** quod … pervenit *om.* Z || **1199** secum ducens M^{corr}RP | ubi γBZ || **1201** quod RP || **1202** Istrus *edd.*] Histrius (Is- PAE) αγδZ Histricius L | utrosque *om.* L *compl.* L^{corr} || **1203** studiosus *om.* B || **1203–1205** et quod … dixerunt *om.* E || **1204** canem cum eo A | inter] in M | sidera R astra R^{corr} || **1205** autem] hunc F | Icarii α LA Icari $M^{corr}L^{corr}$ | canem Icari B | esse *om.* L || **1207** ligna N linguam Z | canis ipsa R || **1208** Issis F | suos M suo M^{corr} | statuisse *om.* δ timatur et Sirion appellasse propter flammae candorem, quod eius modi sit ut praeter ceteras lucere videatur; itaque, quo magis eam cognoscerent, Sirion appellasse.

2,36 Procyon. Hic ante maiorem Canem exoriri videtur, sed a nonnullis Orionis esse existimatur; hac etiam de causa Procyon est appellatus. Sed isdem omnibus historiis quibus superior Canis adnumeratur.

2,37 Argo. Hanc nonnulli propter celeritatem Ἀργώ dixerunt Graece appellatam, alii quod Argus eius fuerit inventor; hanc autem primam in mari fuisse complures dixerunt et hac re maxime stellis esse figuratam. Hanc navem factam Pindarus ait in Magnesiae oppido, cui Demetrias est nomen, Callimachus autem in isdem finibus, ad Apollinis Actii tem-

ΣHC_1

1212 hic *om.* C_1 h H | maiorem] minorem HC_1 || **1212-1213** sed a ... existimatur *om.* HC_1 || **1214** eis C_1 eisdem C_1^{corr} | omnibus] nominibus HC_1 || **1217** Graeci C_1 | autem *add. post* alii HC_1 | fuerit eius H | inventor fuerit C_1 || **1218** hanc autem] quam HC_1 | complures fuisse HC_1 || **1219** navem] autem HC_1 || **1220** ait] ut HC_1 | Magnesi HC_1 | cui] qui HC_1 || **1221** ad *om.* C_1 | acti HC_1

1209 Syron L | et Sirion ... candorem *scr. fine capituli* B | appellasse] appellatur R || **1210** eius modo Z || **1211** Siriona (Sy- MPL) SMR PLZ Sirionna N || **2,36** *Deest* Y | **1212** *Titulum add.* De Prochione WZ De Anticane B Figura Procyonis (-ty- E^{mg}) AE^{mg} | Protior N | de causa *add. post* videtur B || **1213** nullis EZ | dixerunt *add. post* esse R *om.* R^{corr} | haec N hanc R hac R^{corr} || **1213-1214** Procyon est] Prochionem Z || **1214** esse SNMP | appellatum Z || **2,37** *Deest* Y | **1216** *Titulum add.* De Argo δZ Figura Navis AE^{mg} | Argon R || **1216-1217** Graece dixerunt (dixierunt P) Argo Pδ dixerunt Graece Argo M^{corr} || **1217** appellata B | inventor fuerit F || **1218** fuisse in mari P | mare NL || **1219** haec F hac F^{corr} | stellis maxime E | autem *add. post* hanc L | nave E navim FδZ || **1220** Pandarus R | Magnesiae *ex Reg. 12c IV Voss. 4°92 et Reg. 123*] Magnesia SMRPFδZ Magnesi N Manesia L Magnesida AE | appido N | Demetrius N || **1221** his P isdem P^{corr} | Apollonis E plum, quod Argonautae proficiscentes statuisse existimantur in eo loco qui Pagasae vocatur, ideo quod navis Argo ibi primum compacta dicitur, quod est Graece πάγασαι; Homerus hunc eundem locum in Thessaliae finibus esse demonstrat. Aeschylus autem et nonnulli aiunt a Minerva quandam materiam loquentem eodem esse coniunctam, sed huius non tota effigies inter astra videtur; divisa enim est a puppi usque ad malum, significans ne homines, navibus fractis, pertimescerent.

Centaurus. Hic dicitur nomine Chiron Saturni et Phily- 2,38
rae filius esse, qui non modo ceteros Centauros, sed homines quoque iustitia superasse, Aesculapium et Achillem nutrisse existimatur; pietate igitur et diligentia effecit ut inter astra numeraretur. Apud hunc Hercules, cum deverteretur et simul cum Chirone sedens sagittas consideraret, fertur una earum decidisse supra pedem Chironis et ita eum interfecisse.

ΣHC_1

1223 ideo] ideoque C_1 || **1224** dicatur HC_1 || **1226** aiunt dicunt HC_1 | materiem HC_1 || **1227** loquentem *om.* HC_1 | eodem] eo HC_1 | coniectam HC_1 || **1228** est enim HC_1 || **1231** dicitur *scr. ante* qui HC_1 || **1232** esse filius HC_1 || **1233** iustitiae HC_1 | et *add. post* superasse HC_1 | Aesculapem HC_1 | et Achillem] cum Achille HC_1 || **1234** efficit HC_1 || **1235** numeraretur] statueretur HC_1 | simul *om.* HC_1 || **1236** Chirone] eo HC_1

1222 Ergonautae F | existimatur SM existimantur $S^{corr}M^{corr}$ || **1223** Pegasae (-se R^{corr}PLδZ) MR^{corr}PLδZ Pegasse R | ibi *om.* L *compl.* L^{corr} || **1224** dicatur R | Πάγασαι *ex* Pagase] Pagasse N Pegase MRPδZ Pegasse L || **1225** Thesaliae R Thessaliae R^{corr} | demonstratum N || **1226** Scylus (Sci- RP) SNRP Eschilus P^{corr} | et] ut M^{corr}PFδ | aiunt] dicunt L | a Minerva] a Minervam L Minervam γ | materiem L || **1228** est enim RPZ | est *om.* L || **1229** fractis navibus δ || **2,38** *Deest* Y | **1231** *Titulum add.* De Centauro δZ Figura Centauri AE^{mg} | Chirion Z | Filurae N Phylurae L Filare γW filia irae B Phylyrae L^{corr} || **1232** tauros B centauros B^{corr} || **1233** separasse N || **1234** inter] in SN || **1235** numeretur SNPγ numerarentur LB numeretur $M^{corr}L^{corr}$ | huc N | diverteretur αδZ diverteret R^{corr}LEF || **1236** cum *om.* W | eorum N

Alii autem dicunt Centaurum miratum quod tam brevibus sagittis tam magna corpora Centaurorum interfecerit, ipsum contendere arcum conatum; itaque ex eius manu sagittam prolapsam in pedem eius incidisse. Pro qua re Iuppiter eius misertus inter sidera eum constituit cum hostia quam supra Aram tenens immolare videtur. Hunc alii Pholon esse Centaurum dixerunt eum qui haruspicio praeter ceteros plurimum valuisset; itaque ad Aram cum hostia venire Iovis voluntate figuratum.

2,39 Ara. In hac primum dii existimantur sacra et coniurationem fecisse, cum Titanas oppugnare conarentur; eam autem Cyclopas fecisse. Ab ea consuetudine homines dicuntur instituisse sibi ut, cum aliquam rem efficere cogitarent, prius sacrificarent quam agere incepissent.

2,40 Hydra in qua Corvus insidere et Crater positus existima-

ΣHC_1

1239 tam] in HC_1 | interficeret HC_1 || **1241** eius *om.* HC_1 | decidisse HC_1 | Iovem HC_1 | eius *om.* HC_1 || **1242** misertum HC_1 | eum constituisse H constituisse eum C_1 || **1243** alii Pholon] Calipho non HC_1 || **1244** eum *om.* C_1 | praeter ceteros *om.* HC_1 || **1245** valuerit HC_1 || **1246** figuratur HC_1 || **1247** Aras HC_1 | in] ad HC_1 | sacra] sacrificasse HC_1 || **1248** autem *om.* C_1 || **1250** sibi *om.* HC_1 || **1251** quam … incepissent *om.* HC_1

1238 autem EF | tam] ita F || **1239** centaurum R centaurorum R^{corr} || **1241** pedum M pedem M^{corr} | concidisse L incidisse L^{corr} || **1243** ara F | Pholon esse] Pholonense AE Pholenesse F || **1244** eum qui] eumque R || **1245** voluptate L voluntate L^{corr} || **2,39** *Deest* Y | **1247** *Titulum add.* De Ara δZ Figura Arae AE^{mg} | primum] plurimum B | dii *om.* N di P | aestimantur F | sacra et] sacram γ || **1248** Tytanis P | conaretur N niterentur P conarentur N^{corr} | autem *om.* E || **1249** Cyclopam L | dicunt E || **1250** ut *om.* L || **1251** coepissent S || **2,40** *Deest* Y *atque multa verba haud facile leguntur in* A *usque ad* supposuit hydram | **1252** *Titulum add.* De Hydra (Y- δ) δZ Figura Hydrae (Hidre E^{mg}) AE^{mg} | est *add. post* Hydra L tur. De qua hanc habemus memoriae proditam causam: corvus Apollinis tutela usus, eo sacrificante, missus ad fontem aquam puram petitum, vidit arbores complures ficorum immaturas; eas exspectans dum maturescerent in arbore quadam earum consedit. Itaque post aliquot dies, coctis ficis et a corvo compluribus earum comesis, exspectans Apollo corvum vidit cum cratere pleno volare festinantem; pro quo admisso eius dicitur, quod diu moratus sit, Apollo, qui coactus mora corvi alia aqua est usus, hac ignominia eum affecisse ut, quamdiu fici coquerentur, corvus bibere non possit, ideo quod guttur habeat pertusum illis diebus. Itaque, cum vellet significare sitim corvi, inter sidera constituit cratera et supposuit hydram quae corvum sitientem moraretur; videtur

ΣHC_1 (*usque ad* quamdiu, *sed* H *difficilis lectu est*)

1253 habemus hanc C_1 || **1255** petitum *om.* C_1 | arbores] in arbore quadam C_1 | ficos C_1 || **1256** eas exspectans] earum aviditate inductus C_1 | maturescerent] mitescerent C_1 || **1256–1257** in … earum *om.* C_1 || **1257** post *om.* C_1 || **1257–1258** a corvo compluribus] acervo C_1 || **1258** comeso C_1 || **1258–1259** videt corvum C_1 || **1260** corvus *add. post* sit HC_1 | qui] autem HC_1 || **1261** alia *om.* HC_1 | est usus] uti HC_1 | ea HC_1 | affecisse] defecit HC_1 || **1262** quamdiu] quam HC_1

1253 memoria SNMR || **1254** tutelas N | et *add. post* usus L | sacrificante eo L | a fonte SNMRF || **1254–1255** aquam a fonte E || **1255** quam plures M^{corr}P || **1256** eas *om.* L | maturascerent RL maturassent Z | quandam LW || **1257** earum *om.* Z | aliquod REW aliquot R^{corr} || **1257–1258** a corvo] acervo S || **1258** comessis NRZ comestis F comesis R^{corr} | exspectans Apollo] expectana E || **1259** volare *om.* P *compl.* P^{corr} | admissu B amisso Z || **1260** motum *add. ante* Apollo R | Apollinem SNMRLAE *LeBœu.* Apollo M^{corr} | qui *om.* P *compl.* P^{corr} | coctus M coactus M^{corr} || **1261** alia *om.* F alio L aliqua B alia L^{corr} | unde *add. post* usus R | *post* hac *add.* igitur P itaque W *om.* P^{corr} | eum *om.* SNMLAE | affecisse eum F | affecit P affecisse P^{corr} || **1262** posset NLEF || **1264** sitim significare Z | crateram L || **1265** moratur L enim rostro caudam eius extremam verberare ut tamquam sinat se ad crateram transire.

Istrus autem et complures dixerunt Coronida Phlegyae filiam fuisse, hanc autem ex Apolline Aesculapium procreasse, sed postea Ischyn, Elati filium, cum ea concubuisse. Quod cum videret corvus, Apollini nuntiasse; qui cum fuerit antea candidus, Apollinem pro incommodo nuntio eum nigrum fecisse et Ischyn sagittis confixisse.

De Cratera autem hanc historiam Phylarchus scribit: in Chersoneso, quae confinis est Troiae, ubi Protesilai sepulcrum statutum complures dixerunt, urbs Elaeusa nomine dicitur, in qua Demiphon quidam cum regnaret, incidit eorum finibus repentina vastitas et civium interitio miranda. Qua re Demiphonta permotum ferunt misisse ad Apollinis oraculum quaerentis remedium vastitatis, responso autem

1266 extremam *om.* B extremum F || **1267** se *om.* R *compl.* R^{corr} || **1268** Istrus *edd.*] Histrius (Hys- L) αLFδZ Histius AE | autem *om.* E *compl.* E^{corr} | cum plures F complures F^{corr} | Phlege (Fle- NP^{corr}) SNMRP^{corr}FδZ Flega P || **1269** Aesculapium ex Appolline Z | ex *om.* P *compl.* P^{corr} et N ab R | Apollone B | cum Aesculapio P Aeculapium L Aesculapium $P^{corr}L^{corr}$ || **1269–1270** Apolline ... filium *om.* γ || **1270** Ischyn Elati *edd.*] Cynelati SNMRLZ Cenelati P Scynealti (Sci- B) δ Scynealti (Sci- P^{corr}) $M^{corr}P^{corr}$ | filiam R filium R^{corr} || **1271** quo E | vidisset M viderit re A de re E viderit Z videret Z^{corr} | corvus] corpus Z | Apolli P Apolloni E Apollini P^{corr} | nuntiasset R nuntiasse R^{corr} || **1272** ante S | Apollinem *ex Arund. 339 Guelferb. 3147 Laur. 29.30 Vind. 51 Bu.LeBœu.*] *om. rell. codd.* | eius *add. post* nuntio F || **1273** fecisset M | Ischyn *edd.*] Scyn (-i- RP^{corr}) SNM^{corr}RP^{corr}γM *om.* PZ sic L Scynealti (Sci- B) filium δ solum R^{corr} | sagittas R | confinxisse B || **1274** de ... scribit *om.* P *compl.* P^{mg} | craterea N craterae R cratera N^{corr} | Phylargus MF Philartus δ Philarus Z Phylarcus M^{corr} || **1274–1275** in Chersoneso *edd.*] in Chersonesso (Cer- L) αLδ inter sonesso γ in Cherchonesso Z || **1276** Elaeusa *edd.*] Flagusa αL Aδ Flaglusa EFZ || **1277** Demoiphon R Demiphon R^{corr} || **1279** qua de re Z | Demoiphonta R Demiphona (-fo- E) AEδ Demiphonta R^{corr} | in F | Apollonis B || **1280** oraculum] miraculum E | quaerens M^{corr} PLFδZ dato ut quotannis una de nobilium genere virgo diis Penatibus eorum immolaretur, Demiphon omnium filias praeter suas sorte ductas interficiebat, usque dum cuidam civium loco nobilissimo eorum nato perdoluit inceptum Demiphontis. Qui negare coepit de sua filia se passurum sortiri nisi eodem regis filiae essent coniectae. Quo facto rex permotus illius filiam sine sorte ductam interfecit. Quod Mastusius nomine, virginis pater, instanti tempore simulavit se patriae causa non ferre aegre factum; potuisset enim postea sorte ducta nihilominus interire. Quod paulatim dies regi in oblivionem perduxit; itaque, cum se prope amicissimum virginis pater regi ostendisset, sollemne sacrificium se habere dixit eumque et filias eius ad id conficiendum invitavit. Qui nihil aliter futurum suspicatus, filias antemisit, ut ipse occupatus in re civili postea veniret; quod cum exoptanti Mastusio accidisset, filias eius interfecit et sanguinem earum cum vino cratere mixtum advenienti regi pro potione dari iussit. Qui

1281 ut *om.* B | penantibus N || **1282** immoletur SNMR immolaretur M^{corr} | Demoiphon R Demophon P Demipho L Demiphon $R^{corr}P^{corr}$ L^{corr} | autem *add. ante* omnium $M^{corr}PL^{corr}F\delta Z$ *om.* P^{corr} | filias *om.* γ || **1283** sua γ suas F^{corr} | ductas *om.* E ductus δ || **1284** loco] colo AE | nata L nota Z nato L^{corr} | Demoiphontis R Demiphonis A Demiphontis R^{corr} || **1285** coegit E | eodem] eorum R || **1286** filiae regis E | fuissent γ | coniecti AE | illius rex permotus AE || **1287** filiae AE | ductum F | Mastusius *edd.*] Matusius SMRPLEδZ Matusi NA Matusus F || **1288** pater virginis Pδ || **1288–1289** causa patriae Z || **1289** aegre ferre *Bu.LeBœu.*] hac re ferre SRP haec re ferre NAE agere ferre M aegre ferre $M^{corr}P^{corr}$ | potuisse SNMRLEF || **1290** ductam M ducta M^{corr} | regi] rei γW || **1291** prope *om.* B || **1291–1292** regi pater virginis P regi virginis pater $M^{corr}E\delta$ *LeBœu.* || **1292** regi *om.* N || **1293** filiam L filias L^{corr} || **1294** futurum] facturum L | suspicatus futurum B | ut *om.* AE et P || **1295** exoptandi R exoptatum P expectanti AE exoptanti P^{corr} | Mastusio *edd.*] Matusio *codd.* || **1296** filias eius] regis filias Pδ | interfecit] peremit $M^{corr}P$ interemit δ | sanguine SN | eorum SNMR earum M^{corr} | in *add. post* vino *Arnulf.Bu.LeBœu.* || **1297** cratera AFδZ crateram E | potatione N portione Z cum filias desideraret et quid his factum esset rescisset, Mastusium cum cratere in mare proici iussit; quo facto mare quo ille est proiectus memoriae causa Mastusium vocatum est, portus autem adhuc Crater appellatur. Quem antiqui astrologi stellis deformarunt ut homines meminissent maleficium neminem temere lucrari posse neque oblivionem inimicitiarum fieri solere.

Nonnulli cum Eratosthene dicunt eum cratera esse quo Icarus sit usus cum hominibus ostenderet vinum, alii aiunt dolium esse quo Mars ab Oto et Ephialte sit coniectus.

2,41 Piscis qui notius appellatur. Hic videtur ore aquam excipere a signo Aquarii; qui laborantem quondam Isim servasse existimatur. Pro quo beneficio simulacrum piscis et eius filiorum, de quibus ante diximus, inter astra constituit; itaque Syri complures pisces non esitant et eorum simulacra inaurata pro diis Penatibus colunt. De hoc et Ctesias scribit.

ΣHC_1 (*ab* Piscis)

1308 is HC_1 | ore *om.* HC_1 || **1309** Aquario HC_1 | servare C_1 || **1311** constituit] constitum H constitutum C_1 || **1313** et Ctesias] Clesias HC_1

1298 quod Z | resciret P rescisset P^{corr} | Mastusium *edd.*] Matusium *codd.* || **1299** cratera Z | mari NLAB || **1299–1300** facto … quo *om.* P *compl.* P^{corr} || **1300** illo Z | Matusium LγWZ Matusitum B | mare *add. post* Mastusium M^{corr}P || **1300–1301** vocatum est *om.* αLγ *compl.* M^{corr} || **1301** ad hunc P adhuc P^{corr} | crater adhuc Z | cratera γ || **1302** deformaverunt stellis R | deformaverunt LAB defortur E | homine P homines P^{corr} | maleficio L || **1303** neminissent B neminem B^{corr} | temere *om.* Z *compl.* Z^{corr} timere B | lucrare SNPLAE lucrari P^{corr} || **1305** Eratostenes E | dicunt] dicitur B | enim L eum L^{corr} | craterem R crateram L | qua L || **1306** Icarius αγ Icarus $M^{corr}P^{corr}$ | sit] fuit L | aiunt] dicunt P autem Rδ || **1307** dolum N delium R | Oothe R Otto F | Phialte AF Philalte E Ephialta Pδ || **2,41** *Deest* Y | **1308** *Titulum add.* De Pisce LZ de Pisce Magno δ Figura Piscis AE^{mg} | quo B | aquam ore R || **1309** a *om.* R | Aquario NLAE | Issim R || **1311** quo P quibus P^{corr} | diis *add. post* inter M *om.* M^{corr} || **1312** ita S itaque S^{corr} | quam plures M^{corr}P | esitant] edunt L || **1313** penantibus N | et *om.* L | Ctesias *edd.*] Hesias (E- B) SMRPδZ Esaias NAE Aethesias L Herias F | scribit *om.* γ

Reliquum est nobis disputare de stellis quinque quas complures ut erraticas, ita πλανήτας Graeci dixerunt. Quarum una est Iovis, nomine Phaethon, quem Heraclides Ponticus ait, quo tempore Prometheus homines finxerit, †in his et† hunc pulchritudine corporis reliquos praestantem fecisse eumque supprimere cogitare neque Iovi ut ceteros reddere et Cupidinem Iovi nuntiasse; quo facto missum Mercurium ad Phaethonta persuasisse ut ad Iovem veniret et immortalis fieret; itaque eum inter astra collocatum. 2,42

Secunda stella dicitur Solis, quam alii Saturni dixerunt.

ΣHC_1C_2 (*ab* una est)

1316 una] primae HC_1C_2 | quem] de qua HC_1C_2 || **1317** ait] scribit HC_1C_2 | ait enim *add. ante* quo HC_1C_2 | in his *om.* C_2 || **1318** eum HC_1C_2 || **1319** cum *add. post* eumque HC_1C_2 | cogitaret HC_1C_2 | reddere et *om.* C_2 reddere HC_1 || **1320** Cupidinem ... quo *om.* HC_1C_2 || **1321** Phetonnita C_2 || **1322** ab Iove *add. post* eum HC_1C_2 | inter] in HC_1C_2 || **1323** dicitur] est HC_1 *om.* C_2 | solis quam alii *om.* C_2 | solis] Iovis C_1

2,42 *Deest* Y | **1314** *Titulum add.* De quinque vagis W De Iove BZ | disputare *ex Arund. 339 Guelferb. 3147 Laur. 29.30 Vind. 51*] *om. rell. codd.* | quinque stellis B | quae SNMγ quas M^{corr} | cum plures F complures F^{corr} || **1315** πλανήτας ita F | Graeci ita πλανήτας AE || **1316** est una L | Photon M Phoeton PW Pheton M^{corr} Phaenon *Bu. LeBœu.* | quem *om.* δ quam P de qua LZ | Erachydes R Eradides W Eraclydes R^{corr} | Panticus R Pontificus AE || **1317** fixerit R finxerint F finxerit R^{corr} | constituisse *add. ante* in L | †in his et† *ex scholiis*] inisset SP iniisset NE in iis et M finiisset A *om.* M^{corr}RP^{corr}FδZ *Bu. LeBœu.* || **1318** reliquis SRPLFZ reliquos P^{corr} || **1319** cogitaret AE | Iovis RP *om.* M^{corr} R^{corr2}Fδ *LeBœu.* Iovi P^{corr} | ut *om.* M^{corr} | ceteros *om.* M^{corr} certum R^{corr2} Fδ | reddere et *LeBœu.*] redderet *codd.* || **1320** Cupidine F | nuntiasse Iovi N | misso Mercurio P || **1320–1321** ad Fetonta Mercurium Z || **1321** Phetonda N Photonta M Phoetonta W Phaenonta *Bu. LeBœu.* | perveniret P veniret P^{corr} || **1322** ferunt *add. post* astra R | collocavit P || **1323** *Titulum ante* secunda *add.* De Saturno B De Sole Z | soliis M solis M^{corr}

Hanc Eratosthenes a Solis filio Phaethonta appellatam dicit, de quo complures scripserunt ut patris inscienter curru vectus incenderet terras; quo facto ab Iove fulmine percussus in Eridanum deiectus est et a Sole inter sidera perlatus.

Tertia est stella Martis, quam alii Herculis dixerunt, Veneris sequens stellam hac, ut Eratosthenes ait, de causa quod Vulcanus cum uxorem Venerem duxisset et propter eius observantiam Marti copia non fieret, ut nihil aliud assequi videretur nisi sua stella Veneris sidus persequi, a Venere impetravit; itaque, cum vehementer amor eum incenderet, significans e facto stellam Pyroenta appellavit.

Quarta stella est Veneris, Lucifer nomine, quam nonnulli

ΣHC$_1$C$_2$

1324 appellatam dicit] alii (ali H) HC$_1$ || **1324–1325** appellatam ... quo *om.* C$_2$ || **1325** curru inscienter HC$_1$C$_2$ || **1326** incenderit HC$_1$C$_2$ || **1327** deiectus est] deciderit HC$_1$C$_2$ | sit *add. ante* perlatus HC$_1$C$_2$ | Phaetho *add. post* perlatus HC$_1$C$_2$ || **1328** est *om.* HC$_1$C$_2$ || **1329** stellam *om.* HC$_1$C$_2$ | ait] dicat HC$_1$ dicte C$_2$ | de causa] sic HC$_1$C$_2$ || **1330** et *om.* HC$_1$C$_2$ || **1332** Vereris HC$_1$ || **1333** cum] quam HC$_1$C$_2$ | incenderit HC$_1$ || **1334** significans ... stellam *om.* HC$_1$C$_2$ | Pyrois (Pi- C$_1$) HC$_1$C$_2$ | appellavit] est appellatus HC$_1$C$_2$ || **1335** est stella HC$_2$

1324 hac E hanc E^{corr} | ait *add. post* hanc Z | Erasthosthenes F | a solis filio] solus L a solis filio L^{corr} | Phaenontam SNMRLAE Phetontam M^{corr}PFB Phetonte Z | dicit *om.* Z || **1325** plures E cum plures F | dixerunt MR scripserunt M^{corr} | patres F || **1326** incederet N | scripserunt *add. post* Iove P | fulmine] flumine EF | percussus ex *scholiis*] percussum *codd.* || **1327** deiectus est] deiecerit αLγ | est *om.* Z | a *om.* δ | sidera *om.* F sideratus W | sit *add. ante* perlatus αLγZ | delatus S || **1328** *Titulum ante* tertia *add.* De Marte BZ | est *om.* γ | Martis stella R || **1329** hanc AE | Herastosthenes F || **1330** Venerem uxorem M^{corr} | duxisse M^{corr} | et *om.* αAEW *compl.* M^{corr} || **1331** non *om.* Z *compl.* Z^{corr} | consequi Z assequi Z^{corr} || **1332** non *add. ante* impetravit AE | impetrarit F || **1333** eum amor δZ amorem R | incederet N || **1334** Pyroenta *edd.*] Pyriona (Phy- Nγ Pi- δZ) *codd.* || **1335** *Titulum ante* quarta *add.* De Venere B De Lucifero Z | est stella Z | est *om.* P *compl.* P^{corr} | Veneris est L

Iunonis esse dixerunt. Hunc eundem Hesperum appellari multis traditum est historiis; hic autem omnium siderum maximus esse videtur. Nonnulli hunc Aurorae et Cephali filium dixerunt, pulchritudine multos praestantem. Ex qua re etiam cum Venere dicitur certasse, ut etiam Eratosthenes dicit, eum hac de causa Veneris appellari, exoriente sole et occidente videri; quare, ut ante diximus, iure hunc et Eoum et Hesperum nominatum.

Quinta stella est Mercurii, nomine Stilbon, sed haec est brevis et clara; haec autem Mercurio data existimatur quod primus menses instituerit et perviderit siderum cursus. Evhemerus autem Venerem primam ait sidera constituisse et Mercurio demonstrasse.

ΣHC_1C_2

1337 multis ... historiis *om.* HC_1C_2 | hic autem] isque HC_1C_2 || **1338** esse *om.* HC_1C_2 | nonnulli hunc] quem nonnulli HC_1C_2 || **1339** multo HC_1C_2 | ex *om.* HC_1C_2 | nimium epaphum *(sic) add. post* re HC_1C_2 || **1340** dicitur *om.* HC_2 dicitur certasse *om.* C_1 || **1341** eum] eumque HC_1C_2 | qui quod *add. post* appellari HC_1C_2 || **1342** videri] videatur HC_1C_2 || **1342–1343** quare ... nominatum *om.* HC_1C_2 || **1344** sed *om.* C_1 || **1345** haec autem] quae HC_1C_2 | Mercurio ... existimatur *om.* C_2 | ideo *add. ante* quod HC_1 || **1346** primum HC_1C_2 | perviderit *om.* HC_1C_2 || **1348** quae stellae planetae sunt (sint C_2) dictae *add. post* demonstrasse HC_1C_2

1336 hanc eandem R P γ Z hunc eundem P^{corr} | Hesperam A E | appellatum W || **1337** haec R hoc A E || **1338** maxima R maximum E | filiam R filium R^{corr} || **1339** esse *add. ante* dixerunt R γ | pulchritudinem N R | praestantes E praestantem E^{corr} || **1340** dicit] ait F || **1341** eum *om.* Z | de hac γ | *ante* exoriente *add.* et L quod Z || **1341–1342** et occidente sole B Z || **1342** videtur Z | qua de re Z | hanc R | et[1] *om.* F δ | Eoum *Bursian*] Hedum α L A E Luciferum $M^{corr}P^{corr}$ F δ Z *LeBœu.* || **1343** Hesperam (Espe- E) A E | nominatam R A E nominatum E^{corr} || **1344** *Titulum ante* quinta *add.* De Mercurio B | est stella Z | Stirbon F | haec *om.* Z hae R || **1344–1345** brevis est F || **1345** autem *om.* δ || **1346** primus] prius F | mensis N meses R | constituerit B | Eumerus LZ Euemerus E Euhemerus E^{corr} || **1347** ait primam Z | ait *om.* P *compl.* P^{corr} || **1348** monstrasse L demonstrasse L^{corr}

2,43 Praeterea ostenditur circulus quidam in sideribus, candido colore, quem lacteum esse nonnulli dixerunt. Eratosthenes enim in Mercurio dicit infanti puero insciam Iunonem dedisse lac, sed, postquam rescierit eum Maiae filium esse, reiecisse eum ab se et ita lactis profusi splendorem inter sidera apparere.

Alii dixerunt dormienti Iunoni Herculem suppositum et experrectam id quod supra diximus fecisse. Alii autem Herculem propter nimiam aviditatem multitudinem lactis appetisse neque in ore continere potuisse; quod ex ore eius profusum circulum significasse. Alii dicunt, quo tempore Ops Saturno lapidem pro partu attulit, iussisse ei lac praebere; quae cum pressisset mammam, profuso lacte circulum deformatum, quem supra demonstravimus.

Nos autem omnium corporum deformationem dicere instituemus.

2,43 *Deest* Y | **1349** *Titulum add.* Lacteus circulus R De Lacteo circulo δ Figura Lactei circuli A | quidam *om.* P *compl.* P^{corr} quidem Z | candidum B || **1350** dolore M colore M^{corr} | esse *om.* LZ *compl.* L^{corr} | nonnulli esse R | Erastothenes F || **1351** enim] autem Z | in *om.* P^{corr}Lγ δZ | dicit Mercurio δ | puero] puro Z | insciam *om.* F || **1352** lacte SNMAE lac M^{corr} | rescierat B | Magie E || **1353** eum *om.* A | et *om.* αγδZ *LeBœu.* | itaque A || **1355** Iunoni *om.* Z *compl.* Z^{corr} | Herculum L || **1356** experrectam] expertam B || **1357** lactis multitudinem M^{corr} Pδ || **1358** in *om.* L *compl.* L^{corr} | eius ore Z | profusum eius B || **1358–1359** quod … significasse *om.* L *compl.* L^{mg} || **1359** dicuntur R | Opis N Obs LAE Ob F || **1360** attulisse F attulit F^{corr} | lactem SN lacte MAE lac M^{corr} | praebere lac R || **1363** dicere *om.* B | instituimus SM RPLFZ *LeBœu.*

LIBER TERTIVS

3,1 Igitur incipiemus a polo boreo protinus dicere, quo utraeque Arcti nixae vehuntur, arctico circulo clausae et ita collocatae ut alternis unaquaeque earum resupinata caput alterius tegere videatur, ita tamen ut caput eius quae superior fuerit ad caudam inferioris contendat. Harum maior in extremo circulo pedes habet fixos; praeterea habet in capite stellas septem omnes obscuras, in utrisque auribus binas, in humero claram unam, in pede novissimo duas, in summo interscapilio unam, in crure de posterioribus primo unam, in pede priore duas, in cauda ipsa tres. Ita totius sideris stellae sunt omnino XXI.

Minor autem habet in stationis unoquoque loco stellas singulas clare lucentes et supra caudam tres, omnino septem; sed in prioribus caudae stellis una est infima quae polus appellatur, ut Eratosthenes dicit, per quem locum ipse mundus existimatur versari, reliquae autem duae Choreutae dicuntur, quod circum polum versantur.

3,1 *Deest* Y | **1** *Titulum add.* de Vrsa maiore L Recapitulatio W de [8 *litterae*] B de Aquilonaribus sideribus Z | incipientes RP incipiemus P^{corr} | dicere *om.* N | quo *om.* N quia AE | utraque γ utraeque F^{corr} || **2** Arcti *ex Voss.* 4°92] Arctos *codd.* Arctoe *LeBœu.* || **3** alteris A alterius B | unaquaque Z | resupina S | alternis A || **5** caudam] caput A | interioris R inferioris R^{corr} || **7** in^1 *om.* AE || **8** in^1 … novissimo *om.* Z | de posterioribus *add. post* pede L | duos W | interscapulo L || **9** cruce AE || **10** in pede posteriore duas *add. post* duas Z | ita] in E || **11** omnino *om.* AZ || **12** de Vrsa minore *add. ante* minor L | autem] arcturus γ autem arctus Z | habet *om.* RP | in *add. ante* unoquoque E || **12–13** singulas stellas Z || **13** super L | tres] II AE | omnes R || **14** primoribus L prioribus L^{corr} | stellis *om.* N stella AE || **15** ut] et SNMPAE || **16** reliqui … duo αAE *LeBœu.* || **17** dicunt E | quae L | circa PγZ circulum N

3,2 Draco inter duas Arctos collocatus videtur corporis sinu facto Arctum minorem ita concludere ut paene pedes eius tangere videatur, cauda autem flexa caput maioris attingere et suo capite tamquam reducto circulum arcticum tangens corpus ut in spiram complicari; et si quis diligentius attenderit, videre poterit caput Draconis ad maioris Vrsae regionem caudae collocatum.

Hic habet in utroque tempore stellas singulas, in oculis singulas, in mento unam et toto corpore reliquo passim dispositas decem; ita omnino est stellarum XV.

3,3 Arctophylax. Huius manum sinistram circulus arcticus includit ita ut neque occidere neque exoriri videatur. Ipse autem positus ab arctico circulo ad aestivum definitur, inclinatus in longitudinem, dextro pede aestivo circulo nixus; huius humeros et pectus a reliquo corpore dividit circulus qui per utrosque polos transiens tangit Arietem et Chelas. Hic, quod cum Tauro et Geminis orientibus et Cancro et Leone occidit, ideo sero occidere dicitur; quo magis erectus

3,2 *Deest* Y | **18** *Titulum add.* de Dracone LδZ | duos AE | corpori R || **19** Arctum] arcturum γ || **20** cauda] gaudia N | minoris L maioris L^{corr} | attingeret W || **21** reducti circuli AE || **22** spiram *GrotiusBu.LeBœu.*] sphaerae *codd.* | complicare LZ | et] ut EF et ut Z | quid SN qui RPAE quis P^{corr} || **23** videre poterit] viderit R | videri αFZ videre P^{corr} | poterat B poterit B^{corr} || **25** utro R | singulas *ex Cantabr. R15.32 Dorv. 95^{corr} Bu.LeBœu.*] *om. rell. codd.* | singulis *add. post* oculis Z || **26** in *add. ante* toto Z || **27** ut *add. post* ita αδZ *LeBœu.* | omnes sint stellae R | est *om.* P sit Z *LeBœu.* | stellarum sit δ | sit *add. post* stellarum $M^{corr}P^{corr}$ || **3,3** *Deest* Y | **28** *Titulum add.* de Arctophilace (Arto- Z -fi- LW) LδZ | circulis W || **29** ne R neque R^{corr} || **30** autem] enim P | ad aestivum] in aestivo R in aestivum PL || **31** longitudine EF || **32** humerum L^{corr}AF umerus E humeros F^{corr} | circulos B circulis B^{corr} || **34** quod *om.* R^{corr} | et[1] *om.* P *compl.* P^{corr} | Geminos EF Geminis E^{corr} F^{corr} | orientibus *ex Leid. 225* P^{corr}] *om. rell. codd.* || **34–35** Tauro … Leone] Chelis et Scorpione et Sagittario R^{corr} || **35** occidere *om.* L *compl.* L^{corr} | qui P^{corr} quod L^{corr}δZ a pedibus pervenit ad terram, at plagius exoriens citius cum Chelis videtur.

Habet autem in manu sinistra stellas quattuor quae numquam occidere dicuntur, in capite stellam unam, in utroque humero singulas, in utraque mamma singulas, sed clariorem dextram, et sub ea alteram obscuram, et in cubito dextro claram unam, in zona unam clarius ceteris lucentem – haec stella Arcturus appellatur –, in utrisque pedibus singulas; quae omnino sunt XIIII.

Coronam humero sinistro prope contingere Arctophylax 3,4
videtur; qui autem Engonasin dicitur dextri pedis calce coniungit. Haec Cancro et Leone exoriente occidere, cum Scorpione exoriri perspicitur; habet autem stellas novem in rotundo dispositas, sed ex his tres clarius ceteris lucentes.

Engonasin. Hic positus inter duos circulos arcticum et 3,5
aestivum utrisque pedibus et dextro genu, quem ante diximus, arcticum circulum finit, ita tamen ut dextro pede prioribus digitis circulum terminet, sinistro autem toto caput Draconis opprimere conetur; humeris autem velut sustinens circulum aestivum et manu dextra proiecta tangens, laevam

36 at plagius] ad plagas LAE at pedibus R^{corr} at P^{corr}FδZ | exorientis LA exorienti E | cum *Ditt.*] quam αγδZ *Bu.* qui L || **37** Chelas SNMR Chelus P Chelae M^{corr}R^{corr}P^{corr}LFδZ || **38** quattuor *om.* Z *compl.* Z^{corr} || **40** singulas] II E | utroque R utraque R^{corr} | mammae N | lucidiorem Z || **41** eam E | et *om.* γ || **41-42** unam claram γ || **42** autem *add. post* zona R | ceteris *om.* R || **43** utrosque R utrisque R^{corr} || **44** quae *om.* P | omnes R | XIIII *om.* B || **3,4** *Deest* Y | **45** *Titulum add.* de Corona LδZ | prope humero sinistro E || **46** quae R^{corr}B | autem *om.* R^{corr} etiam AE | Egonasin N Angonasin P Engonasin P^{corr} | dicitur *ex Leid. 225* P^{corr}] *om.* αLγδ vocatur Z | dextro L dextri L^{corr} | calci R^{corr} *om.* B | coniungitur R^{corr}Z || **47** hic δ || **48** prospicitur Z | novem] XIIII AE || **49** ex *om.* RP *compl.* P^{corr} | ceteris *om.* Z *compl.* Z^{corr} || **3,5** *Deest* Y | **50** *Titulum add.* de Engonasin δZ | Egonasin N | duo N || **52** circulum] circum Z | itaque δ ita B^{corr} | primoribus SNMRγ prioribus M^{corr}F^{corr} || **52-53** finit … circulum *om.* L *compl.* L^{corr} || **53** circulum] circum N || **54** Veneris N humerus RP humeris P^{corr} || **54-55** aestivum circulum PZ || **55** porrecta dextra R dextra porrecta LAF | laeva SNRPAE laevam P^{corr}

autem e regione ad sinistrum genu porrigens aequali intervallo circuli aestivi et genus sinistri. Hic occidens capite prius quam reliquo corpore devenit ad terram – qui, cum totus occidit, ut pendere pedibus ex arctico circulo videtur – exoriens ante pedibus quam reliquis membris.

Habet autem in capite stellam unam, in sinistro brachio unam, in utroque humero singulas clare lucentes, in manu sinistra unam, in dextro cubito alteram, in utroque latere singulas, sed clariorem in sinistro, in dextro femine duas, in genu unam, in poplite unam, in crure duas, in pede unam quae dicitur clara, in sinistra manu quattuor quas pellem leonis esse nonnulli dixerunt.

3,6 Lyra. Haec posita est contra regionem eius loci qui est inter genu et manum sinistram eius qui Engonasin vocatur; cuius ipsa testudo spectat ad arcticum circulum, summum autem cacumen ad polum notium contendere videtur. Haec lyra Virgine exoriente occidere, cum Sagittario exoriri perspicitur.

ΣH C_1C_2 (*ab* Lyra)

68 haec] autem HC_1C_2 | loci *om.* HC_1C_2 | locus *add. post* qui HC_1C_2 || **70** ad *om.* HC_1C_2 || **71-72** haec lyra] quod signum HC_1C_2 || **72** oriente HC_1C_2

56 ad sinistrum] sinistra SNMRAE sinistrum P sinistri L ad sinistrum $M^{corr}L^{corr}$ || **57** genus *LeBœu.*] genu *codd.* | sinistro SMRPAE sinistra N sinistri $M^{corr}P^{corr}$ | autem *add. post* hic F || **57-58** hic … terram *om.* L *compl.* L^{corr} || **58** pervenit Z || **59** pendens L | videt P videatur AEδZ videtur P^{corr} || **59-60** ex … pedibus *om.* L || **60** reliqui R | devenit ad terram *add. post* membris L || **61** stellam *add. post* brachio R || **62-63** sinistra mȧnu B || **63** sinistro N | alteram] I E || **64** femore E || **65** police N duas] unam B || **66** qui N || **67** esse *om.* B | nonnulli esse L | *post* dixerunt *add.* sunt XVIIII AE sunt omnes XVIIII F omnino sunt X et VIIII Z || **3,6** *Deest* Y | **68** *Titulum add.* de Lira quae et Eides L de Lyra (Li- Z) δZ | autem *add. post* Lyra L | est posita R | locus *add. post* qui αLδZ *LeBœu.* || **69** Egonasin N | nominatur L || **70** ipse P ipsa P^{corr} | testudio N testitudo A | ad] at B || **72** prospicitur Z

Habet autem in ipsis testudinis lateribus singulas stellas, in summis cacuminibus eorum quae in testudinem ut brachia sunt coniecta singulas, in mediis isdem quos humeros Eratosthenes fingit singulas, in scapulis ipsius testudinis unam, in ima lyra quae ut basis totius videtur unam.

Olor. Huius una ala est ad circumductionem huius cir- 3,7
culi qui arcticus vocatur, contingens extremum pedem sinistrum eius qui Engonasin vocatur; sinistram autem alam habet paululum extra circulum aestivum, paene coniungens pedibus Pegasi. Aestivus autem circulus rostrum eius a reliquo corpore dividit, cauda iungitur extrema cum capite Cephei. Hic cum Virgine et Chelis orientibus occidens prius capite quam reliquis membris devenit ad terram; exoritur autem cum Capricorno.

Hic habet in capite stellam clare lucentem unam, in collo

ΣH C_1C_2 (*usque ad* videtur unam *et ab* exoritur *usque ad* Capricorno)

75 testudine HC_1C_2 ‖ **77** fingit dicit HC_1C_2 | in *om.* HC_1 ‖ **78** in ima … unam] unam in basi HC_1 in basi unam C_2 ‖ **87** Capricornu C_2 | *post* Capricorno *add.* stellas habet XIIII HC_1 stellas habet XIII C_2

75 testitudinem S testudine Lγ ‖ **76** sint B | collecta SNWZ collocata Lγ *om.* B | modiis A ‖ **76–77** in mediis … singulas *om.* RP *compl.* P^{corr} ‖ **77** hostenes B Erathostenes B^{corr} | finit SNM fingit M^{corr} | singulis N ‖ **78** una SR I Pγ II L | lyrae (li- L) Lγ | videatur A ‖ **3,7** *Desunt* Y *toto capitulo et* A *ab* ad circumductionem | **79** *Titulum add.* de Olore qui et cignus L de Olore δZ | ala una A | alia M ala M^{corr} | est ala L ‖ **80–81** contingens … vocatur *om.* R ‖ **81** Egonasin N | habens B ‖ **82** paululo NM paululum M^{corr} | extrema M extra M^{corr} | contingens L ‖ **83** pedibus *om.* P *compl.* P^{corr} ‖ **84** Cepher B Zephei Z ‖ **85** hic *om.* E | cum *om.* δ | orientibus *om.* αLEFδ exorientibus P^{corr} ‖ **86** ceteris L | advenit M venit Z devenit M^{corr} | ad terram] alteram N alteram pari fulgore, in utrisque pennis quinas, supra caudam unam, omnino habet stellas XIII.

3,8 Cepheus a tergo minoris Arcti constitutus includitur arctico circulo a pedibus ad pectus, ut praeter humeros et caput eius nihil occidere videatur, neque longe abest a flexu Draconis quem capite primum efficere videtur. Cepheus autem manibus utrisque proiectis figuratus tanto dissidet intervallo a pedibus Arcti minoris quantum spatium inter pedes Cephei videtur; huius corpus Scorpione exorto occidere, cum Sagittario exoriri perspicitur.

Hic autem habet in capite stellas duas, in manu dextra unam, item in cubito obscuram unam, in sinistra manu et humero singulas, in dextro humero unam; in zona quae medium eius dividit corpus tres stellae clarae videntur, in latere dextro obscura una, in sinistro genu duae, in utrisque pedibus singulae, supra pedes stellae quattuor. Hic totus omnino est stellarum XVIIII.

3,9 Cassiepia sedens in siliquastro collocata est cuius sedilis et ipsius Cassiepiae pedes positi sunt in ipsa circumductione circuli qui arcticus vocatur; effigies autem corporis ad aestivum circulum pervenit, quem capite et dextra manu

89 fulgure N | pennas L || **90** omnes R | XII SNMREF tredecim M^{corr} || **3,8** *Desunt* AY | **91** *Titulum add.* de Cepheo LδZ | Arcturi REF Arctur R^{corr} | arcti eo B || **94** autem *om.* E || **95** porrectus R proiectus P proiectis P^{corr} | tanto] natus N | dedisset R desidet E || **96** Arcturi RE || **97** Scorpionis exortu RP || **99** autem *om.* B || **100** item ... unam *om.* M *compl.* M^{corr} || **101** humero^{1}] humeros SN | et *add. post* singulas W || **102** tres *om.* B || **103** obscuram unam MZ obscuram I RPLEF | duas M^{corr}Z II RPLEF | in^{2} *om.* SNMP *compl.* P^{corr} || **104** singulas RL | super N | IIII stellae E | ordo *add. post* omnino R || **105** XIIII B XVIIII B^{corr} || **3,9** *Desunt* AY | **106** *Titulum add.* De Cassipia L de Cassiepia (Casi- WZ) δZ | Casiaepiea R Casiepia (-phya F) FWZ | sedis N sedile RL sedilis L^{corr} || **107** Casiaepiae R Casiepiae (-phiae F Ka- W) FWZ | ipsam circumductionem SNMRLE ipsa circumductione L^{corr} || **109** et] a R | manu dextera B tangit. Hanc prope mediam dividit circulus is qui lacteus appellatur, proxime Cephei signum collocatam; haec occidens cum Scorpione oriente, capite cum sedili resupina ferri perspicitur, exoriri autem cum Sagittario.

Huius in capite stella ostenditur una, in utroque humero una, in papilla dextra clara una, in lumbis magna una, in sinistro femine duae, in genu una, in pede primori dextro una, in quadrato quo sella deformatur in angulis utrisque singulae clarius ceteris lucentes; haec igitur est omnino stellarum XIIII.

Andromeda proxime Cassiepiam supra caput Persei, 3,10
brevi intervallo dissidente, collocata perspicitur, manibus diversis iuncta, ut antiquis historiis est traditum. Cuius caput equi Pegasi ventri coniungitur; eadem enim stella et umbilicus Pegasi et Andromedae caput appellatur. Huius medium pectus et manum sinistram circulus aestivus dividit, occidit autem cum Pisce de duobus secundo, quem Andromedae subiectum brachio supra diximus, exoriente Libra et Scorpione, capite prius quam reliquo corpore perveniens ad terram; exoritur autem cum Piscibus et Ariete.

Haec, ut supra diximus, habet in capite stellam clare lucentem unam, in utroque humero unam, in cubito dextro

110 vocatur B || **111** prope Z | signum Cephei B | signo S | collocatum NLEδ appellatam RP collocatam P^{corr} || **112** cum *om.* δ | oriente *ex Leid. 225 Fitzw.165 Pal.1363*] *om. rell. codd.* | resupino M^{corr}P resupinata L^{corr}EF || **114** in capite *om.* R || **115** in papilla … magna una *om.* Z | capilla R || **116** femore L | primori *om.* δZ priore L priori EF | in genu … pede *om.* E || **117** qua δ | stella SNMPE sella M^{corr}P^{corr} | I *add. post* sella F *post* deformatur L | VIII *post* deformatur *add.* Z || **118** lucentes ceteris R | hic R | est *om.* Z | numerus *add. post* est R || **119** XI L XVIIII E XIII δ XII L^{corr} || **3,10** *Desunt* AY | **120** *Titulum add.* de Andromeda LδZ | prope L proxima E | Casiepiam RWZ Cassiephiae E | sub δ || **121** diversas E diversis E^{corr} || **123** ventre SNMPEFδZ || **124** Pagasi N || **126** primus *add. post* secundo M^{corr} | Andromadae B || **127** brachios N || **128** pervenit L || **129** autem *om.* E *compl.* E^{corr} || **130** ut *om.* SNMR | supra ut M^{corr}Pδ | claram L | lucente N unam, in ipsa manu unam, in sinistro cubito unam, in brachio unam, in manu alteram, in zona tres, supra zonam quattuor, in utroque genu unam, in pedibus autem binas; ita omnino est stellarum XX.

3,11 Perseus. Huius sinistrum crus et humerum laevum circulus aestivus a reliquo corpore dividit; ipse manu dextra arcticum circulum tangit, dextro pede caput Aurigae premere velut currens videtur. Idem occidens Sagittario et Capricorno exorto, inclinatus ad caput versus, cum Ariete et Tauro rectus exoritur.

Habet autem in utroque humero stellam unam, in manu dextra clare lucentem unam, qua falcem tenere dicitur – quo telo Gorgona interfecit –, in sinistra alteram qua caput Gorgonis tenere existimatur. Habet praeterea in ventre stellam unam, in lumbis alteram, in dextro femine unam, ad genu unam, in tibia unam, in pede unam obscuram, in sinistro femine unam et in genu alteram, in tibia duas, in sinistra

ΣHC$_1$ (*ab* huius *usque ad* dividit, *sed* H *difficilis lectu est*)

136 cuius C$_1$ | crus *om.* C$_1$ | humerum laevum] humeralem C$_1$ || **137** a reliquo corpore *om.* C$_1$

132 in ipsa manu unam *om.* E || **133** alteram] altera unam B | super P insuper E || **134** quattuor] III N | autem *om.* P | binas] singulas Z || **135** est *om.* LF | ordo *add. post* est P | XXI L || **3,11** *Desunt* AY | **136** *Titulum add.* de Perseo LδZ | Persei L | huius *om.* L | sinistram crurem E || **137** dextra] sinistra F | Arctoum SP arctum N arctocum M arctum vel R arcticum M^{corr}P^{corr} || **138** dextro tangit N || **139** velut currens *om.* F *compl.* F^{corr} | item P idem P^{corr} || **140** exortis LEF | ad *om.* M^{corr}WZ || **140-141** inclinatus ... exoritur *om.* B || **142** autem *om.* RPZ || **143** clare lucentem] claram F | quae E qui B || **144** Gorgana N | sinistram F | quae E || **145** ventrem R || **146** femore LEF | unam *om.* αLEF *compl.* P^{corr} | ad] in M^{corr}PδZ || **147** obscuram unam Z | femore LEF || **148** unam] II R | et *om.* PEZ | alteram] unam Z manu, quod Gorgonis caput vocatur, stellas quattuor; omnino est stellarum XVIIII.

Caput eius et falx sine sideribus apparet; hunc Aratus, cum diceret inter sidera κεκονισμένον figuratum, acceperunt complures eum pulverulentum dicere, quod minime convenit posse inter sidera etiam pulverulentum apparere. Quod si esset, dignior erat Orion, cui idem ascriberetur, primum quod assidue est venatus et semper in terra fuit, deinde quod adhuc inter sidera venari videtur. Perseus autem, qui assidue volaret, non potest pulverem habere. Quid igitur est? Cum vellet Aratus eum currentem obscure significare, usus Aetolorum consuetudine eum κεκονισμένον dixit. Aetoli enim, cum volunt aliquem decurrere significare, ἀποκονῖσαι dicunt, id quod Aratus vult demonstrare, non ut illum volantem assidue pulverulentum dicat; quod a multis est perperam intellectum.

H e n i o c h u s autem circulo aestivo genuum fine, praeter- 3,12
ea ab humero sinistro usque ad zonam dividitur ab eo quem supra lacteum orbem diximus; huius dexter pes Tauri sinistro cornu stella coniungitur una, manibus ut lora tenens figuratur. Cuius in humero sinistro Capra, in manu autem duo

149 quae L | caput Gorgonis R || **150** est *om.* PE *compl.* E^{corr} ordo R | XVII RL || **151** et *om.* B *compl.* B^{corr} | appareret R apparent PZ | Aratus hunc P | Arctus R || **152** ceconismenon inter sidera B || **153** puerulentum N | dictum E || **154** pulverulentum etiam inter sidera B | etiam *om.* F | pulverulentum *om.* W || **155** ascribitur F || **156** est *om.* B | denique P deinde P^{corr} | quod *om.* F || **157** venare L || **157-158** Perseus … habere *om.* L *compl.* L^{corr} || **158** volarit RB | poterat L || **159** Arctus N | Aetelorum (Ethe- P) RP || **160** Aeteli R Aetoli R^{corr} || **162** Eratus SN | illum *om.* δ ullum α || **163** pulverulentem N | perperam est LEFδ *Le Bœu.* || **3,12** *Desunt* AY | **165** *Titulum add.* de Heniocho (-co L) Lδ de Enocho Z | aestivo circulo Z || **167** pes dexter L || **168** manu L || **169** in^{1} *om.* R | manibus R | autem *om.* P | duo] II SNM duabus RP

Haedi duabus stellis formati dicuntur. Totus autem pedibus Persei subiectus, caput habens contra Vrsae maioris aspectum; hic occidere Sagittarii et Capricorni exortu videtur, exoriri autem cum Ophiucho et Engonasi videtur.

Habet praeterea in capite stellam unam, in utroque humero unam, sed in sinistro clariorem quae Capra vocatur, in utroque cubito unam, in manu duas quae Haedi appellantur, stellis prope occidentibus ficti.

3,13 Ophiuchus inclinatus a capite ut qui resupinari videtur, manibus anguem tenere figuratus; huius autem humeri aestivo circulo dividuntur a reliquo corpore, ipse genuum fine ab aequinoctiali circulo terminatur, pede sinistro premens oculos, dextro autem testudine Scorpionis innixus.

Anguis autem qui ab eo tenetur prope extremo ore Coronam contingit, medium ut praecingens Ophiuchum, a cauda brevior quam superiore corpore, qua manus sinistra ipsius signi figuratur, ita tamen ut extrema cauda circulum aequinoctialem cum Aquilae cauda iungat. Occidens exortu Geminorum, Cancri, Leonis, pervenit ad terram, exoriens autem cum Scorpione et Sagittario apparet.

170 haedi II F haedi F^{corr} | duabus *om.* αLZ *compl.* L^{corr} | figurati δ | totas N || **170–171** Persei pedibus B || **171** Vrsae] se P Vrsae P^{corr} | aspectus F || **172** videtur *om.* Z || **173** exoriri ... videtur *om.* RPLEδ *compl.* P^{corr} | cum *om. LeBœu.* | videtur] occidentibus P^{corr} | occidentibus *add. ante* videtur Z || **174** praeterea habet B || **175** sed *om.* P *compl.* P^{corr} | clariores M^{corr}P clariorem P^{corr} | Caprae E Capra E^{corr} | videtur R vocatur R^{corr} || **176** unam] II R || **177** accidentibus M | facti Eδ || **3,13** *Desunt* AY | **178** *Titulum add.* de Ophiucho (-co LW) LδZ Formatio Ophyuchi id est Anguitenentis E | ut qui] atque R qui P ut F ut qui P^{corr} | resupinus R | videatur F || **179** anguem manibus L | unguem N | tenere] terrae N | figuratur Z | est *add. post* figuratus L || **180** ab *add. ante* aestivo L | ipso L ipse L^{corr} || **181** fine *om.* B *compl.* B^{corr} | praebens E premens E^{corr} || **182** testudini RPLFδZ *LeBœu.* || **184** contigit N | Ephiuchum N || **185** quam *om.* P quem B quam P^{corr}B^{corr} | manu RP manus R^{corr}P^{corr} || **186** signi *om.* RL *compl.* L^{corr} | ut] in R || **187** iungatur R | exorto P exortu P^{corr} || **188** et *add. ante* Leonis M^{corr}P^{corr}Z^{corr}

Hic habet in capite stellam unam, in utroque humero singulas, in sinistra manu tres, in dextra quattuor, in lumbis duas, in utroque genu singulas, in dextro crure unam, in utroque pede singulas, sed clariorem in dextro; itaque est omnino stellarum XVII.

Anguis autem habet in summo capite duas, sub capite quattuor uno loco omnes, ad manum ipsius Ophiuchi sinistram duas, sed quae maxime ad corpus eius accedit clariorem et in dorso Anguis ad ipsam corporis coniunctionem quinque et in prima curvatura caudae quattuor; in secunda caput versus habet stellas sex; ita est omnino trium et XX stellarum.

S a g i t t a inter duos circulos aestivum et aequinoctialem 3,14
supra Aquilae signum posita, dividitur ab eo circulo qui utroque polo subiectus ad Cancrum et Capricornum pervenit. Huius acumen ad Equi pedum regionem spectat, altera pars ad humeros Ophiuchi tendit; haec occidit Virginis ortu, oritur autem cum Scorpione.

ΣC_1C_2 (*ab* Sagitta)

202 duos] quos C_1C_2 || **204** est *add. post* subiectus C_2 || **205** cacumen C_2 || **206** humeros] meros C_1C_2 | tendit *om.* C_1C_2 | exortu C_1C_2 || **207** exoritur C_1C_2 | cum Scorpione] Scorpion C_1

191–192 in sinistra ... genu singulas *om.* RPE *compl.* P^{corr} || **193** pede *om.* P *compl.* P^{corr} | est *om.* FB *compl.* F^{corr} || **193–194** omnino est L || **194** omnis R | ordo *add. ante* stellarum R || **195** *ante* anguis *titulum add.* de Serpente L de Angue δ | autem *om.* F | stellas *add. ante* duas F || **196** manu N | Oephiuchi N || **197** eius *om.* NZ *compl.* Z^{corr} | accidit N | clarior est W || **199–200** et in prima ... stellas sex *om.* N || **200** capite E | stellas habet P | stellas *om.* L *compl.* L^{corr} | sex] VII L^{corr} | est *om.* L | omnis R | ordo *add. post* omnis R | trium et XX] XXIII F || **200–201** stellarum IIIum et XX R || **3,14** *Desunt* AY | **202** *Titulum add.* de Sagitta (-ta W) LδZ | duo NM || **203** supra ... posita] signo Aquilae superposita P | super M^{corr}Fδ | signum Aquilae R | dividitur] videtur B || **205** caumen R cacumen EF | pedem S | exspectat SNMLE spectat M^{corr} || **206** humerum R | orto M ortu M^{corr} || **207** autem *om.* P *compl.* P^{corr}

Habet omnino stellas quattuor quarum una in principio materiae, altera in medio, duae reliquae in eo loco quo ferrum solet affigi diversae videntur.

3,15 Aquila ala dextra non multum extra circulum aequinoctialem prodire, sinistra autem non longe a capite Ophiuchi figurata videtur. Praeterea rostrum eius a reliquo corpore dividit circulus quem supra diximus a Cancro ad Capricornum pervenire; media autem finitur ab eo quem supra lacteum orbem demonstravimus esse. Haec occidit exorto Leone, exoritur autem cum Capricorno, habens in capite stellam unam, in utraque penna unam, in cauda unam.

3,16 Delphinus non longe ab Aquilae signo figuratus incur-

ΣC_1C_2 (*usque ad* videntur), HC_1 (*ab* Aquila *usque ad* unam) et C_1 (*ab* Delphinus)

208 est *add. post* una C_1C_2 || **209** ferrum] fere C_1 ferre C_2 || **210** affigi] aere figi C_1C_2 || **211** Aquila] eius HC_1 | extra *om.* C_1 || **212** Ophiuchi *om.* HC_1 || **213** propterea C_1 | eius a *om.* C_1 || **213-214** dividit circulus] dividitur cuius HC_1 || **214** ad] et HC_1 || **215** media autem] in medium HC_1 | orbem *om.* C_1 || **216** esse *om.* HC_1 | haec *om.* C_1 | oritur HC_1 || **217** habet HC_1 | capite] pede HC_1 || **218** penna] tibia HC_1 || **219** Aquilae signo] Aquila C_1

208 autem *add. post* habet F | omnes R || **209** eo *om.* L || **210** videntur diversa Z diversa videntur Z^{corr} || **3,15** *Desunt* AY *toto capitulo et* E *ab* quem supra lacteum | **211** *Titulum add.* de Aquila Lδ Z | Aquilae RB | dextra ala Z || **212** a *om.* αEFδ || **213** figura EF | videntur F videtur F^{corr} | propterea R || **214** qui R | Capricorno R Capricornum R^{corr} || **216** exortu N orto LW occidente B exorto L^{corr} || **217** autem *om.* Z || **218** in utraque penna unam *om.* M *compl.* M^{corr} | unam[1]] una SN I MRPLFZ || **3,16** *Desunt* AEY | **219** *Titulum add.* de Delphino LδZ | Delphin SNMPδ | Aquilo P Aquilae P^{corr} | signi N | figuratur αZ figuratus $M^{corr}P^{corr}$

vatione caudae novissimae tangit aequinoctialis circuli circumductionem, capite prope coniungens equi Pegasi rostrum. Hic exoritur cum Sagittarii posteriore parte, occidit autem cum Virgo exorta est a capite.

Habet autem in capite stellas duas, supra caput ad cervicem versus duas, ad ea quae in ventre velut pennae videntur habet stellas tres, in scapulis unam, in cauda duas; omnino est stellarum VIIII.

Equus arcticum circulum spectans pedibus aestivo orbe 3,17
niti, extremo ore caput Delphini tangere videtur, Aquarii manum dextram cervice sua coniungens et utrisque Piscibus clausus, quos in duodecim signis postea demonstrabimus. Huius in stellis corpus apparet usque ad umbilicum deformatum. Qui occidit cum Pisce de duobus primo, qui supra tergum eius est fictus; exoritur cum Aquario toto et cum Pisce cum quo occidit et manu Aquarii dextra.

Hic habet in rostro stellas duas obscuras, in capite unam, in maxilla unam, in utrisque auribus singulas, in cervicibus

ΣC$_1$ (*usque ad* posteriore parte)

221 autem *add. post* capite C$_1$ | equi] qui C$_1$ || **222** stellarum sunt novem *add. post* parte C$_1$

221 capiti R | contingens PLZ^{corr} | rostro L rostrum L^{corr} || **223** a *om.* Z *compl.* Z^{corr} | a capite] ad capitis L^{corr} | *post* capite *add.* finem SNMP^{corr} hic R *om.* M^{corr} || **224** autem *om.* RP *compl.* P^{corr} | ad *om.* M^{corr}F || **225** versas δ || **226** stellas *om.* B | autem *add. post* scapulis SM^{corr}RPZ || **226–227** est omnino P || **227** ordo *add. post* stellarum R | VIIII] X LZ || **3,17** *Desunt* AEY | **228** *Titulum add.* de Equo LδZ | Equis M Equus M^{corr} | exspectans SNM spectans M^{corr} | aestivi SNP aestivo P^{corr} | orbi R || **229** Aquari SP Aquarii P^{corr} || **230** manuum M manum M^{corr} | dextram] sinistram L | cervici suae L | contingens B^{corr} || **231** demonstrabimus postea Z | demonstravimus SN || **234** eius *om.* SNM | est *om.* RP *compl.* P^{corr} | fixus M^{corr}RPLF *LeBœu.* | toto *om.* P *compl.* P^{corr} | cum *om.* FZ || **235** quae P quo P^{corr} | manus MR L^{corr}FδZ || **236** labro R carostro B || **237** maxillam F quattuor obscuras, sed maxime lucet quae capiti proxima apparet, in humero claram unam, in pectore unam, in interscapilio unam, in umbilico novissimam unam quae Andromedae caput vocatur, in genibus utrisque singulas, in utrisque poplitibus singulas; ita est omnino stellarum XVII.

3,18 Deltoton autem in triangulum deformatur aequis lateribus duobus, uno breviore, sed prope aequali reliquis inter aestivum et aequinoctialem circulum supra caput Arietis non longe ab Andromedae dextro crure et Persei manu sinistra collocatum; cum Ariete toto occidens, exoriens autem cum eiusdem dimidia priore parte, habet stellam in unoquoque angulo unam. Nunc protinus duodecim signorum figurationem dicemus, quorum est princeps Aries.

3,19 Aries in aequinoctiali circulo consistens caput ad exor-

ΣHC_1C_2 (*ab* Deltoton *usque ad* dextro crure) et HC_1 (*ab* Aries)

243 in] ut HC_1C_2 | a triangulum HC_1 a triangulo C_2 | deformatur] demonstratur HC_1 demonstraretur C_2 || **244** breviore] priore C_1C_2 || **246** *post* crure *add.* habet III H habet stellas tres C_2 || **251** circulo aequinoctiali HC_1

238 licet N | capite SN | proxime R || **239** in^{3} *ex Gron. 21 Leid. 225 Reg. 123 et 1207*] *om. rell. codd.* | inscapilio L inter scapulas BZ interscapilio L^{corr} || **241-242** in utrisque poplitibus singulas *om.* L || **242** omnino] ordo R | XVI NL XVIII *Bu.LeBœu.* || **3,18** *Desunt* AEY | **243** *Titulum add.* de Deltoton LWZ de Deltonte B | in] ut NMLδZ in M^{corr} | triangulo P triangulus L triangulum P^{corr} | quodam modo *add. post* aequis L || **245** circulum et aequinoctialem F | aequinoctiali SRP aequinoctialem P^{corr} || **247** collatum B | toto *om.* F | oriens L | autem *om.* W || **248** eisdem N | parte priori F | et *add. ante* habet L^{corr} | stellam *om.* R | in *om.* Z *compl.* Z^{corr} | unoquoque] utroque N || **249** de XII signis. de Ariete *add. post* unam Z || **249-250** Nunc … aries *om.* F || **250** dicimus δ | princeps est L | Aries *om.* αBZ || **3,19** *Desunt* AEY || **251** *Titulum add.* de Ariete Lδ || **251-252** ad exortus habens N habens ad exortum RLF tum habens conversum, occidens a primis pedibus et exoriens caput infra Triangulum, quod supra diximus, tenens collocatum, pedibus prope coniungens caput Pistricis.

Habet autem in capite stellam unam, in cornibus tres, in cervice duas, in pede priore de primis unam, in interscapilio quattuor, in cauda unam, sub ventre tres, in lumbis unam, in pede posteriore unam; omnino est stellarum XVIII.

Taurus ad exortum signorum dimidia parte collocatus ut 3,20
incipere genua defigere ad terram videtur, caput eodem habens attentum; genua eius a reliquo corpore dividit circulus aequinoctialis; cornu sinistrum, ut supra diximus, coniungitur cum dextro pede eius qui Auriga appellatur. Inter huius finitionem corporis et Arietis caudam stellae sunt septem, quas Vergilias nostri, Graeci autem Pleiadas appellaverunt.

Hic aversus occidit et exoritur; habet autem in cornibus

ΣH (*usque ad* XVIII) et C_1 (*usque ad* posteriore unam)

252 exortus H || **253** caput *om.* HC_1 | tenens *om.* HC_1 || **254** Pistricis caput C_1 || **256** interscaplo H inter scapula C_1 || **257** sub] in HC_1 || **258** est … XVIII] sunt stellas X et VII H

252 oriens P || **253** capite αLF caput $M^{corr}P^{corr}L^{corr}$ | et *add. ante* infra F | intra Z | et *add. post* quod δ || **254** collatum B | contingens $PL^{corr}FWZ$ | caput contingens B | Pistricis caput L || **256** in^2 *ex Gron. 21 Leid. 225 Reg. 123 et 1207*] *om. rell. codd.* | inscapilio PL interscapilio $P^{corr}L^{corr}$ || **257** sub ventre tres *om.* B | tres] quatuor P unam SNMRW tres P^{corr} | in lumbis unam] tres in lumbis SNMLδ in lumbis tres R || **257-258** in pede … unam] unam in pede posteriore SNMδ || **258** est *om.* P | ordo *add. post* est R | XVII S $M^{corr}P^{corr}L^{corr}$ X et VII δ || **3,20** *Desunt* AEY | **259** *Titulum add.* de Tauro LδZ | ad *om.* P *compl.* P^{corr} | ortum Z | collocatus ad exortum signorum dimidia parte F || **260** genua] genu ac $M^{corr}P^{corr}L^{corr}F\delta Z$ | deficere αF | videtur ad terram L | videntur NR^{corr} videtur N^{corr} || **261** ad terram F adtentum F^{corr} || **261-262** aequinoctialis circulus R || **262** cornum N | sinistro $PL^{corr}F\delta Z$ | supra *om.* Z || **263** dextro] sinistro αLFδ dextro $P^{corr}B^{corr}$ || **264** caudae N || **265** Virgilias NPL Vergilias L^{corr} | nostri Virgilias (Ver- F^{corr}) F | sabini *add. ante* nostri M *om.* M^{corr} | nostri *om.* SN || **266** adversus N | exoritur et occidit δ | oritur P | autem *om.* P singulas stellas, sed in sinistro clariorem, in utrisque oculis singulas, in fronte media unam, ex quibus locis cornua nascuntur singulas; quae septem stellae Hyades appellantur, etsi nonnulli, quas duas diximus novissime, stellas negaverunt esse, ut omnino Hyades essent quinque. Praeterea in sinistro genu priore habet stellam unam et supra ungulam unam, in dextro genu unam et in interscapilio tres, novissimam earum ceteris clariorem, in pectore unam; quae sunt omnino praeter Vergilias XVIII.

3,21 Gemini ab Aurigae dextra parte supra Oriona collocati videntur, ita tamen ut Orion inter Taurum et Geminos sit constitutus; capita eorum dividuntur a reliquo corpore circulo eo qui aestatem definire supra est dictus. Vt complexa corpora inter se tenentes occidunt directi a pedibus, exoriuntur autem inclinati ut iacentes.

Sed de his qui Cancro est proximus habet in capite stellam unam claram, in utrisque humeris singulas claras, in dextro cubito unam, in genibus utrisque singulas, in pedibus utrisque primoribus singulas.

Alter autem in capite unam, in sinistro humero alteram,

267 clarior est L clariorem L^{corr} | in *om.* SNMPLδ *compl.* L^{corr} | utriusque N || **268** singulis N | mediam R medio F | nascantur SN || **269** singula W | Hyade R || **270** negaverunt stellas P || **272** priore *om.* δ || **273** *post* genu unam *add.* vacuum et cervicem SNM et cervicem vacuam R vacuum et cervice P et in cervice vacuam (vacua F^{corr}) unam LF^{corr} vacuam in cervice Z^{corr} *om.* M^{corr}P^{corr} | et *om.* RP | in^{2} *ex Leid. 225*] *om. rell. codd.* || **275** Virgilias NRL Vergilias L^{corr} | XVIIII RPF XX L XIIII Z XV L^{corr} XVIII P^{corr} || **3,21** *Desunt* AEY | **276** *Titulum add.* de Geminis LδZ | Auriga α Aurigae M^{corr}P^{corr} | Orionem L Orione B Oriona B^{corr} | collocata R collocati R^{corr} || **279** quae L qui L^{corr} | definiri R | dictus est Z | ita *add. ante* ut L || **280** occidant L || **282** quae SN || **283** que P utrisque P^{corr} || **285** primoribus *om.* δ prioribus PL^{corr}FZ^{corr} umeris M primoribus M^{corr}P^{corr} || **286** alteram] I LF unam *LeBœu.* | *post* alteram *add.* in dextro humero alteram L *LeBœu.* in dextro humero I F in utrisque mammis singulas, in sinistro cubito unam, in sinistro genu unam, in pedibus utrisque singulas et infra sinistrum pedem unam, quae Πρόπους appellatur.

Cancer. Hunc medium dividit circulus aestivus ad Leo- 3,22
nem et exortus spectantem, paululum supra caput Hydrae collocatum, occidentem et exorientem posteriore corporis parte.

Hic autem habet in ipsa testa stellas duas quae Asini vocantur, de quibus ante diximus, in dextris pedibus singulas obscuras, in sinistro primo pede duas et in secundo duas obscuras, in tertio unam, in quarto primo unam obscuram, in ore unam, in ea quae Chela dexterior dicitur tres similes, non grandes, in sinistra similes duas; omnino est stellarum XVII.

Leo spectans ad occasum supra corpus Hydrae a capite 3,23
qua Cancer instat usque ad mediam partem eius constitutus, medius aestivo circulo dividitur ut sub ipso orbe priores pedes habeat collocatos, occidens a capite et exoriens.

Hic habet in capite stellas tres, in cervicibus duas, in pec-

287 in sinistro cubito unam *ego*] in sinistro humero unam SN M$P^{corr}$$Z^{corr}$ *om.* PFδ infra sinistrum pedem unam Z in dextro humero unam R in dextro genu L *LeBœu.* || **288** pedibusque R utrisque pedibus L | et *om.* M^{corr}RPZ *compl.* P^{corr} | in P infra P^{corr} || **288–289** in sinistro pede Z || **289** Πρόπους *edd.*] tropus *codd.* | ita sunt XVIII *add. post* appellatur F || **3,22** *Desunt* AEY | **290** *Titulum add.* de Cancro LδZ | ad] et F ad F^{corr} || **291** et *om.* L *compl.* L^{corr} | ad *add. ante* exortus $M^{corr}$$P^{corr}$Z *LeBœu.* | exspectantem αL | paulum L | super W || **292** orientem δ || **293** partem N || **294** autem *om.* LFW *compl.* W^{corr} | appellantur L || **295** ante] iam L || **296** pede primo RL | et *om.* LFδZ *LeBœu.* || **297** in^1 *om.* N || **298** qua Z | dicunt dexterior R | exterior Z dexterior Z^{corr} || **299** est *om.* P | ordo *add. post* stellarum R || **300** XVI L || **3,23** *Desunt* AEY | **301** *Titulum add.* de Leone LWZ | a *om.* L *compl.* L^{corr} || **302** qui R quo R^{corr}P qua P^{corr} || **303** medio R | circulo aestivo L || **304** habet F habeat F^{corr} | collocatus SN | a capite *om.* F *compl.* F^{corr} || **305** habet hic LW tore unam, in interscapilio tres, in media cauda unam, in extrema alteram, sub pectore duas, in pede priore unam claram, in ventre claram unam et infra alteram magnam, in lumbis unam, in posteriore genu unam, in pede posteriore unam claram, omnino XVIIII.

3,24 Virgo infra pedes Bootis collocata capite posteriorem partem Leonis, dextra manu circulum aequinoctialem tangit, at inferiorem corporis partem supra Corvum et Hydrae caudam habere perspicitur, occidens capite prius quam ceteris membris.

Huius in capite est stella obscura una, utrisque in humeris singulae, in utrisque pennis binae quarum una stella quae est in dextra penna ad humerum defixa προτρυγητήρ vocatur. Praeterea habet in utrisque manibus singulas stellas quarum una, quae est in dextra manu maior et clarior, ea cum spicis esse dicitur; in veste autem habet passim dispositas stellas sex, in utrisque pedibus singulas; ita est omnino stellarum XVIIII.

306 in[1] *ex Cantabr. R15.32 Leid. 225 Reg. 1207*] *om. rell. codd.* || **306–308** interscapilio ... claram unam *om.* M *compl.* M^{corr} || **306–307** interscapilio ... pectore duas *om.* R || **307–308** sub pectore ... infra alteram *om.* L sub pectore duas *et* in ventre ... alteram magnam *compl.* L^{corr} || **307** claram unam R || **309** in pede priore unam *add. post* genu unam RL | pede *om.* RLF *compl.* L^{corr} *post* posteriore || **310** *post* omnino *add.* est ordo stellarum R est stellarum L *LeBœu.* sunt FZ | XVIII L^{corr} || **3,24** *Desunt* AEY | **311** *Titulum add.* de Virgine Lδ Z | inter R | Booti SMR Boon N Bootes P Bootis $M^{corr}R^{corr}P^{corr}$ | superiorem P posteriorem P^{corr} || **312** aequinoctialis Z || **313** ad αδ at $M^{corr}R^{corr}$ | partem corporis F | super M^{corr}Pδ | cornuum N cornum M^{corr} || **314** spicas *add. post* habere δ | prospicitur Fδ | a *add. ante* capite P || **316** una obscura Z | in utrisque R | humeri SN || **317** pennis *om.* N | obscura *add. post* stella N || **318** in *om.* L *compl.* L^{corr} | Protyygetur N Prothygeter M^{corr}P || **320** una *om.* FZ | clamor F clarior F^{corr} | ea *om.* Z || **320–321** cum spicis] conspicis SNMPL cum spicis $M^{corr}P^{corr}L^{corr}$ *om.* F^{corr} || **322** stellas *om.* Z | sex] ex SNM VII PL^{corr}FδZ et M^{corr} decem *LeBœu.* | et *add. ante* in P *LeBœu.* | omnino *om.* P || **323** ordo *add. post* stellarum R | XVIII LF

Scorpius. Huius prior pars, quae Chelae dicuntur, ita 3,25
premuntur ab aequinoctiali circulo ut eum sustinere videantur; ipse autem pedibus Ophiuchi, de quo supra diximus, subditus, extrema cauda circulum hiemalem contingere videtur, neque longe est ab eo signo quod pro hostia Centaurus ferre perspicitur. Occidit autem inclinato corpore, exoritur erectus a Chelis.

Hic habet stellas in his quae Chelae dicuntur, in unaquaque earum binas, e quibus primae sunt clariores, praeterea habet in fronte stellas tres quarum media est clarissima, in interscapilio tres, in ventre duas, in cauda quinque, in acumine ipso quo percutere existimatur duas; ita est omnino stellarum XVIIII.

Sagittarius autem spectans ad occasum, Centauri cor- 3,26
pore figuratur, velut mittere incipiens sagittam, a pedibus usque ad humeros in hiemali circulo collocatus ita ut caput solum eius extra eum circulum quem supra diximus apparere videatur; cuius arcus lacteo circulo medius dividitur. Ante

ΣC$_1$ (*ab* corpore figuratur)

339 in … circulo] ad hiemalem circulum HC$_1$ | collocatus] figuratus HC$_1$ || **340** apparere] addarere H addere C$_1$ || **341** videtur C$_1$ || **341-343** ante pedes … diximus *om.* HC$_1$

3,25 *Desunt* AEY | **324** *Titulum add.* de Scorpione Lδ de Scorpio Z | prior pars huius P || **326** Ophiunchi N || **327** subditus] positus Z | circulus hiemalis Z | gemalem N || **328-329** ferre Centaurus Z || **329** ferri R | prospicitur δ | corpore] capite P | autem *add. post* exoritur δ || **331** Cheles M Chelae M^{corr} | unaquaeque NRPL unaquaque L^{corr} || **332** eorum N earum N^{corr} || **333** habet *om.* RP | in^2 *ex Cantabr. R15.32 Leid. 225 Reg. 1207*] *om. rell. codd.* || **334** cacumine αZ || **335** ita *om.* P || **336** stellarum est P | ordo *add. post* stellarum R || **3,26** *Desunt* AEY | **337** *Titulum add.* de Sagittario LδZ | exspectans NLF || **338** sagittas LFδ sagittam L^{corr}F^{corr} || **339** ad *om.* Z || **339-340** eius solum F || **340** quae N || **341** artus P arcus P^{corr} | medius *om.* R *compl.* R^{corr} | dividitur medius F pedes huius est quaedam corona stellis effecta de qua prius diximus; hic praeceps occidit, exoritur directus.

Habet autem in capite stellas duas, in arcu duas, in sagitta unam, in dextro cubito unam, in manu priore unam, in ventre unam, in interscapilio duas, in cauda unam, in priore genu unam, in pede unam, in inferiore genu unam, in poplite unam, omnino XVI; corona autem Centauri est stellarum VII.

3,27 Capricornus ad occasum spectans et totus in zodiaco circulo deformatus, cauda et toto corpore medius dividitur ab hiemali circulo, suppositus Aquarii manu sinistra; occidit praeceps, exoritur autem directus.

Sed habet in naso stellam unam, infra cervices unam, in pectore duas, in priore pede unam, in priore eodem alteram, in interscapilio septem, in ventre quinque, in cauda duas; omnino est stellarum XXVI.

ΣC_1 (*usque ad* interscapilio duas) et C_1C_2 (*ab* Capricornus)

344 duas *om.* C_1 || **346** inter scapulas C_1 || **350** ad *om.* C_1C_2 | exspectans C_1 aspectans C_2 || **351** caudae C_1C_2 || **352** manus C_1 || **354** sed] et C_1C_2 || **355** priore[1]] primo C_2 | priore eodem] posteriori pede C_1C_2 | aliam C_2 || **356** inter scapulas C_1C_2 | duas] tres C_1C_2 || **357** XIIII C_1

342 est *om.* Z | superius L || **344** stellas in capite Z || **346** in[1] *ex Cantabr. R 15.32 Leid. 225 Reg. 1207*] *om. rell. codd.* | inscapilio N || **347** in pede ... genu unam *om.* Z || **347-348** in poplite unam *om.* P *compl.* P^{corr} || **348** omnes R | XV R P^{corr} L || **348-349** est stellarum VII *om.* B *compl.* B^{corr} || **3,27** *Desunt* AEY | **350** *Titulum add.* de Capricorno LδZ | exspectans SN | totius N || **351** deformatur R | et *om.* αLF *compl.* M^{corr} | medius *om.* M^{corr}RPZ *compl.* Z^{corr} || **352** manui sinistrae L || **353** autem *om.* R || **354** sed] hic R || **355** pede priore FB | priore[2]] primore L^{corr} alio F | ultra R alteram R^{corr} || **356** in[1] *ex Cantabr. R 15.32 Leid. 225 Reg. 1207*] *om. rell. codd.* | duas] V L^{corr} || **357** ordo *add. post* stellarum R | XXIII L XX Z

A q u a r i u s pedes habet in hiemali circulo defixos, ma- 3,28
num sinistram usque ad Capricorni porrigens tergus, dextra iubam Pegasi prope coniungens, spectat ad exortus. Qui cum ita sit figuratus, necesse est corpore eum prope resupinato videri; effusio aquae pervenit ad eum Piscem qui solitarius figuratur, de quo posterius dicemus. Sed Aquarius et occidit et exoritur capite prius quam reliquis membris.

Hic habet in capite stellas duas obscuras, in utrisque humeris singulas magnas, in sinistro cubito unam grandem, in manu priore unam, in utrisque mammis singulas obscuras, infra mammas singulas, in lumbo interiore unam, in utrisque genibus singulas, in dextro crure unam, in utrisque pedibus singulas, omnino XXII; effusio aquae cum aquali ipso stellarum est XXX, sed in his omnibus prima et novissima clara.

P i s c e s. Horum alter notius, alter boreus appellatur ideo 3,29
quod unus eorum qui boreus dicitur inter aequinoctialem et aestivum circulum sub Andromedae brachio collocatus et

ΣC_1 (*ab* Aquarius *usque ad* dicemus) et HC_1 (*ab* Pisces)

358 *post* manu *add.* autem C_1 || **360** contingens C_1 || **362** aquae] autemque C_1 || **363** *post* dicemus *add.* habens XIII C_1 || **373** boreus alter notius (nothus C_1) HC_1 || **375** brachia HC_1 | et] est HC_1

3,28 *Desunt* AEY | **358** *Titulum add.* de Aquario LδZ | in *om.* P *compl.* P^{corr} || **359** autem *add. post* manum LFδ *LeBœu.* | tergum L^{corr}W | dextram NRL dextra L^{corr} || **360** iubem L iubam L^{corr} iube R^{corr} | coniungens prope R | contingens $M^{corr}PL^{corr}F\delta Z$ | exspectat SNMP | ortum R *LeBœu.* || **361** supinato P || **363** superius N || **364** reliquis] aliis B || **366** singula N^{corr} | magnas *om.* N | grandem] magnam P^{corr} || **366-367** magnas ... mammis singulas *om.* RP *compl.* P^{corr} || **367** membris αL mammis $M^{corr}P^{corr}$ || **368** infra mammas singulas *om.* $M^{corr}F\delta$ *LeBœu.* | obscuras *add. post* singulas P | lumbos N || **368-369** in utrisque ... crure unam *om.* L *compl.* L^{corr} || **370** omnes R | XXII] XIIII $M^{corr}P^{corr}L^{corr}\delta$ *LeBœu.* XIII L XII F XVI Z | aquili SNRPF acilo R^{corr} aquali P^{corr} | cum aquali ipso *om.* L *compl.* L^{corr} || **371** XXX est SM | in *om.* N || **3,29** *Desunt* AEY | **373** *Titulum add.* de Piscibus LδZ || **375** brachio Andromedae R arcticum polum spectans constituitur; alter autem est in zodiaco circulo extremo sub scapulis Equi non longe ab aequinoctiali circulo collocatus, spectans ad occasum. Hi Pisces quibusdam stellis ut lineola ab Arietis pede primo coniunguntur; quorum inferior ante occidere et exoriri videtur. Habet autem stellas XVII et boreus omnino XII; coniunctio eorum habet ad aquilonem spectans stellas tres, ad alteram partem tres, ad exortum tres, in commissura tres, omnino XII.

Horum coniunctionem, quae a pede Arietis primo notatur, Aratus Graece σύνδεσμον ὑπουράνιον, Cicero nodum caelestem dicit; qui utrique volunt significare eum nodum non solum Piscium, sed etiam totius sphaerae esse; quo enim loco circulus ab Arietis pede μεσημβρινός dicitur qui meridiem significet et quo loco is circulus μεσημβρινός coniungitur et transit aequinoctialem circulum in ipsa coniunctione circulorum nodus Piscium significatur; quare eum non modo Piscium, sed etiam caelestem nodum verum appellaverunt.

ΣHC_1 (*usque ad* coniunguntur)

376 polum] dolum C_1 || **377** non *om.* HC_1 || **378** ii H in C_1 || **379** ab Arietis pede primo *om.* HC_1 || **380** stellarum XVII *add. post post* coniunguntur HC_1

376 exspectans SN et spectans P spectans P^{corr} | aliter N alter N^{corr} | est *om.* SB || **378** collocatur R | exspectans SNM | hii RF | pisce P pisces P^{corr} || **379** stellas δ | pede *om.* R *compl.* R^{corr} | coniungitur SR coniunguntur R^{corr} || **380** videatur N || **381-383** coniunctio ... exortum tres *om.* R *compl.* R^{corr} || **382** habet *om.* Z | ad aquilonem spectans habet R^{corr} | exspectans SM exspectantes N spectantes P spectans M^{corr} || **383** omnes R || **386** Arctus N || **387** eum] cum R || **388** etiam] et F | et *add. post* etiam MLδ *post* totius N *om.* M^{corr} | esse] et M esse M^{corr} | est *add. post* loco L || **389** mesenbrinis B mesenbrinos B^{corr} | ducitur Z || **390** is *om.* B | mesenbrino δ || **391** ad *add. post* transit W | circulum] circum B || **392** eum *om.* F || **393** caelestem *ex* L^{corr}] caelestium *codd.* | verum *om.* L

Pistrix a cauda media dividitur ab hiemali circulo, spec- 3,30
tans ad exortus, rostro prope posteriorem Arietis pedem iungens; huius priorem partem corporis quae spectat ad exortus prope alluere flumen Eridanus videtur. Haec occidit exorto Cancro et Leone, exoritur autem cum Tauro et Geminis. Sed habet in extrema cauda stellas duas obscuras, ab eo loco usque ad reliqui corporis curvaturam quinque, sub ventre sex, omnino XIII.

Eridanus a sinistro pede profectus Orionis et perveniens 3,31
usque ad Pistricem rursus diffunditur ad Leporis pedes et protinus ad antarcticum circulum tendit. Huius figurationem hiemalis circulus dividit ab eo loco quo prope coniungitur Ceto. Hic Scorpione et Sagittario exorto occidere, exoriri

ΣHC$_1$ (*ab* Pistrix *usque ad* XIII) et HC$_1$C$_2$ (*ab* Eridanus *usque ad* dividit)

394 a] ad HC$_1$ | ab *om.* HC$_1$ || **397** Eridanum HC$_1$ || **399** in *om.* HC$_1$ || **400** reliquam HC$_1$ || **403** ad Leporis] altioris HC$_1$C$_2$ | pedes et] pedibus HC$_1$ pedis sed C$_2$ || **404** ad *om.* C$_2$ | arcticum HC$_1$ | tendens HC$_1$C$_2$ || **405** stellarum est XIII *add. post* dividit HC$_1$C$_2$

3,30 *Desunt* AEY | **394** *Titulum add.* de Pistrice LδZ | exspectans SNM spectans M^{corr} || **395** exortum R | rostrum R | posteriori … pedi R | coniungens L contingens L^{corr} || **396** exspectat SNM spectat M^{corr} | exortum M^{corr}RP || **397** abluere Z || **398** Cancro P Tauro P^{corr} || **400** usque *om.* Z *compl.* Z^{corr} | reliquam N || **401** omnes R | stellarum *add. post* omnino F | XVI L XIII L^{corr} || **3,31** *Desunt* AEY | **402** *Titulum add.* de Eridano (He- B) LδZ | et *add. ante* a W || **403** usque *om.* R | rursus *om.* Z *compl.* Z^{corr} | diffiditur R diffunditur R^{corr} | et *om.* M^{corr}RPZ || **404** arcticum αFW antarcticum $M^{corr}R^{corr}$ || **405** circulus hiemalis R | circulis N | qui M quo M^{corr} || **406** Ceto *om.* R Cito SNMP Coeto (Ce- $M^{corr}R^{corr}$) $M^{corr}R^{corr}P^{corr}$ | hunc R is P hic P^{corr} | aiunt *add. ante* Scorpione R | ex toto R exorto R^{corr}

autem cum Geminis et Cancro videtur. Habet stellas in prima curvatura tres, in secunda tres, item in tertia usque ad novissimum septem; omnino est stellarum XIII.

3,32 Lepus autem infra sinistrum pedem Orionis per hiemalem circulum fugiens et ab eo inferiore parte corporis divisus occidit Sagittario exorto, oritur cum Leone. Habet autem stellas in utrisque auribus singulas, in corpore passim dispositas duas, in pedibus prioribus singulas; ita sunt omnino VI.

3,33 Orion. Hunc a zona et reliquo corpore aequinoctialis circulus dividit, cum Tauro decertantem collocatum, dextra manu clavam tenentem et incinctum ense, spectantem ad occasum et occidentem exorta Scorpionis posteriore parte et Sagittario exoriente, cum Cancro autem toto corpore pariter exsurgentem.

Hic habet in capite stellas tres claras, in utrisque humeris singulas, in dextro cubito obscuram unam, in manu similem

ΣH (*ab* occidentem *sed ab* parte H difficillimus lectu est) et C_1 (*ab* Orion)

418 cinctum C_1 | ensem C_1 || **418–419** ab occasu C_1 || **419** et[1] *om.* C_1 | exortu HC_1 || **420** autem *om.* C_1

407 Gemmis N | videntur R videtur R^{corr} | stellas *om.* L autem F || **408** tres[1]] IIII N | stellas *add. ante* tres[1] F *post* tres L | tres[2]] II P | item *om.* P || **409** novissimam NPL | septem] VIII δ | est *om.* L | est stellarum *om.* PZ | stellarum est δ | ordo *add. post* stellarum R | huic subest stella quae Canopus appellatur *add. post* XIII Z || **3,32** *Desunt* AEY | **410** *Titulum add.* de Lepore LδZ | intra P | hiemalis R hiemalem R^{corr} || **411** fugit L || **412** ex toto R exorto R^{corr} | autem *om.* FB || **414** in extremitate caudae unam *add. post* singulas Z | ita sunt *om.* P | omnes R || **415** VII PZ || **3,33** *Desunt* AEY | **416** *Titulum add.* de Orione LδZ || **418** clavem N clavum RF | ense *om.* Z esse RP ense P^{corr} | exspectantem SNM spectantem M^{corr} || **419** occidit P occidentem P^{corr} | exorta *ex Leid. 225 Cantabr. R 15.32*] exortu *rell. codd.* | corporis *add. post* exorta L || **420** autem] ut N || **422** tres] II R || **423** manus N | similiter L unam, in zona tres, in eo quo gladius eius deformatur tres obscuras, in utrisque genibus singulas claras, in pedibus singulas, omnino XVII.

Canis Leporem fugientem consequens posterioribus pe- 3,34
dibus dividitur ab hiemali circulo, pedem dextrum Orionis paene suo capite coniungens, capite ad occasum spectans, sed caput ad aequinoctialem circulum tendit, occidens oriente Sagittario, exoriens autem cum Cancro.

Hic canis habet in lingua stellam unam quae stella Canis appellatur, in capite autem alteram quam nonnulli Sirion appellant, de quo prius diximus, praeterea habet in utrisque auribus singulas stellas obscuras, in pectore duas, in pede priore tres, in interscapilio tres, in sinistro lumbo unam, in

ΣH (*usque ad* de[formatur] *et ab* Canis) C_1

425 in pedibus singulas *om.* C_1 || **426** decem et octo C_1 | *post numerum stellarum add.* exinde Orion obliquo corpore nitens inferiora tenet (*id est Ciceronis Aratea vv. 102–103 partim*) C_1 || **427** sequens HC_1 || **428** ab] ad HC_1 | hiemalem circulum C_1 || **429** capite^2] corpore HC_1 || **430** sed] et C_1 | ad *om.* C_1 | tendens HC_1 | et *add. ante* occidens HC_1 || **433** autem *om.* HC_1 | alteram] unam HC_1 | appellaverunt HC_1 || **434** praeterea habet *om.* HC_1 || **435** stellas *om.* HC_1 || **436** in interscapilio] inter scapulas HC_1 | tres] II H

424 tres] II RL III L^{corr} | quod SNMPFZ | eius *om.* Z *compl.* Z^{corr} || **426** sunt *add. ante* omnino L | omnes R | XVIII SNM XV R XVI L XVII $M^{corr}L^{corr}$ || **3,34** *Desunt* AEY | **427** *Titulum add.* de Cane LδZ | persequens PZ sequens L consequens L^{corr} | pedibus *om.* δ || **428** ab *om.* δ | Orionis dextrum δ || **429** capite^1] capiti ML | capite^2 *om.* Z | respectans R spectans R^{corr} || **431** autem *om.* F || **432** linguam Z | stella *om.* M^{corr}PZ || **434** qua L^{corr} | posterius L | dicemus L || **436** in^1 *ex Leid. 225 Reg. 1207*] *om. rell. codd.* | interscapulo N pede posteriore unam, in pede dextro unam, in cauda quattuor, omnino XX.

3,35 Procyon. Hic in lacteo circulo defixus pedibus aequinoctialem circulum tangit, spectat ad occasum ut inter Geminos et Cancrum constitutus; qui, quod ante maiorem Canem exoritur, Procyon est appellatus. Hic autem occidit exorto Capricorno, exoritur cum Leone, sed omnino est stellarum trium.

3,36 Argo. Huius puppis hiemalem circulum et maioris Canis caudam contingens inferiore parte novissimae navis inclinata antarcticum circulum tangit, occidens Sagittario et Capricorno exorto ut in mari collocata, exoriens autem cum Virgine et Chelis.

ΣHC_1

437 quattuor] V HC_1 || **440** spectat] sectans H spectans C_1 || **441** videtur *add. post* constitutus HC_1 | qui] quod H quot C_1 | minorem HC_1 || **442** hic autem *om.* C_1 || **444** *post* trium *add. Ciceronis Aratea vv. 222–223* HC_1 || **446** inferiorem partem HC_1 || **447** occidentis C_1 || **448** mare HC_1

437 in pede dextro unam *om.* Z | dextro pede W | caudam R | quattuor] III N || **438** omnes R | sunt *add. post* omnino F | XVIIII RL || **3,35** *Desunt* AEY | **439** *Titulum add.* de Prochion L de Prochione δZ | habet *add. post* hic L | fixus P defixos L | pedes L || **440** ut *om.* RPLF || **442** ex toto R exorto R^{corr} || **443** Caprino R Capricorno R^{corr} | autem *add. post* exoritur S | sed *om.* RP | est omnino F | est *om.* P | ordo *add. post* stellarum R *om.* R^{corr} || **3,36** *Desunt* AEY | **445** *Titulum add.* de Argo LBZ de Argo navi W || **446** inferiora R || **447** arcticum W | circulum] circum R circulum R^{corr} || **448** exorto] toto R ex toto R^{corr}

Haec habet in puppi stellas quattuor ad singula gubernacula, ad primum stellas quinque, ad alterum quattuor, circum carinam quinque et sub reiectu quinque, ad malum tres; ita tota est stellarum XVI; quae, quare non sit tota in mundo collocata, prius diximus.

C e n t a u r u s. Hic ita figuratur ut in antarctico circulo niti 3,37
pedibus, humeris hiemalem sustinere videatur, capite prope caudam Hydrae coniungens, hostiam dextra manu tenens supinam quae pedibus et extremo ore circulum hiemalem tangit, inter eum et antarcticum orbem collocata. Centauri autem crura a reliquo corpore dividit circulus qui lacteus vocatur; hic spectans ad ortus signorum, totus occidit Aquario et Piscibus exortis, oritur autem cum Scorpione et Sagittario.

ΣHC_1

450 puppim HC_1 | stellas quattuor *om.* HC_1 | ad *om.* HC_1 || **451-452** ad primum … reiectu] quaternantia (-natia H) cum carinam ei subiectu HC_1 || **452** summum *add. post* malum HC_1 || **453** tota[1] *om.* HC_1 | tota sit HC_1 || **453-454** in … prius *om.* HC_1 || **455** Taurus HC_1 | hic] autem HC_1 || **458** et *om.* C_1 || **459** arcticum HC_1 || **460** a *om.* C_1 | dividitur HC_1 | vocatur] dicitur HC_1 || **461** ortus] exitum HC_1 || **462** exorto HC_1 | exoritur HC_1

450 stellas quattuor *ex Leid. 225*] *om. rell. codd.* || **451** alteram S | circa B || **452** et *om. LeBœu.* | reiectum L reiecto latere Z || **453** tres] IIII δZ | nota N | ordo *add. post* stellarum R | XXII RL XXIII FZ XVII W || **453-454** in mundo tota L || **3,37** *Desunt* AEY | **455** *Titulum add.* de Centauro LδZ | in antarctico] in arctico PFW in antarctico P^{corr} || **456** hiemalem sustinere humeris F | hiemale P | caput L^{corr} || **457** contingens L^{corr} | manu dextra Z || **458** pedibus *om.* N | et *om.* RPδ || **459** arcticum P antarcticum P^{corr} | orbe SN | collocatum L || **461** exspectans NML | exortus LF ortus L^{corr} || **462** et[1] *om.* SNM *compl.* M^{corr}

Habet autem stellas supra caput tres obscuras, in utrisque humeris singulas claras, in cubito sinistro unam, in manu unam, in medio pectore equino unam, in prioribus poplitibus utrisque singulas, in interscapilio quattuor, in ventre duas claras, in cauda tres, in lumbo equino unam, in genibus posterioribus singulas, in poplitibus singulas, omnino XXVI.

Hostia autem habet in cauda stellas duas, in pede de posterioribus primo unam et inter utrosque pedes unam, in interscapilio unam claram et in priore parte pedum unam, infra alteram, in capite tres dispositas, omnino X.

3,38 Ara prope antarcticum circulum tangens inter Hostiae caput et Scorpionis caudam extremam collocatur, occidens Arietis exortu, exoriens cum Capricorno. Haec habet in

ΣHC_1 (*usque ad* posterioribus singulas *et ab* Ara)

463 habet autem] sed habet HC_1 | supra caput stellas C_1 | obscuras *om.* HC_1 || **464** claras *om.* HC_1 || **466** utrisque *om.* HC_1 | in interscapilio] interscaplo H inter scapulas C_1 || **467** claras *om.* HC_1 | equino *om.* HC_1 || **468** posterioribus *om.* HC_1 || **474** arcticum HC_1

464 claras] obscuras W || **466** utrisque *om.* RLF unam P utrisque P^{corr} | in[1] *ex Leid. 225 Reg. 1207*] *om. rell. codd.* | interscapio N | quattuor] tres R || **468** in poplitibus singulas *om.* R | omnes R | stellarum *add. post* omnino Z || **469** XXI R XXIIII P^{corr} LZ || **470** habet *om.* α | de posterioribus] de posteribus S posteriore LF de posterioribus L^{corr} || **471** et *om.* LF | in NLF inter L^{corr} | utrisque pedibus F | in *ex Leid. 225 Reg. 1207*] *om. rell. codd.* || **471-472** interscapilio unam *om.* N || **472** et *om.* P || **473** omnes R || **3,38** *Desunt* AEY | **474** *Titulum add.* de Ara LBZ | prope *om.* F propter SNML prope M^{corr} || **475** extremam caudam F | extrema W extremo B | collocata R collocatus P collocatur P^{corr} | occidit P || **476** *post* exoriens *add.* autem SR | habet haec S hic habet Z haec habet Z^{corr}

summo cacumine †circuli† quod formatur stellas duas et in imo alteras duas, omnino IIII.

Hydra trium signorum longitudinem occupans Cancri, 3,39
Leonis, Virginis, inter aequinoctialem et hiemalem circulum collocatur ita tamen ut caput eius contendens ad id signum quod Procyon vocatur et totius Hydrae prope quarta pars inter aestivum et aequinoctialem circulum videatur; cauda autem extrema paene Centauri caput tegens sustinet Corvum, rostro corpus eius tundentem, toto corpore ad cratera tendentem qui satis longo dissidente intervallo prope inter Leonem et Virginem constitutus videtur, inclinatior ad caput Hydrae; quae occidit Aquario et Piscibus ortis, oritur autem cum his signis de quibus supra diximus.

Habet autem in capite stellas tres, in prima a capite curvatura sex, sed earum novissimam claram, in secunda curvatura tres, in tertia quattuor, in quarta duas, in quinta usque ad caudam novem omnes obscuras, numero XXVII.

Corvus autem habet in gutture stellam unam, in penna

ΣHC_1 (*usque ad* IIII)

477 quo HC_1 || **478** alteras] alias C_1 | stellarum *add. post* omnino HC_1 | *post* IIII *add.* de qua Cicero sic dicit *et Aratea vv. 183–184* HC_1

477 circuli] turibuli *Bu.LeBœu.* | quo L^{corr} || **478** omnes R | *post* IIII *add.* de qua Cicero *et Aratea vv. 183–184* Z || **3,39** *Desunt* AEY | **479** *Titulum add.* de Hydra (Y- B Hi- Z) LBZ | longitudine B || **481** collatur N collocatus R | videatur *add. post* contendens Z | id *om.* L *compl.* L^{corr} || **482** quod *om.* P *compl.* P^{corr} | appellatur δ | et *om.* P | totus N || **484** caput Centauri B || **485** per *add. ante* corpus $M^{corr}P^{corr}$ | eius *om.* N | tundentem *ex* tondentem L^{corr} *et* tundente F^{corr}] tantundem αLF δZ | *ante* toto *add.* et *Bu.LeBœu.* | corpora B | crateram SNF || **489** his *om.* δ || **490** autem *om.* RW | a capite *om.* L capitis $PL^{corr}F$ || **491-492** sed ... curvatura tres *om.* Z || **492** curvatura *add. post* tertia F | quattuor] III ML || **493** novem] VIII $M^{corr}F$ | *ante* numero *add.* ita fiunt L omnino F | numerus Z | XXVI RL XXVII L^{corr} || **494** *ante* corvus *titulum add.* de Corvo LδZ | penna] prima N pennis $M^{corr}P$δ duas, infra pennam ad caudam versus duas, in utrisque pedibus singulas, omnino VII; supra primam a capite curvaturam Crater positus habet in labris stellas duas, infra autem ansas duas obscuras, in medio cratere duas, ad fundum duas, ita fiunt omnino X.

3,40 Piscis autem qui notius dicitur inter hiemalem et antarcticum circulum media regione collocatus spectare ad exortum videtur inter Aquarium et Capricornum, ore excipiens aquam quae funditur ab Aquario. Hic occidit oriente Cancro, exoritur autem cum Piscibus, sed est stellarum omnino XII.

Quae ad figurationem siderum pertinent ad hunc finem nobis erunt dicta; reliqua protinus dicemus.

ΣHC_1 (*ab* inter *usque ad* omnino XII)

502 Capricornum et Aquarium HC_1 || **503** profunditur HC_1 || **504** sed] ed H et C_1 | omnino stellarum HC_1 || **505** *post* XII *add. Ciceronis Aratea vv. 167–168* HC_1

495 pennam] primam N | duas infra pennam *add. post* pennam S NM *om.* M^{corr} | ad *om.* $M^{corr}P^{corr}$ | versos N || **496** omnes R | Hydrae *add. post* primam L | a *om. R* | curvatam Nδ || **497** libris B labris B^{corr} | autem] ansas $L^{corr}F$ | ansas] alas SMRP alias NLF ansas M^{corr} || **497–498** infra ... fundum duas *om.* Z || **499** sunt P | omnes R | XV R VIII L || **3,40** *Desunt* AEY | **500** *Titulum add.* de Pisce Notio LW de Pisce BZ | arecticum W areticon B || **501** exspectare SNM spectare M^{corr} || **502** ore *om.* R *compl.* R^{corr} || **504** est *om.* B | omnino stellarum RL || **506** *ante* quae *add.* de ratione circulorum L ratio sphaerae W ratio sphaerae finitur B | figurationum B | hanc SNMRFZ hunc $M^{corr}F^{corr}$

LIBER QVARTVS

Quoniam initio sphaerae circuli quinque quomodo efficerentur ostendimus neque eos corpore siderum notavimus, etsi duo novissimi nihil ad solis cursum pertinent, hoc est arcticus et antarcticus, de mediis tribus dicemus; sed quoniam Aratus quattuor circulis sphaeram plurimum valere dicit neque eorum aperte quemquam demonstrat, voluntatem apertius ostendemus et, quemadmodum initio fecimus, a boreo polo dicemus. 4,1

Igitur aestivum circulum unum de quattuor esse dicemus, qui θερινὸς τροπικός vocatur, quo circulo aestatem confieri demonstravimus. Etsi non nemo dubitat quare non utrique circuli, hoc est aestivus et hiemalis, uno nomine appellentur, ideo quod, quem nos aestivum diximus, nonnullis hiemalis fiat et, quo circulo hiemem effici diximus, eo circulo aliis aestas sit, qui si voluerint intellegere id ad nostram collocationem mundi esse demonstratum, qui inter aestivum circu-

4,1 *Desunt* AEY | **1** *Titulum add.* Iteratio B | in *add. ante* initio M^{corr} R^{corr}PFδ *LeBœu.* || **3** nihil *om.* Z | non *add. ante* pertinent Z || **4** et antarcticus *om.* N || **5** Arctus R Aratus R^{corr} | circulis IIII RL | circulos Z || **6** quemquam aperte L | voluntatem *om.* Z voluntate P | *post* voluntatem *add.* nostram RL^{corr}F *LeBœu.* eius L || **7** ostendimus RF dicemus Pδ | in *add. ante* initio Fδ *LeBœu.* | a *om.* N || **8** incipiemus Z || **9** *Titulum add.* de circulis Z | unum] omnino Z || **10** θερινός] aestivus Z | qui N | confiteri N confici RPZ fieri LF || **11** demonstrabimus F || **12** appellantur N appellatur M appellentur M^{corr} || **13** quod *om.* PW *compl.* P^{corr} | dicimus F || **14** dicimus SR || **15** aestas] certa N | sit *om.* Z | qua R qui R^{corr} | si *om.* LF^{corr} | voluerit LF^{corr} | id intellegere F | ad id N | collationem S || **16** mundum R || **16-17** et arcticum circulum δ lum et arcticum sumus constituti, non ad illorum sphaeram qui ab hiemali circulo antarcticum habitantes, nobis antipodes dicuntur, facilius ad nostram accesserint voluntatem. Si quis enim voluerit eorum quos antipodas diximus, quod inferiore a nobis circulo constituti videntur, sphaeram facere, non immerito nostrum hiemalem sibi aestivum circulum finxerit; aut si quis scriptor eorum mentionem faciens obscure voluerit antipodas demonstrare et dixerit quibus in Capricorno aestas summa aut in Cancro hiems maxima fiat, non imperita ratione acutissime dixisse videbitur. Quodcumque enim nostris circulis contrarium dixerit, id illis erit rectum. Sed, ne longiore sermone praeter consuetudinem utamur, ad inceptum revertamur.

4,2 In aestivo circulo de quo primum dicere instituimus haec signa sive partes eorum perspiciuntur: capita Geminorum, Aurigae genu utrumque, Persei crus et humerus sinister; Andromeda autem a pectore et manu sinistra dividitur atque ita evenit ut caput eius cum toto pectore et manu dextra videatur esse inter aestivum et aequinoctialem circulum, reliquum autem corpus inter aestivum et arcticum finem. Prae-

17 antarcticum L arcticum L^{corr} || **18** *ante* antarcticum *add.* et R^{corr} ad Z | a *add. ante* nobis L^{corr} || **19** accesserit ad nostram L | accesserit α accesserint $R^{corr}P^{corr}$ | voluntatem accesserint Z || **20** enim *om.* Z | vocamus L || **21** dicuntur L | sphaeram *om.* R *compl.* R^{corr} || **22** nostro P nostrum P^{corr} | circulum *add. post* hiemalem R *om.* R^{corr} | circulum *om.* F | fixerit NW finxerint F finxerit F^{corr} || **23** aut] at SN || **25** aut] ut Z | maxima] summa F || **26** imperata M imperitos RP imperita $M^{corr}P^{corr}$ || **27** id *om.* PZ | erit *om.* L *compl.* L^{corr} | ratum R || **28** mutamur SM || **29** inceptam W inceptum W^{corr} || **4,2** *Desunt* AEY | **30** *Titulum add.* de aestivo circulo L de aestivo Z | prius R || **31** perspicientur R perspiciuntur R^{corr} || **32** genua δ *LeBœu.* | utrumque] sinistrumque δ *LeBœu.* || **33** et *ex Arund. 339 Guelferb. 3147 Laur. 29.30 Paul. 16/1 Vind. 51*] sed αLFδ sed et Z || **34** et] sed R || **34–35** evenit ... esse *om.* F || **35–36** aequinoctialem ... aestivum et *om.* MRP *compl.* $M^{corr}P^{corr}$ || **36** corpus *om.* a | inter *om.* L *compl.* L^{corr} | et arcticum *om.* L *compl.* L^{corr} | finire Z terea in eodem aestivo circulo pedes equi Pegasi positi videntur et caput a reliquo corpore dividitur Oloris et alae sinisterioris ut volantis pars non magna; Ophiuchus humeris ut circulum sustinere videtur, Virgo prope contingens capite inter hunc et aequinoctialem circulum collocata est ut fulgens ad austrum, Leo a pectore ad lumbos dividitur ut caput eius et corporis superior a cruribus pars inter hunc et arcticum circulum videatur, inferior autem pars inter aestivum et aequinoctialem, Cancer autem sic dividitur medius ut inter oculos eius circulus traiectus existimetur. In his signis et hoc, ut ante diximus, circulo cum vehitur sol, evenit ut nobis qui hac inclinatione mundi utimur, sint diei de partibus octo partes quinque, noctis autem tres, neque ita tamen ut ex horologiis, sed ex sphaerae ratione; cum enim sphaeram ita constitueris ut circulus is qui arcticus vocatur semper appareat, antarcticus autem numquam exoriatur atque, ita sphaera constituta, si voles circulum aestivum dividere in partes octo, ex his invenies partes quinque in sphaera apparere, tres autem infra tamquam sub terra esse.

37 eodem *om.* R | equi *om.* P *compl.* P^{corr} || **38** et^{1}] sed RP sed et L | caput] rostrum L^{corr} || **39** ut] cum Z || **40** videretur L videtur L^{corr} | *post* videtur *add.* ex una parte id est (I *pro* id est B) ab aequinoctiali ex altera parte Hercules pari ratione δ *LeBœu.* | *post* prope *add.* hunc R P^{corr}F | a *add. ante* capite M^{corr}P | capita N || **41** circulus MP circulum $M^{corr}P^{corr}$ | collocata circulum B | est *om.* P || **43** superiora RF | a cruribus] crurumque RF | pars a cruribus Z | in N || **44** pars *om.* F || **45** autem] enim Z | inter *om.* Z || **46** duos *add. ante* oculos L | dividere *add. ante* existimetur Z || **47** ut *om.* P *compl.* P^{corr} | circulo ut ante diximus F | cum] quoniam Z | solem R | venit R | ut *om.* M^{corr}Pδ *compl.* P^{corr} || **48** qui hac] ut P qui hac P^{corr} | inclinationem R | qui *add. ante* utimur P *om.* P^{corr} | sint] sicut S sunt NRP sint P^{corr} || **49** ex horologiis] exorto longus Z || **51** constitueri N | circulum R | his RWZ is $W^{corr}Z^{corr}$ *om.* F^{corr} || **52** numquam autem antarcticus P | antarcticus] aut arcticus R | atque] neque R || **53** est *add. ante* sphaera P || **54** partes *om.* L *compl.* L^{corr}

At aliquis dixerit cur sphaerae circulos dividamus in partes octo potius quam duodecim aut quot libuerit alias partes; hic non sphaeram, sed se fallere hac ratione invenietur fere: si enim fecerit ex aestivo circulo partes duodecim, ex his partes septem et dimidium partis apparere, quattuor autem et dimidium sub terra inveniet esse. Itaque evenit ut, cum, ad septem partes addita dimidia, sint duodecim, simili ratione ad partes quattuor accedat pars dimidia et fiant supra terram partes septem et dimidium partis, reliquum autem sub terra, quod est partes quattuor et dimidium. Igitur oportet intellegere ut non imminutis partibus et dimidiis fiat, sed certis numeris conficiatur ut evenit in partibus octo. Praeterea quoniam, sphaera divisa in partes triginta, evenit ut ab aestivo circulo ad hiemalem sint partes octo, nimirum certe eos circulos dividemus in partes octo. Praeterea quoniam ab aestivo circulo ad aequinoctialem sunt partes quattuor de triginta et rursus ab aequinoctiali circulo ad hiemalem de partibus triginta partes quattuor et ita nihilominus aequinoctialis ipse per se circulus medius dividitur ut dimidia pars eius sit sub terra, de partibus octo partes quattuor, et totidem supra et tota ratio ad octavam partem perveniat, non dubium est quin

56 at] aut αL^{corr}FZ at P^{corr} | si *add. ante* aliquis R^{corr}L^{corr}FZ | dividimus R || **57** aut] ut B | quod SNF quo R | liverit SN || **58** rationem N | venietur N inveniet R^{corr}LF | fere *edd.*] foro SNMPZ ⟦± 8 *litterae*⟧ F *om.* F^{corr} fore W flore B foro arbitror M^{corr}L^{corr} fero arbitror P^{corr} || **60** medium P dimidium P^{corr} || **61** cum ad *om.* Z || **62** septem] octo SNMR^{corr}PLFZ novem R septem P^{corr} | sunt RF sit P^{corr} *LeBœu.* | duodecim *om.* P^{corr} *LeBœu.* || **63** quattuor] quinque SNMRLF quinque vel quatuor Z | fiat P fiunt Lδ fiant L^{corr} || **64** et dimidium partis *om.* L et dimium partis L^{corr} || **65** est] sunt L | dimidia R | et *add. ante* intellegere N || **66** partibus imminutis L | partibus *om.* S | sed] quod RP || **67** conficiat αLF conficiatur P^{corr} | invenit RP evenit P^{corr} | octo] VIIII R VIII R^{corr} || **67–70** praeterea … in partes octo *om.* Z *compl. usque ad* sint partes octo Z^{corr} || **68** est *add. post* divisa L *om.* L^{corr} || **69** partes *om.* SRP *compl.* P^{corr} || **70** dividimus R || **70–71** praeterea … partes quattuor *om.* N || **74** ut] et F | pars *om.* W || **74–75** sub terra sit F || **76** octavam] VIII F | pervenit R | est dubium Z recte dividatur in partes octo. Praeterea cum sol per hos circulos currens iter annuum conficere videatur et ab omnium signorum octava parte, ut posterius dicemus, incipiat exoriri et ad aliud signum transire neque ulla alia parte signi utatur, recte ipsi quoque circuli dividuntur in partes octo. Praeterea cum septem sidera ad eundem statum revertantur, ut quibusdam placuit, ut cuius modi dies hodiernus fuerit in solis aut lunae tempestate, eiusdem modi octavo anno sit futurus, vere sphaera quoque dividitur in partes octo. Praeterea cum videamus octavo quoque die eiusdem sideris horam primam aut quamlibet denique esse et, cuius hodie fuerit hora prima, eiusdem octavam quoque futuram, verissimum est ipsam quoque sphaeram unde horae sumuntur dividi in partes octo. Sed ne reliqua praetermittamus in hoc occupati, ad propositum revertamur.

Secundus ab aestivo aequinoctialis est circulus in quo 4,3
haec signa et partes eorum perspici possunt: Aries totus omnibus pedibus innixus videtur; hunc autem Aratus omnium siderum celerrimum esse demonstrat, etiam minori Arcto, quae brevi spatio vertitur, praestare. Id quid velit esse sic poterimus vel facillime intellegere: cum sit enim maximus cir-

78 annum L anno δ uno anno Z annuum L^{corr} || **79** octava] VIII F | dicimus L dicemus L^{corr} || **80** et] ut αLFδ et L^{corr} aut L^{sv} | ad *om.* R | alium NF | transeat P^{corr} | parte alia L alia parte L^{corr} | signi parte F || **81** quoque *om.* R || **82** septem] octavo α VII $M^{corr}P^{corr}$ | revertuntur L revertantur L^{corr} | ut *om.* Z || **84** modo R modi R^{corr} || **85** vere] V Z | quoque sphaera Z | dividetur SNM dividitur M^{corr} || **86** videam αFδZ | octavo] VIII F octavam Z | die *om.* Z | eius Z eiusdem Z^{corr} | et *add. ante* primam Z || **87** talem *add. post* esse Z | et] ut RPFδZ *om.* L ut $M^{corr}L^{corr}$ || **88** octava R octavo δ | quoque octavam Z | sit δ || **89** unde] mundi αδZ *om.* F mundi unde *LeBœu.* | per quam *add. ante* horae Z | quae *add. post* horae R | sumunt δ | eas *add. ante* dividi R || **90** hoc *om.* Z || **4,3** *Desunt* AEY | **92** *Titulum add.* de aequinoctiali circulo L || **93** haec] habet Z || **93–94** pedibus omnibus F | innixus pedibus omnibus Z || **94** autem *om.* F || **96** qui M^{corr}δ quod Z || **97** vel] etiam W etiam vel B culus aequinoctialis in sphaera inque eo Aries ut affixus videatur, quomodocumque fuerint figurae corporum collocatae, ut ad eundem locum perveniant, necesse est semel verti sphaeram. Quod cum fiat et Aries in maximo circulo et eodem tempore ad locum quo reliqua sidera perveniat, necesse est eum celerrimum dici.

Sed nos ad circuli definitionem veniemus et reliqua dicemus: in eodem Tauri genua ut fixa perspiciuntur, etsi nonnulli ita finxerunt ut uno genu, hoc est dextro, nixus sinistro prope contingere videatur; de hoc in medio relinquemus. Sed in eodem circulo zona Orionis ut ipso circulo praecinctus existimetur, Hydra flexu a capite primo ut cervicibus erectis Cancrum contingere videatur, et ex inferiore corpore Hydrae Crater cum Corvo velut fixus esse circulo conspicitur. Item paucae stellae Chelarum eodem adiunguntur, Ophiuchi genua eodem circulo a reliquo corpore dividuntur, Aquila sinisteriore penna paene contingens figurata est eodemque circulo caput Pegasi cum cervicibus nititur; his corporibus signorum aequinoctialis circulus finitur. Quo sol cum pervenit bis uno anno conficit aequinoctium, hoc est in Ariete et Chelis; in hac enim parte sphaerae et ver et autum-

98 sphaeram R || **99** figurae] fugere N figere N^{corr} || **100** locum] circulum P locum vel circulum L | quo reliqua sidera *add. post* locum M || **100–102** necesse est … perveniat *om.* M *compl.* M^{corr} || **102** reliqua] maxima M^{corr}P | perveniant αFδ || **103** celerem L circuli L^{corr} || **104** effectionem P || **105** Tauro R | infixa Z || **106** fixerunt Z | ut *om.* W | genu *om.* Z || **107** prope] pede RPL prope pede F prope $P^{corr}L^{corr}$ | coniungere N contingere N^{corr} | relinquamus ML || **108** in *add. ante* ipso Z | ipsa B ipso B^{corr} || **109** fixu N flexo L flexu L^{corr} || **110** videtur Mδ videatur M^{corr} | et *om.* P | ex *om.* M^{corr}δ || **110–111** Hydrae corpore F || **111** velut] vel Z | ei *add. ante* circulo Z || **112** eidem L eodem L^{corr} || **113** genu MR genua M^{corr} | circulo *om.* δ | corpore *om.* α || **114** sinisteriore] dexteriore P | eo *add. ante* contingens L eum L^{corr} || **115** capiti R | cum *om.* M *compl.* M^{corr} | mittitur N || **117** aequinoctium conficit Z | est *om.* W *compl.* W^{corr} || **118** et^{1} *om.* B *compl.* B^{corr}

nus confieri existimatur, ita ut ver sit in Ariete, autumnus in priore parte Scorpionis, quod signum nonnulli Libram dixerunt. Per hunc circulum transiens sol ab Ariete ad Chelas efficit sex mensium diem his locis qui intra arcticum videntur orbem, noctem autem his qui antarctico circulo sunt clausi; quare magis his locis nemo potest durare. Et rursus ab autumno usque ad ver, hoc est a Chelis usque ad Arietem, perveniens efficit his locis sex mensibus perpetuis diem in quibus ante noctem demonstravimus, e contrario autem noctem his qui boreo polo sunt proximi. Sed de hoc ante diximus; neque enim mirum est hac collocatione sphaerae id evenire. Erecto enim boreo polo neque umquam occidente, evenit ut corpora quoque quae ei proxima sunt circulo sero occidere videantur; id ex hoc intellegere licebit: cum in his partibus sphaerae habitetur, quae pars est ab aestivo circulo ad orbem qui arcticus vocatur et de arctico circulo, hoc est de duabus Vrsis et Dracone, caput Draconis maxime niti ipso circulo videatur ita ut is qui Engonasin vocatur inter aestivum et arcticum collocatus caput Draconis premere intellegatur. Quicumque, ut ante diximus, ad ipsum caput Draconis habitant, ita longo die utuntur ut ne tertia quidem horae pars in una-

119 confiteri R confici P fieri L confieri P^{corr} | existimantur δ | ut] et N || **121** hanc M hunc M^{corr} || **122** mensum SN mensuum M^{corr}RW | videntur intra arcticum Z || **123** his autem L | his *om.* P *compl.* P^{corr} is N | antarctico] in arctico F | sunt *om.* R | inclausi F || **124** magis *om.* RLZ *compl.* L^{corr}Z^{corr} | in *add. ante* his LF | his] ipsis L || **126** his locis efficit R | sex] ex N | diem *om.* SNMR *compl.* M^{corr} | in *om.* W || **127** e] et δ || **128** in *add. ante* boreo S | polo *om.* S || **129** hac] a L | collocatione] occasione Z | id *om.* Z *compl.* Z^{corr} || **130** recto Z | polo boreo R | occidire R || **131** quoque *om.* LF || **132** intellere NW || **134** de *om.* B *compl.* B^{corr} | duobus SNM duabus M^{corr} || **136** his RLF is F^{corr} | Engonasis LF | in B || **136–137** arcticum collocatus] arcticum locatus Sδ arcti collocatus (con-F) NMF arcticum collocatur P arcticum locatus M^{corr} || **138** Draconis caput R || **139** eis *add. post* ut LF | tertiae B | hora RP horae R^{corr}P^{corr} | unaquaeque R unaquaque R^{corr}

quaque nocte his obtingat. Itaque Aratus ait: κείνη που κεφαλὴ τῇ νείσεται ἧχι περ ἄκραι / μίσγονται δύσιές τε καὶ ἀντολαὶ ἀλλήλῃσι. Idem Cicero dicit: quod caput hic paulum sese subitoque recondit, / ortus ubi atque obitus parte admiscentur in una. De hoc Homerus quoque in Odyssea ita brevem noctem esse dicit ut pastores, cum alii exigant, alii reducant pecus, possint alius alium audire, cum unus propter noctem pecus reducat, alter propter lucem exigat. Sed nos ad propositum revertamur.

4,4 Tertius ab aestivo circulo qui hiemalis vocatur his corporibus et eorum partibus finitur: nam medium Capricornum dividens et pedes Aquarii, per caudam Pistricis ut traiectus videtur; dividit etiam Leporem fugientem a cruribus et quadam parte corporis et Canis sequentis pedes et Navis ipsius puppim Centaurique cervices a reliquo corpore dividit, Scorpionis extrema cauda, quod acumen vocatur, eodem circulo coniungitur, Sagittarii arcus eodem orbe deformatur. Huius orbis infra terram sunt de partibus octo partes quinque, supra terram autem tres; itaque fit brevior dies nocte ut ante demonstravimus.

4,5 Quartum circulum zodiacum esse Aratus demonstrat, de

140 his *om.* LF | obtingatur N attingat L obtingat L^{corr} || **140–142** *verba Arati Phaenomenorum Graecis litteris scripta in codd.* || **142** item M^{corr}RPL | hoc P *om.* Z hic $P^{corr}Z^{corr}$ || **143** paululum NPF paulum P^{corr} | subito se seque Z | oritur R | ubi atque] ubique RP || **144** in *om.* W | Hemerus R Homerus R^{corr} | Odyssia (Odi- LFδ) SMRLFδ || **145** dicit esse L | dicit *om.* P *compl.* P^{corr} | exigunt R^{corr} || **146** reducunt R^{corr} | possent αFδ *LeBœu.* possident Z | audere R audire R^{corr} || **147** alius Z || **148** revertemur N || **4,4** *Desunt* AEY | **149** *Titulum add.* de hiemali circulo L hiemalis Z | vocatur *om.* P *compl.* P^{corr} || **150** et] ut N | dividens *om.* Z || **151** pedes] partem Z | ut] in Z | extra iectus N || **152** enim RZ || **154** Taurique P Centaurique P^{corr} || **155** extrema Scorpionis Z || **156** arcus *om.* W || **157** intra Z | octo] VIIII Z || **158** terra N | tres] IIII N || **4,5** *Desunt* AEY | **160** *Titulum add.* de zodiaco circulo L zodiacus Z | esse *om.* Z || **160–161** demonstrat ... sed Aratus *om.* Z quo ante diximus et posterius dicemus, sed Aratus non ut reliqui astrologi ab Ariete duodecim signa demonstrat, hoc est vere incipiente, sed a Cancro, hoc est ipsa aestate. Nos autem, quoniam ab Ariete incipimus, ita protinus dicemus; in hoc enim circulo sic duodecim signa figurantur: Aries, Taurus, Gemini; in his tribus signis ver demonstratur et aequinoctium vernum. Cancer, Leo, Virgo; in his tribus signis maxime aestas conficitur, sed sol incipit a Virgine iam transire ad aequinoctium autumnale. Chelae, Scorpius, Sagittarius; in his tribus signis autumnus efficitur et aequinoctium autumnale. Capricornus, Aquarius, Pisces; in his tribus signis sol hiemem conficere demonstratur, etsi nulla sunt duodecim signa, sed undecim, ideo quod Scorpio magnitudine sui corporis duorum locum occupat signorum, e quibus prior pars Chelae, reliqua autem Scorpio vocatur. Priores enim astrologi, cum omnes res ad duodecim partes revocarent ut menses et horas et latitudinem signorum, itaque et signa, per quae res omnes significantur, duodecim voluerunt esse.

Sed quoniam, septem circulis in prooemio propositis, de 4,6
quattuor circulis mentionem fecimus, ne septem ex ordine

161 et] ut N || **163** a *om.* δ || **165** enim *om.* Z *compl.* Z^{corr} || **166** vere F ver F^{corr} | monstratur P || **167** vernale LF | tribus *om.* MRPLFδZ *Le Bœu.* || **168** iam *scr. ante* incipit L || **168-169** ad aequinoctium transire Z || **169** autumnale] vernale F | Chele Scorpius Sagittarius] quod perficitur L || **169-170** Chele ... autumnale *om.* RP || **170** tribus *om.* N | autumnus ... autumnale] Libra Scorpione Sagittario L || **171** tribus *om.* W || **172** conficere *om.* N transiere S transigere MRLFZ conficere M^{corr} | nonnulla L nulla L^{corr} | sunt *om.* Z sint Z^{corr} || **173** signa *om.* P *compl.* P^{corr} | ideoque NZ | quod *om.* Z | Scorpius Z || **174** corporis] Scorpionis N | locorum FZ | signa Z | prius N || **174-175** pars prior Z || **175** autem *om.* F | Scorpius Z | priores enim] priore senis R || **176** astronomici Fδ || **177** messes N || **177-178** per ... significantur] perquirentes omnes significantes F || **178** omnis M omnes M^{corr} | significatur M significantur M^{corr} || **4,6** *Desunt* AEY | **179** quoniam *om.* Z || **180** circulis *om.* R demonstratis aliquid a nobis obscurius dictum videatur, de septem superant tres, arcticus, antarcticus et ille qui lacteus vocatur; itaque de his dicere incipiemus. Arcticum igitur orbem sustinet caput Draconis cum reliqua corporis parte, Cepheus autem pectore suo circulum iungit. Eodem orbe nituntur et pedes maioris Vrsae; praeterea sedile Cassiepiae cum pedibus eius nititur ipso circulo et dextra planta genuque sinistro et pedis prioribus digitis is qui Engonasin vocatur et manus sinistra Bootis exteriore parte circuli pervenit coniuncta. Ad antarcticum autem circulum pervenit extrema Navis Argo pedesque Centauri posteriores adiunguntur, priores autem paene contingere et Ara videtur prope affixa et Eridani Fluminis extrema significatio.

4,7 Reliquum est nobis definire quem supra lacteum orbem demonstravimus; is enim dividit Oloris extremam sinistram pennam quae extra aestivum pervenit finem. Praeterea transit manum dextram Persei et ab humero sinistro Aurigae per-

181 dictum *om.* RZ *compl.* $R^{corr}Z^{corr}$ | videbatur P videatur P^{corr} | sed *add. ante* de αLWZ *om.* $M^{corr}P^{corr}$ || **182** antarcticus *om.* NZ *compl.* Z^{corr} || **183** appellatur Z | incipiamus R incipiemus R^{corr} | *ante* arcticum *titulum add.* de arctico circulo L arcticus Z | arcticum igitur] arcti coniungitur N || **184** parte corporis Z || **185** nititur P nituntur P^{corr} || **186** maiores S | Cassiepae M Casiepiae (-phie L -phye F) RLFWZ Cassiepiae M^{corr} || **187** *post* eius *add.* et W e B | nititur ipso circulo *om.* αLF *compl.* P^{corr} | nitatur P^{corr} | ipsi P^{corr}Z | et *om.* δ | de *add. post* et αLZ *om.* $M^{corr}P^{corr}L^{corr}$ | dextra *Burs.LeBœu.*] dextro αLFZ sinistro δ | planta *Burs.LeBœu.*] plano αL pede $M^{corr}P^{corr}$ FδZ || **188** sinistro] dextro δ | pedes αL pedis $M^{corr}R^{corr}P^{corr}L^{corr}$ | prioris RP prioribus P^{corr} | is] eius αLFZ || **189** manu SNMPLF | Booti SNML Boetis Z Bootis M^{corr} || **190** *ante* ad *titulum add.* antarticus Z | circulum autem L || **192** paene] prope M^{corr}Pδ | contingere et Ara *om.* Z || **192–193** et Eridani] Eridanique P || **193** Heridiani M | extra L || **4,7** *Desunt* AEY | **194** *Titulum add.* de lacteo circulo L lacteus Z | nobis est FB | nobis *om.* R | lacteum supra N || **195** is] ipse RP | Olori Z | extremi SNM R^{corr}PLF extrema R *om.* Z extremam $M^{corr}P^{corr}$ | sinistram *om.* R *compl.* R^{corr} || **196** aestivum] circuli L || **197** dextram manum R || **197–198** Persei ... dextram *om.* N veniens sub manum eius dextram et Geminorum genua et pedes eius signi quod Procyon vocatur; hinc dividens aequinoctialem et aestivum circulum tangit extremum finem mali qui in Argo Navi defixus videtur, deinde rursus revertens genua Centauri dividit a reliquo corpore et extremam caudam terminat Scorpionis et arcum medium Sagittarii et Aquilae dimidiam partem per eius transiens pennas.

Quoniam de huiusce modi rebus exposuimus ordine, 4,8
mundi rationem et quemadmodum moveatur, protinus dicemus et in duodecim signorum exortu quae deinde corpora consequantur et quae perveniant ad occasum. Convenit nobis mundum ab exortu ad occasum verti ideo quod videmus stellas exorientes ad occidentem converti; sic enim primum poterimus scire qui sint exortus et qui occasus. Simul enim nostrum aliquis astiterit contra exorientem, necesse est Arctos nobis a sinistris partibus esse; cum id ita fiat, illud quoque necesse est ut omnia a dextris partibus exorta in sinistris occidere videantur, de quo et ante diximus. Igitur cum videamus stellas exoriri et occidere, necesse est mundum quoque cum stellis verti.

Sed nonnulli aiunt nihilominus id evenire posse ut, stante mundo, stellae exoriantur et occidant; quod fieri non potest.

198 et *add. ante* sub Lδ | manu LZ | dextera Z || **199** hic PLδ hinc L^{corr} || **200** et aestivum *om.* Z || **201** quod L | agro N | defixum L || **202** a reliquo dividit R || **4,8** *Desunt* AEY | **205** modi *om.* αLFZ^{corr} || **207** exortum Z | inde B | corpora *om.* P *compl.* P^{corr} || **208** veniant F | occasum] hoc casum R || **209** everti R || **209-210** ideo quod … converti *om.* Z *compl.* Z^{corr} || **210** exoriente L | primum] converti Z || **211** simul] si L || **212** aliquid Z | adstiterit SN extiterit B | orientem LFZ | est *om.* P *compl.* P^{corr} | Arctos *om.* RP *compl. post* nobis P^{corr} || **212-214** Arctos … necesse est *om.* Z || **214** e SNMLδ a M^{corr}L^{corr} | *post* sinistris *add.* partibus W occidere B || **215** videntur R videantur R^{corr} | qua P quo P^{corr} | et *om.* Z || **216-217** cum stellis quoque B || **217** converti Z || **218** id *om.* L *compl.* L^{corr} | venire SNMR | ut stante] si stante SNRPL sistente M ut stante P^{corr}L^{corr} || **218-219** mundo stante F || **219** stellae *om.* L *compl.* L^{corr}

Si enim stellae vagae feruntur neque mundus ipse vertitur, non possunt corpora stellis figurata incolumia aut certa permanere; illud enim videmus in toto mundo stellas erraticas esse quinque neque harum cursum quemquam posse definire, Aratum ipsum negare se difficiles earum cursus interpretari posse. Quomodo igitur, cum quinque stellas nemo possit observare, tot milia quisquam possit pervidere nisi qui permittit hoc cursu stellarum posse nihilominus figuras corporum permanere? Quod si non est, tota sphaera ad irritum revocabitur; quicumque enim sphaeram fecerit non poterit efficere ut, sphaera stante, nihilominus stellae versentur. Illud etiam videmus in extrema cauda Draconis stellam esse quae in se vertatur et in eodem loco constet; quod si omnes stellae vagae feruntur, hanc quoque loco moveri necesse est, quod non evenit. Igitur necesse est mundum quoque, non stellas verti.

4,9 Quoniam ostendimus mundum cum stellis potius quam stellas per se verti, nunc reliqua dicemus. Cum enim traditum sit nobis prius noctem quam diem fieri, noctem dicemus umbram terrae esse eamque obstare lumini solis, etsi nonnulli dixerunt id solis cursu evenire et, cum pervenerit ad eum locum ubi occidere dicatur, ibi montium magnitudine a nobis lumen averti solis, et ita noctem videri. Quod si

220 revertitur R volvitur P vertitur P^{corr} || **221** aut] et P | certe RB || **223** horum αF || **224** negare se] negasse F negare se F^{corr} | eorum αL Fδ || **225** igitur] enim Z || **226** poterit Z | nisi qui] numquid Z nisi et F nisi qui F^{corr} || **227** permittat P^{corr}Z mittit F permittit F^{corr} | hoc cursu] hoc cursus $M^{corr}P^{corr}$B ob cursus P occursus W | posset F | *post* posse *add.* esse et P^{corr}δ || **228** si *om.* P *compl.* P^{corr} | ad *om.* Z || **231** etiam] enim N | videamus F | esse stellam Z || **232** versatur PZ vertatur P^{corr} | et] ut N | loco *om.* N || **234** de mundi volubilitate *add. post* evenit L | igitur] unde Z || **4,9** *Desunt* AEY | **235** stellas L | quam potius αLF || **236** per se stellas Z || **237** nocte R | dicimus L || **238** umbram *om.* R | esse terrae Z | abstare R | etsi] et sicut R || **239** dixerunt *scr. post* evenire Z | id] in αLδZ | et *Bu.LeBœu.*] ut *codd.* || **240** dicitur RL^{corr}FZ videatur B | ubi R || **241** et ita] etiam αLFZ et iam *LeBœu.* et ita $M^{corr}P^{corr}$ | videri] induci Z | si *om.* P *compl.* P^{corr}

ita sit, nimirum eclipsin solis verius quam noctem diximus, sed aliter esse ex ipsa sphaera intellegere licebit.

Horizon enim dividens ea quae videntur et quae non ap- 4,10
parent ita definit sphaeram ut semper sex signa de duodecim in hemisphaerio videantur, hoc est ut supra terram, sex autem signa sint infra, quod est sub terra. Igitur, cum in uno eorum sol nixus ferri videatur, ab eo circulo qui horizon vocatur exoritur; itaque incipit lucere cum nihilominus ipse mundus vertatur cum reliquis signis.

Sed quo facilius intellegatur, solem esse in Ariete ponamus, a quo duodecim signa instituimus numerare. Igitur, cum sol sit in Ariete exoriente, dies est; qui cum vertente se mundo pervenit ad eum circulum qui μεσημβρινός vocatur efficit diei partem dimidiam. Sed sic etiam facilius intellegitur et rursus ab eodem Ariete incipiemus. Cum Aries est exortus, praeter eum haec signa sunt in superiore hemisphaerio: Pisces, Aquarius, Capricornus, Sagittarius, Scorpio; horum cum tria signa occiderint, hoc est Scorpius, Sagittarius, Capricornus, et exorta sint tria signa quae Arietem sequuntur, hoc est Taurus, Gemini, Cancer, tum fieri dimidium diem necesse est et Arietem pervenire ad eum quem

242 fit Z | dicimus Z || **4,10** *Desunt* AEY | **244** videtur B videntur B^{corr} | quae *om.* Z || **246** hoc est ut *om.* M^{corr}PFδ *LeBœu.* est ut *om.* Z | sex] VII Z | autem *om.* L || **247** signa *om.* RW | autem VI *add. post* infra L | quod *om.* M^{corr}PFδ *LeBœu.* | est *om.* αFδ *LeBœu.* | terram W | in *om.* L *compl.* L^{corr} || **248** ferri *om.* R *compl.* R^{corr} | videantur R videatur R^{corr} || **249** cumque αLZ cum M^{corr} | ipse *om.* Z || **251** intellegatur *om.* α sit L intelligamus FZ *compl.* M^{corr}P^{corr} | ponamus *scr. ante* solem Z *post* esse P^{corr} *LeBœu.* | Arietem B | ponamus *om.* α dicamus F *compl.* M^{corr} dicemus (*scr. post* esse) L || **252** numerare] nominare Z || **253** qui cum] quod αL qui Z qui cum M^{corr}P^{corr} || **254** cum *add. ante* pervenit Z | et *add. post* vocatur L || **255** sed *om.* P^{corr} || **256** et] ut N || **257** haec *om.* SMRP hunc N *compl.* P^{corr} || **258** Scorpius Z || **259** Sagittarius Scorpius Z || **260** et *om.* M^{corr}δ | sunt αLδZ || **261** dimidiam F dimidium F^{corr} || **262** venire Z μεσημβρινόν esse circulum supra diximus. Cum autem cum reliquis signis ipse Aries occidit et exortus est Leo, Virgo, tum Chelae exoriuntur et in superiore hemisphaerio vehuntur; quae cum occiderint, rursus Aries exortus efficiet lucem.

Sed ne in dubium veniat, cum Ariete occidente dixerimus Chelas exoriri, quid de reliquis signis sine sphaera possit intellegi, sic invenietur: in quocumque signo sol fuerit exoriens, quodcumque ab eo signo septimo loco fuerit, id noctu primum exorietur et ita conficiet cursum. Mundus enim ipse semel in die ac nocte verti videtur; itaque evenit ut ipsa signa duodecim semel in die ac nocte videri possint. Sed, ne solis cursus de quibus postea sumus dicturi potius quam quod ante coepimus, enumeremus, ad inceptum revertamur. Diximus enim principium esse mundi noctem, deinde diem, inter noctem et diem praeter umbram terrae nihil interesse arbitramur; sed quoniam supra signorum et corporum exortus instituimus, ad hoc perveniemus.

4,11 Igitur vertente se mundo per utrosque polos et axem quem supra dimensionem sphaerae diximus esse et ita sphaera collocata ut unus polus semper sit supra terram, alter numquam exoriatur, necesse est Arctos quoque et reliqua corpora quae

264 et *om.* L *compl.* L^{corr} | et *add. post* Leo P | *post* Virgo *add.* Chele transire SNMP et Chele transierint R Chele L *om.* M^{corr}L^{corr} || **265** et *om.* L *compl.* L^{corr} | hemisphaerio superiore R || **266** occiderit Z occiderint Z^{corr} | exortus *om.* W | efficit L | lumen W || **267** in *om.* RP || **268** signis *om.* Z | sine] in F | posset α || **269** inveniuntur R inveniantur P^{corr} invenitur L invenietur L^{corr} | signo *om.* R *compl.* R^{corr} | in *add. post* signo M^{corr} || **270** noctu] in hoc F *om.* F^{corr} || **271** efficiet Z || **272** ita S || **273** possunt F || **274** cursum F | quibus] quo F || **275** quae Z | coepimus] accepimus L coepimus L^{corr} | enumerus N numeremus F | revertemur SNMPδ || **276** enim *om.* Z | mundi *om.* Z | noctem Z diem Z^{corr} || **276–278** diximus … arbitramur *om.* L *compl.* L^{corr} || **277** umbra W | interesse] esse P || **278** arbitramus R | signorum supra Pδ | exortus *om.* F || **278–279** sed … perveniemus *om.* Z || **4,11** *Desunt* AEY | **280** se vertente Z | per *add. ante* axem δ | axem *om.* Z | quae Z || **282** super B sunt in arctico circulo numquam occidere, reliqua autem omnia exoriri et occidere, quod inferiora sunt ab eo circulo quem numquam occidere diximus. Id enim posse fieri haec edocet causa: videmus caput extremum Draconis, quod maxime arcticum extra circulum prominet, quodam tempore ita occidere ut exortus cum occasu permisceatur, ut et ante diximus; si autem pars aliqua occidere de summo circulo videtur, necesse est omnia quae sunt inferiora exoriri et occidere. Igitur convenit nobis sidera vertente mundo occidere et exoriri.

Praeterea hac inclinatione caeli, cum unus circulus ita sit erectus ut numquam occidat, alter ita sit terrae subiectus ut numquam exoriatur, quicumque circuli fuerint in sphaera, hoc est ab aequinoctiali ad polum qui boreus appellatur, nullus erit eorum qui non maiorem partem circumductionis habeat supra terram; qui autem ab aequinoctiali fuerint circulo ad eum polum qui notius appellatur, omnes inferiorem partem maiorem habebunt quam superiorem. Et quanto magis ad polum notium accesserint, hoc maiorem partem sub terra habere perspicientur et, quanto magis ad boreum finem venerint, hoc maiorem partem circuli supra terram tenere videbuntur. Quo enim erectior ipse polus fuerit, hoc magis et cir-

284 diximus *add. post* occidere M *om.* M^{corr} || **284–286** reliqua … diximus *om.* L *compl.* L^{corr} || **285** quae Z | inferiore B inferiora B^{corr} || **286** dicimus Z | id enim] iterum Z || **287** edocet] et docet N docet L^{corr}F || **288** ut *add. ante* quodam R | *post* occidere *add.* existimatur SNMPLδZ existimetur R aestimatur F || **289** ortus L exortus L^{corr} | et om. LF || **290** aliqua *om.* L *compl.* L^{corr} || **292** vertente *om.* Z | exoriri et occidere F || **294** erecta B erectus B^{corr} | ut numquam] unum quam R | occidat *om.* Z | ita *om.* L *compl.* L^{corr} | terra δ || **295** circuli *om.* M *compl.* M^{corr} || **297** eorum erit RW | illorum L eorum L^{corr} || **298** super FB | autem *om.* Z | fuerint *om.* Z fuerit Z^{corr} | circulo fuerint R || **299** et *add. post* appellatur Z *om.* Z^{corr} | partem *om.* Z || **301** hoc *om.* Z | maiorum N || **302** perspiciantur Z | pervenerint B || **303** hanc Z hoc Z^{corr} | maiorum N | super F || **304** et] ex B et B^{corr} || **304–305** hoc magis … quod *om.* Z culi eius erectiores videbuntur. Quod cum ita sit, si duo sidera simul fuerint orta, unum ab arctico, alterum ab antarctico circulo, serius occidet id sidus quod ab arctico circulo fuerit exortum, ideo quod maiorem habet circumductionem sphaerae quam quod a notio polo est ortum; si autem simul occiderint, serius exorietur id signum quod ab antarctico fuerit exortum, ideo quod tota illa collocatio mundi maiorem partem habet sub terra quam illa pars quae in boreo polo est finita.

Et non modo signa quae sunt ad arcticum finem collocata, praestantibus corporibus, aut serius occidunt aut ante exoriuntur quam ea quae notio polo depinximus, sed ipsa quoque corpora inter se dissentiunt ut si quod inferius sit signum et id cum superiore exoriatur, ⟨hoc⟩ tamen serius occidat. E contrario ita si qua sunt signa ab aequinoctiali circulo ad notium polum figurata, horum si qua signa pariter exorta fuerint, citius occident quae proxime polum accedunt. Evenit etiam ut non modo quae simul sunt exorta sidera, ex his serius occidant quae proxime arcticum circulum sunt collo-

305 cum *om.* R | ita … duo *om.* Z | fit M^{corr}RP || **305-306** fuerint simul sidera Z || **306** aliud F || **307** circulo *om.* L *compl.* L^{corr} | series N | id occidet R || **310** occiderit SN^{corr}MRF occiderint M^{corr} | exorietur] occidetur F exoritur δ orietur Z | id] ad R | arctico B || **311** id RP ideo R^{corr}P^{corr} | illa tota B | collatio B || **312** in *om.* L || **314** antarcticum RP arcticum R^{corr}P^{corr} | collata B || **315** praestantis SNMRF praestantibus M^{corr} praestant iis *Bu.LeBœu.* | corporis RF | aut^{1}] ut L aut L^{corr} | occidunt *om.* Z occidant L *compl.* L^{corr} | aut^{2}] et SNMRLFδ *LeBœu.* | exoriantur L exoriuntur L^{corr} || **316** eam P ea P^{corr} | ea quae notio] aequinoctiali W | ipsi P ipsa P^{corr} || **317** corpora *om.* B | ut] aut N || **318** id *om.* Z | hoc *LeBœu.*] *om. codd.* | occidit LF | et *add. ante* e Z || **319** ita *om.* L itaque M^{corr}P^{corr}L^{corr}FδZ || **321** quam ea *add. post* occident δ | polo RL^{corr}F | accendunt N || **321-323** quae … occidant *om.* L *compl.* L^{corr} || **322** non modo *om.* Z | sunt *om.* N sint RP | exorta sunt Z | orta B || **323** arctico circulo R | collocatae B || **323-325** quae proxime … occidant *om.* Z cata, sed etiam si qua eorum ante exorta fuerint quae sunt ad notium polum finita, tamen ante occidant quam ea corpora quae in boreo polo figurata esse supra demonstravimus, ideo quod maiore circumductione sphaerae utuntur ea corpora quae ab aequinoctiali circulo ad arcticum finem sunt constituta. Igitur ostendimus qua inclinatione mundi sphaera sit constituta. Nunc ad duodecim signa revertemur et quorum exortu quae de reliquis corporibus occidant aut oriantur commemorabimus et initium ab Ariete faciemus.

Arietis exortu sinistra pars Andromedae provenire, Ara au- 4,12
tem occidere videtur; cum eodem sidere exoritur et Persei caput usque ad umbilicum, ut dubium videatur zona eius utrum usque extremo Ariete an Tauro primum exoriente prodeat ad lucem.

Tauro autem exorto, quae prius dubia fuerunt omnia sunt certa. Nam et Ara omnino occidit et Perseus totus est ortus et Aurigae caput cum reliquo corpore dumtaxat ad sinistrum pedem videtur et Pistrix a cauda exoriens perspicitur. Hoc signo primum occidere Bootes videtur, etsi cum quattuor signis occidit neque tamen totus ad terram potest pervenire;

324 etiam] iam δ | si qua] si quae L quae F si qua L^{corr} | fuerint *om.* α sunt $M^{corr}P^{corr}$ || **325** occident L occidunt F || **326** figuratae R figurata R^{corr} | sunt R | supra *om.* N || **328** constituta sunt S || **329** quae α qua M^{corr} | sphaerae SN || **329–330** igitur … constituta *om.* Z || **330** revertamur LB || **331** corporibus *om.* L *compl.* L^{corr} || **332** commemoravimus N || **4,12** *Desunt* AEY | **333** *Titulum add.* de exortu Arietis L | Arieti F || **334–335** Persei caput] per se incipit R || **335** fere *add. post* dubium PZ | videtur RW videatur $R^{corr}W^{corr}$ || **336** utrus usque M utrumque R utrum usque M^{corr} | ab *add. ante* extremo Z | a R an R^{corr} || **337** prodeant Z || **338** exoriente F | fuerant F || **339** omnino] supra memorata L | occidit omnino F | exortus L^{corr} || **340** sinistris B sinistrum B^{corr} || **341** videtur pedem B | et] at F | exoriens a cauda L | exoriens] exurgens Z || **341–342** et Pistrix … videtur *om.* RP *compl.* P^{corr} || **342** signum α signo P^{corr2} cum signo M^{corr} | occidente F occidere F^{corr} | Bootes] potest Z | perspicitur L videtur L^{corr} || **343** totus] ortus Z | venire NZ nam manus eius sinistra circulo arctico conclusa neque oritur neque occidit.

Geminis exorientibus tota iam Pistrix et Fluminis Eridani prior pars apparet et Orion exoriri videtur; occidit autem Ophiuchus a pedibus genuum fine.

Cancer exoriens obscurat dimidiam partem Coronae Pistricisque caudam et notium Piscem et caput cum reliquo corpore ad umbilicum eius qui Engonasin vocatur, Ophiuchum a genibus ad humeros et Anguem totum praeter caput et cervicem quae ex aestivo circulo tendit ad Coronam; Booten prope totum terra tenet tectum. Exoritur autem et Orionis corpus ad zonam et Eridanus totus apparet.

Exortu Leonis reliqua pars occidit Coronae cum capite et cervicibus Anguis et Ophiucho; Engonasin autem qui vocatur, eius praeter sinistrum genu et pedem nihil apparet et Bootes totus obscuratur. Exoritur autem caput Hydrae cum Lepore toto et Procyon cum pedibus prioribus Canis maioris et Aquila tota occidit.

Virgo autem exoriens non pauca sidera obscurat; nam statim Lyra occidit, cum Sagitta et Delphino, et Oloris a capite corpus ad caudam prope occidit et Fluminis prior pars et Equi caput cum cervicibus. Exoritur autem Hydra fine Crateris et Canis totus et Navis Argo fine totius veli.

344 sinistro N || **346** exorientibus] exurgentibus Z | quia superius cauda *add. ante* tota Z | Heridiani M || **349** obscuram N || **351** autem *add. post* Ophiuchum F || **352** totam N | praeterea αZ praeter M^{corr} || **353** ex *om.* SB | tandit R tendit R^{corr} | Boeten WZ || **354** prope] paene P | terra *om.* Z *compl.* Z^{corr} || **355** Heridianus M || **356** Leonis exortu R | Orione R Coronae R^{corr} || **358** pede SR | et^{2} *om.* P || **359** Boetes WZ || **360** prioris αδ *om.* L prioribus $R^{corr}L^{corr}$ | maioribus M *om.* P maioris M^{corr} || **361** et Aquila tota *om.* F *post* Ophiucho *linea* **357** *transpos.Le Bœu.* | Aquila] aqua δ | toto L tota L^{corr} | occidit *om.* αFδZ || **362** autem *om.* L | oriens R | siderat Z sidera Z^{corr} | obscurare N || **363** Libra Z Lyra Z^{corr} | a *om.* L *compl.* L^{corr} || **364** occidentem α occidit $M^{corr}P^{corr}$ || **365** fine] sive Z | Crater Z

Chelis exorientibus, videtur et Bootes exoriens totus et tota Navis apparet Argo Hydraque praeter cacumen extremum caudae quod est sub terra; exoritur etiam genu et sura eius dextra qui Engonasin vocatur. Hunc eadem nocte occidere et exoriri licet videre, reliquum autem corpus cum Scorpionis et Sagittarii provenit parte. Praeterea cum Chelis exoritur cauda Centauri, occidit reliquum Pegasi corpus et Oloris extrema cauda et Andromedae caput cum umbilico Pegasi et Pistrix reliquo corpore ad cervices ut caput eius solum videatur, et caput Cephei pendens ad Pistricis occasum cum manibus et humeris pervenit ad terram.

Scorpione exoriente, duae partes Fluminis occidunt et reliquum corpus Andromedae cum capite Ceti; occidit etiam Cepheus capite ad humeros, quae pars est extra arcticum circulum constituta. Obscuratur etiam Cassiepia resupinata occidens, exoritur autem Corona quae ante Centauri pedes iacere existimatur et reliquum corpus Hydrae quod caudae reliquum esse supra diximus; provenit etiam et corpus Centauri quod equina figura videtur et ipsius hominis caput et hostia quam tenere eum supra diximus, denique ad id corpus qua fine pedes eius sunt priores. Ophiuchi autem dumta-

367 Boetes Z | totus exoriens F || **368** navis tota S | navis *om.* M *compl.* M^{corr} | acumen δ || **369** exoritur] et oritur δ | sura] supra B || **370** dextra *om.* F | eodem NR eadem N^{corr}R^{corr} | noctem S | occidere *om.* R *compl.* R^{corr} || **371** et *om.* NMP | videri Z || **372** exoritur *om.* L *compl.* L^{corr} || **373** corpus Pegasi L || **375** Pistricis R | ad] ut M ad M^{corr} || **377** mani Z manibus Z^{corr} || **378** Scorpio R | quae supra caput *add. post* occidunt Z | et *om.* L *compl.* L^{corr} || **379** corporis LB corpus L^{corr} | Ceti *edd.*] Cephei *codd.* | etiam] autem Z || **379-380** etiam ... capite *om.* L *compl.* L^{corr} || **380** Cephei SNM Cepheus M^{corr} || **381** Casiepia (-phia F) RFδZ Casepia P Cassiepia B^{corr} | resupina LFδ *LeBœu.* || **382** pedes Centauri RBZ || **383** corpus *om.* αF | Hydrae reliquum P | de *add. post* quod L *om.* L^{corr} | caudam SNMPδZ || **384** reliquum *om.* PFδZ | etiam] autem R | et *om.* B || **385** caput hominis Z || **386** eum tenere L | ad id] addit Z || **387** quo L qua L^{corr} | autem] etiam M^{corr}P *om.* Z *compl.* Z^{corr}

xat caput exoritur et ipsius anguis caput quod est contra Coronam.

Sagittarium exorientem Ophiuchus totus exoriens insequitur et anguis qui ab eo tenetur, caput eius qui Engonasin vocatur et sinistra manus eiusdem, deinde Lyra tota cum Cephei capite et humeris exit ad lucem. Occidit autem Canis maior cum Orione toto et Lepore et Aurigae superiore parte corporis, praeterea caput et pedes eius; occidit etiam totus Perseus praeter crus et pedem dextrum, Argo autem puppim solam relinquens pervenit ad terram.

Capricornus exoriens haec sidera ad terram premere videtur: reliquam figuram Navis et signum quod Procyon vocatur, eodem tempore et reliquum corpus occidit Persei, exoritur autem Olor cum Aquila et Sagitta et Ara quam proximam esse notio polo diximus.

Aquarius exoriens ad dimidiam partem corporis Equi pedes secum de terra ducit et caput cum cervice Pegasi. At contra Centaurus a cauda ad humeros virilis corporis occidit cum Hydrae capite et cervicibus.

Piscibus exorientibus occidit reliquum Hydrae corpus et ipse Centaurus; exoritur autem Piscis qui notius vocatur et Andromedae dextra pars corporis.

4,13 Sic igitur orientibus duodecim signis, reliqua corpora occidere et exoriri videntur, sed, ut ante diximus, nunc proti-

388 caput anguis RF | contra] ante B | Coronam] Cancrum αLFZ || **390** Sagittario exoriente L Sagittarium exorientem L^{corr} || **391** eius *om.* W | Engonas B || **392** et *om.* Z | manu F^{corr} || **393** exiit δ | autem *om.* Z *compl.* Z^{corr} || **394** Orione] minore R | parte *om.* R *compl.* R^{corr} || **395** caput et pedes eius] cum capite et pede P^{corr} | etiam] autem N || **395-396** Perseus totus Z || **397** sola N solum δ || **398** hic L | videntur N || **399** navis figuram F figuram navis F^{corr} || **400** eo B eodem B^{corr} | corpus] caput Z | occidi N || **401** et^{1} *om.* Z || **403** exoritur αLFZ exoriens P^{corr} | Pegasi *add. post* Equi L || **404** ducit de terra Z || **405** virili L virilis L^{corr} | corpus SR corporis R^{corr} || **407** corpus Hydrae Z || **408** autem *om.* F || **4,13** *Desunt* AEY | **410** igitur *om.* L *compl.* L^{corr} || **411** et] vel Z nus de solis cursu dicemus. Necesse est enim solem aut ipsum per se moveri aut cum mundo verti, uno loco manentem. Quod si maneret, necesse erat eodem loco occidere et exoriri a quo pridie fuerat exortus, quemadmodum signa eodem loco semper oriuntur et occidunt; praeterea, si ita esset, necesse erat dies et noctes omnes aequales esse ut, quam longus hodiernus dies fuerit, tam longus semper sit futurus, item nox simili ratione semper aequalis permaneat. Quod quoniam non est, illud quoque necesse est, cum videamus esse dies inaequales, et solem alio loco hodie occasurum et alio heri occidisse; si igitur aliis locis occidit et oritur, necesse est eum moveri, non stare.

Solem autem contra mundi motum currere sic possumus intellegere: evenit enim ut duabus in causis sidera non possimus videre, quarum una est, cum abierint infra terram, nostrum quoque effugere conspectum, ita ut inferiore hemisphaerio ostenduntur; altera autem est ratio quod propter fulgorem solis et vim maximam luminis sidera obscurentur, sive quod stellis obsistit ne candor earum ad nostros perveniat aspectus, sive sui magnitudine luminis officit oculis nos-

412 enim est B || **413** per se *om.* Z || **414** manere RP maneret P^{corr} | occidere *om.* Z *compl.* Z^{corr} || **414–415** exoriri et occidere F || **415** quemadmodum] quando Z | signo L signa L^{corr} || **416** exoriuntur B || **417** necesse erat] necessus N necessaria R | omnes *om.* R || **418** longus[1] *om.* α | dies hodiernus BZ | longus[2] *om.* Z || **419** si *add. ante* semper LF | qua NM quae F quod M^{corr} || **420** quoque] non esse Z || **421** esse dies *om.* L *compl.* L^{corr} | inaequales et *om.* αLF inaequales *scr. post* esse Z *compl.* $M^{corr}P^{corr}$ | *post* solem *add.* esse L autem Z *om.* L^{corr} | hoc die R | casurum W || **422** aliis locis] alias F | oritur et occidit M^{corr}P || **423** est *om.* S | eam N^{corr} | non stare] monstrare S mostrare L non stare L^{corr} || **424** motum *om.* L *compl.* L^{corr} || **425** enim] autem L | ut] in Z ut Z^{corr} || **426** videre] evadere F videre F^{corr} || **427** inferius αL*Bu.* inferiora Z inferiore Z^{corr} inferiori *LeBœu.* | hemisphaerium L || **428** ostenduntur *ego*] ostenditur SMRPFδZ ostendit NL*Bu.* ostendantur *Burs.* ostendi dicuntur *LeBœu.* | est autem B || **429** fulgurem N | maximam vim N || **430** obsistet B obsistat B^{corr} || **431** sua αZ sui M^{corr} | magnitudini L *om.* Z magnitudine L^{corr}

tris ne praeter eius ignem aliam rem superiorem perspiciamus. Quod magis verisimile videtur; neque enim solis ignem eius modi videmus cuius modi reliquos ignes intellegimus, sed ita lumen avertit nostrum ut ipse quoque nobis non igneus, sed albus videatur esse.

Praeterea in unaquaque nocte undecim signa necesse est apparere ideo quod uno signo sol ipse nixus iter conficere videtur cuius figuram corporis ipse suo lumine obscurat; cum eo enim signo et occidere et exoriri videtur. Nonnulli dicunt nos duodecim signa dumtaxat hac ratione perspicere posse, si in eius signi prima novissimave parte consistat; habent enim duodecim signa partes eiusdem modi ut unumquodque eorum in longitudine habeat partes triginta, in latitudine autem partes duodecim. Itaque evenit ut in longitudine signorum annus, in latitudine autem singuli dies sint; in prima parte signi nihilominus nos reliquum corpus eius signi videre posse nonnulli dicunt, ut simili ratione et si fuerit in extrema parte signi. Quod fieri non potest; nam cum sol sit in qualibet parte signi et exoriatur, ita magnum videtur habere fulgorem ut omnia sidera obscuret. Illud tamen potest eve-

433 simile L verisimile L^{corr} | videatur B | enim *om.* N || **434** modi *om.* L || **435** quoque ipse W | nobis *om.* LZ *compl.* Z^{corr} || **437** unaquaeque R | undecim] XII R XI R^{corr} | necesse est undecim signa Z | signa *om.* L *compl.* L^{corr} || **438** in *add. ante* uno R | signo *om.* Z || **439** lumine] volumine P lumine P^{corr} || **440** eo] signo Z | enim *om.* PB *compl. ante* eo P^{corr} | signo *om.* Z | videtur et exoriri Z || **442** in *om.* FB *compl.* F^{corr} | novissimaque MFδ novissima NZ et novissima L novissimave Z^{corr} | sol *add. post* parte LFZ | consistant B || **443** enim *om.* Z *compl.* Z^{corr} | partis M partes M^{corr} | eius BZ | unum quod R || **444** longitudinem N | habebat R habeat R^{corr} | latitudinem SNM latitudine M^{corr} || **445** duodecim] XX R XII R^{corr} | ut in *om.* δ || **446** sit *add. post* annus P^{corr} | singuli *om.* L *LeBœu.* | sit NRL *LeBœu. om.* Z sint R^{corr}Z^{corr} | cum sol sit *add. ante* in^{2} Z | in^{2}] an WB^{corr} a B | autem *add. post* prima F || **446–447** parte prima L || **447** nos nihilominus Z | videri L signi P || **448** ut *om.* M^{corr}P^{corr}δZ | rationem N || **449–450** quod fieri ... signi *om.* N || **451** fulgurem N | obscurat N | non *add. ante* potest Z nire ut, cum sol sit in prima parte signi et occidat, reliquum corpus eius signi appareat; sed certius et verius est undecim signa quam duodecim apparere posse.

Praeterea quaeritur quare sol contra mundi inclinationem currens videatur cum ipsa sua sphaera occidere et verti. Nam si sol contra siderum occasum non curreret, de Ariete ad Pisces, non ad Taurum transiret; exoriri etenim ante Pisces quam Aries et occidere perspiciuntur et ita mundus verti videtur ut prius Pisces quam Aries occidant. Igitur diebus triginta sol in Ariete currens et eius corpus obscurans, sic dumtaxat apparet sol ut ex eo loco quo Aries ante exoriri videatur et post dies triginta sol videatur ab eodem loco surgere ex quo loco Taurus ante oriri videbatur. Igitur apparet solem ab Ariete ad Taurum transire; quod si ita est, necesse est eum contra mundi inclinationem currere.

Quare autem evenit, ut ante diximus, quod videtur cum mundo sol verti, eius similis haec est causa, ut si quis in naviculae rostro sedens hinc quaerat ad puppim transire et nihilominus ipsa navis iter suum conficiat, ille quidem videbitur contra naviculae cursum ire, sed tamen eodem perveniet quo navis. Hoc autem sic etiam facilius intellegetur, si na-

452 sit *om.* P sol M sit $M^{corr}P^{corr}$ | signi *om.* Z *compl.* Z^{corr} || **453** est et verius Z || **456** vergi L^{corr} || **457** si] nisi L^{corr} | non *om.* αLFZ | occurreret F | ad] et R ad R^{corr} || **458** transiret] curreret Z transiret Z^{corr} | exoriri] et oriri M^{corr} | etenim] ante L^{corr}F | ante *om.* αLF *compl.* $M^{corr}P^{corr}$ prius R^{corr} | Pisces ante Z || **459** et[1] *om.* αLZ *compl.* R^{corr} | occidant M *om.* Z occidere M^{corr} || **459–460** perspiciuntur … occidant *om.* M *compl.* M^{corr} || **460** itaque P igitur P^{corr} || **461** corpus *om.* B *compl.* B^{corr} || **462** ut *om.* SNMP *compl.* $M^{corr}P^{corr}$ | ut sol F | quo *om.* α LF *compl.* $M^{corr}P^{corr}$ | ante *om.* αLFZ *compl.* M^{corr} | videbatur Z || **463** et] ut SNL^{corr} *om.* Z | XXX dies P || **464** exoriri Z | videatur B videbatur B^{corr} || **467** autem *om.* PL *compl.* P^{corr} || **467–468** sol cum mundo Z || **468** causa est δ || **469** retro R | hinc quaerat] inquirat SMPLZ inquiat N quaerat RF || **470** quidem] quem Z quidem Z^{corr} || **472** etiam sic Z | intelligeretur SNP intellegitur (li- F) Fδ intelligetur P^{corr} | si navim] sin autem αLF sin navim δ si navem (-im $M^{corr}F^{corr}$) $M^{corr}P^{corr}F^{corr}$

vim diviseris in partes trecentas sexaginta, quemadmodum sol diebus trecentis sexaginta simul mundum transigit; eodem modo, ut ante diximus, si navis sit divisa et in una parte de trecentis sexaginta constituatur quilibet eorum – navis autem habet unius diei cursum –, ille quidem contra navem ire, sed cum ea ad locum definitum pervenire intellegetur. Non enim extra navem est qui a rostro ad puppim transit, sed ipsa navi continetur; item sol cum per ipsum mundum iter conficiat et eo contineatur, videtur contra mundum ire, sed cum eo pervenit ad occasum. Cum enim mundus trecenties et sexagies se converterit, tunc sol iter annuum conficit.

4,14 Quoniam de sole quae visa sunt nobis utilissima esse litteris mandavimus, nunc de luna dicemus. Etsi alta conati perscribere, velut natura voluminis ad hoc loci devenimus, ne nonnullis incaute huius rationem relinquentes aut propter magnum laborem defecisse aut inscientia superati non valuisse persequi videamur, nos autem non illorum existimationis timendae causa persequi constituimus et consuetudinis nostrae rationem demonstrasse, sed quod alterius quaeri volumen, hoc perlecto, noluimus nec tam diu rem cogitatam

473 quemadmodum] quando Z || **474** transigitur SNMP^{corr}F transigit M^{corr} || **475** divisa *om.* R *compl.* R^{corr} || **476** constituat α | quilibet constituatur B | earum δ *om.* Z || **477** habeat L | die F diei F^{corr} || **478** intellegeretur SNMR intellegitur B intelligetur M^{corr} || **479** non] ne N non N^{corr} | de *add. ante* rostro B | a puppi N || **480** in *add. ante* ipsa Z || **481** faciat LF conficiet B | continetur SNMPL contineatur P^{corr} || **483** iter] iterum Z | annum NMRZ annuum M^{corr} || **4,14** *Desunt* AEY | **484** nobis visa sunt Z || **485** alta] alia *Bu.LeBœu.* | praescribere NMPδZ || **486** naturam S | voluimus R voluminis R^{corr} | loqui SN | ne] me B || **487** nullis αLFZ nonnulli W nonnullis M^{corr}R^{corr} | incate S incata NM incassam R intactam LF indoctam Z incaute S^{corr}M^{corr} | rationem huius Z || **488** inscitia R || **489** videmur SN | illum P ullorum P^{corr} || **489–491** persequi … demonstrasse *om.* M compl. M^{corr} || **490** constituimus et *om.* αL instituimus sed δ *LeBœu.* et L^{corr}F || **491** nostri SNMP nostrae M^{corr2}P^{corr} | demonstramus R^{corr} | sed] et δ *LeBœu.* || **492** volumen] voluimus R volumus P^{corr} volumen R^{corr} | noluimus] voluimus M nolumus B volumus Z noluimus M^{corr} | cogitantem Z | et *add. post* cogitatam L *om.* L^{corr}

scriptam aliorum ad desiderium adducere. Praeterea cum reliqua omnia diligentissime persecuti fuerimus, alienum videtur esse nos non eandem persequi causam.

Quare, sicut ante diximus, ad inceptum revertamur et, ut necessario totidem verbis de luna ac sole dicere videamur, dicemus ita: lunam per alios exortus et occasus necesse est moveri, non stare idque facilius quam de sole licet intellegere. Neque enim tam magnus ardor eius est ut officiat oculis nostris neque, ut sol, dies triginta unoquoque signo vehitur ut difficile sit intellectu quanta particula luminis aut ipsius signi superesse videatur cum ad aliud transierit signum. Luna enim cum diebus triginta duodecim signa percurrat, licet intellegere duobus diebus et sex horis lunam in aliquo signo esse; hanc autem, cum a sole lumen accipiat et ita nobis lucere videatur, non est verisimile de tam multis causis potius eam stare quam moveri. Si enim suo lumine uteretur, illud quoque sequebatur eam semper aequalem esse oportere nec die tricesimo tam exilem aut omnino nul-

493 scripto M^{corr}L^{corr}FδZ discriptam R^{corr} | ad *om.* P *compl.* P^{corr} | adducere ad desiderium R | ducere Z || **494** prosecuti R || **495** nos non] nos αL^{corr} non L nos non M^{corr}P^{corr} || **496** sicut] si SN fit P sicut P^{corr} | revertemur L^{corr}Fδ | ut *om.* αFδZ || **497** verbis *om.* Z | ac] a R | de *add. post* ac L | dicere videamur *om.* P^{corr}Fδ || **498** dicemus ita *om.* M^{corr}P *compl.* P^{corr} | *post* lunam *add.* solo SNMP solam R sole L a sole FL^{corr} *om.* P^{corr} || **499** movere L^{corr} | et *add. ante* non Z | idque] hicque SNMR hoc autem L id quod Z idque M^{corr} | de *om.* N || **500** enim *om.* F | eius ardor P | eius *om.* Z *compl.* Z^{corr} || **501** vertitur Z || **502** intellectum N | parti cultu N | luminas Z luminis Z^{corr} || **503** videtur SMPLZ videatur P^{corr}L^{corr} | cum] quin SNMR^{corr}P qui R cum M^{corr}P^{corr} | transigerit F transiret Z || **504** enim *om.* P *compl.* P^{corr} | duodecim] XI F | XII signa diebus XXX P || **505** duos dies S duo NMR duos P duobus et diebus F duobus diebus M^{corr}R^{corr}P^{corr} | et *om.* F | sex] VII Z || **506** alio NMRPL^{corr}FδZ uno *LeBœu.* | haec LF^{corr} δ | a *om.* Z | esse *add. post* sole Z || **506–507** lumen … tam *om.* Z || **508** eam stare] tam stare M^{corr} constare RP eam constare Z eam stare P^{corr} || **509** sequebatur] videbatur LF^{corr} sebatur F uteretur B se Z sequebatur B^{corr} sequi Z^{corr} | eam semper] quod Z eam semper Z^{corr} || **510** diem tricesimum N | de F die F^{corr} | trecentesimo S | exiliet N lam videri, cum totum transegerit cursum, sol autem ad aliud transire signum intellegatur; praeterea si suo lumine uteretur, huius numquam eclipsin fieri oportebat.

Sed ne dubium fiat quare solis eclipsis fieri possit, qui utrisque lumen dare supra sit dictus, lunae autem non facile fiat, cum alieno lumine utatur, eius haec verissima, ut arbitramur, est causa: luna enim cum ex toto mundo et omnibus stellis maxime terrae proxima videatur et ad acies nostras perveniat et quodam tempore currens perveniat ad eundem locum signi quo sol vehitur, obscurare lumen eius a nostro conspectu videtur; hoc autem maxime evenit die novissimo cum luna transierit in duodecim signa et sol ad aliud signum transire videatur et proxima fiat illi. Quod evenire sic etiam potest intellegi ut, si quis alicui manum planam ad oculos admoverit, quanto magis sic fecerit, hoc minus ille videre poterit et quanto longius ab eo discesserit, hoc magis illi omnia poterunt apparere; simili ratione, cum luna ad solis locum pervenit, tunc proxima ei videtur esse et radios eius obturare ut lumen eicere non possit. Cum autem luna ab eo loco discesserit, tunc sol lumen eicit et ita ad corpora nostra adicit.

511 *post* cum *add.* enim SNMRLFZ *LeBœu.* autem P | transierit NRF | sol] sola αFδ sol S^{corr}F^{corr} | autem *om.* LF^{corr} || **512** alium SN MF aliud F^{corr} | intelligitur L || **514** eclipsis solis Z || **515** sit supra W | dictus sit L || **516** verissime F | arbitretur Z || **517** causa est Z | lunae R | enim] autem L || **518** proxima terrae LZ | ad *om.* SNMPW *compl.* P^{corr} || **519** praeveniat P perveniat P^{corr} | currens *ex* R^{corr}] torrens *rell. codd.* | praeveniat B || **520** signi *om.* L *compl.* L^{corr} || **521** evenit] videtur Z || **522** duodecim signa] XIImo signo RF XII signo L | cum *add. ante* sol M^{corr}Z || **523** fiet M^{corr}P || **524** aliquo SNMRL alicui M^{corr}L^{corr} | manum] mundum Z | plenam L planum Z planam L^{corr} | oculo R oculos R^{corr} || **525** quantum NZ | sic] hoc R | ille *om.* δ | videri NMPδ videre P^{corr} || **526** quanto] quam δ | discesseris SNM^{corr}F || **527** poterint NFδ || **528** pervenerit B | ei proxima Z | ei] eius MPL ei M^{corr}P^{corr} | videatur F | obscurare SδZ obscurari P^{corr} obturare W^{corr} || **529** ut] et SN | eicere] emittere M^{corr}Pδ | possint SNRPLFZ || **530** ad nostra adicit corpora P

Lunae autem eclipsis sic evenit cum prope una dimensione sit luna, cum abierit sol sub terram, dumtaxat hoc modo ut per mediam terram si quid directum traieceris, contingere possit solem sub terra, lunam autem supra terram. Quod cum ita evenit, necesse est solis radios propter magnitudinem terrae ita esse dimissos ut lumen eius quo luna lucet non possit ad eam pervenire et ita existimatur fieri eclipsis lunae. Quae si suo lumine uteretur, licebat ne apparere quidem umquam solem, ideo quod luna nihilominus luceret; sic autem accipit lumen ut luceat cum sol venerit per terras, sed ita ut aliquem locum conclusiorem et non totum spatium impleat lumine. Si quis nostrum astiterit in eo loco quo maxime sol lucet, reliquis partibus lumen a sole accipiens praebebit; id in luna fieri invenitur eam solis lumine accepto lucere.

Nonnulli existimant, cum dicitur sol in Ariete aut quolibet signo esse, eum supra ipsas stellas Arietis iter facere; qui

531 autem *om.* Z etiam L | sic] si R si sic L ita B | evenerit SNMRL FZ evenit M^{corr} | sit (?) *add. post* prope Z || **532** sol *om.* αL *compl.* M^{corr} P^{corr}L^{corr} | terra N || **532–534** dumtaxat … sub terra *om.* M *compl.* M^{corr} || **533** terram mediam L | quod B || **534** posset L possit L^{corr} | terram NMRPF | luna N || **535** quod *om.* P quo N *compl.* P^{corr} | evenerit F | prope P propter P^{corr} || **536** terrae *om.* P *compl.* P^{corr} | dimensos F | lumen] luna P lumen P^{corr} | lumen eius quo *om.* B | quod R quo R^{corr} || **537** existimari SNMR existimatur M^{corr}R^{corr} volumine L || **538** ne] non R nec F | apparente R^{corr} || **539** quidem *om.* L *compl.* L^{corr} | numquam SNMRL umquam M^{corr}L^{corr} | sole R^{corr} || **540** autem *om.* B namque P | accipiet SNM^{corr}RLδ acciperet F^{corr} accipiat Z | ut] et SNMRF ut et P^{corr} | luceret SMF^{corr} lucerit N lucebit R lucebat F luceat M^{corr} | venerit] luxerit L | super R^{corr}LF^{corr} | terram Z || **541** sed] si δ | ita] nam SNM cum R non PL^{corr}FδZ *LeBœu.* | ut] aut SNMR *om.* F || **541–542** et … spatium] totumque spatium M^{corr}Pδ *LeBœu.* || **542** assisterit M steterit M^{corr}PFB *LeBœu.* asteterit P^{corr} || **543** sol maxime Pδ | partibus *om.* RPF *compl.* P^{corr} || **544** cum *add. post* invenitur R | a *add. ante* solis SNRPL || **545** accepta SNMPδZ | revibratione *add. post* accepto δ *LeBœu. post* lucere P^{corr} *post* existimant P || **546** aestimant Z | dicatur SNMRFZ iudicatur L dicitur M^{corr} | in *add. ante* quolibet M^{corr}PδZ *LeBœu.* || **547** eum] aut RF eum R^{corr} aut eum L^{corr} | ipsas *om.* Z *compl.* Z^{corr}

autem hac ratione utuntur, longe a vera ratione errant. Nam neque sol neque luna proxime sidera apparent; hac etiam de causa nonnulli septem stellas erraticas finxerunt, adiungentes eodem solem et lunam quod cum quinque stellis feruntur. Luna enim proxime terram est; itaque diebus triginta totum mundum existimatur transire. Id hac evenit ratione, ut si quis intra circulum zodiacum fecerit circulos et eos hoc intervallo finxerit ut terra sit in medio et a terra unam mensionem fecerit ad lunam quam Graeci τόνον appellaverunt – hoc autem, quia non certum spatium potuerunt dicere, τόνον dixerunt –, igitur abest luna a terra tonum unum; hac re igitur quod brevissimo circulo devehitur, diebus triginta ad primum pervenit signum.

Ab hoc circulo abest circulus tonum dimidium quo cir-

548 hanc rationem N | vera ratione] veritate P vera ratione P^{corr} || **549** proximo sidere L proxime sidera L^{corr} || **550** erraticas stellas Lδ | fixerunt N || **551** eisdem RLF eundem Z eodem Z^{corr} | sole et luna SN | stellis V Z | stellas N stellis N^{corr} || **552** proxima R^{corr}LFZ | terra SNP terrae RLFZ terram P^{corr} || **553** ut *om.* M^{corr}Pδ || **554** si quis … circulos] si quis intra zodiacum fecerit circulo N si circulos quis intra zodiacum ambitum fecerit circulos M^{corr} si quis intra circulum zodiacum fecerit circulum R si quis intra circulum zodiacum fecerit circulos R^{corr} si circulos quis intra zodiaci ambitum fecerit Pδ si quis intra circulum zodiacum fecerit Z | et eos] sciet eos NMR eosque sic M^{corr}Pδ quinque et eos L eosque Z | hoc *om.* δ || **555** fixerit SNMPL finxisse R finxerit M^{corr}R^{corr}P^{corr} | et *om.* P *compl.* P^{corr} | ad terram S MR *om.* M^{corr} | unam a terra Pδ unam a terra M^{corr} | dimensionem RL mansionem Z || **555-556** ad lunam mensionem fecerit M^{corr}δ usque ad lunam mensionem fecerit P^{corr} || **556** fecerint N | fecerit ad lunam *om.* RP *compl.* R^{corr}P^{corr} | quae N || **556-557** quam Graeci … potuerunt *om.* R quam Graeci … dicere *om.* P *compl.* P^{corr} *usque ad* Graeci R^{corr} || **557** hoc] hunc SNMP^{corr}δ *LeBœu.* tunc P^{corr2} | autem *om.* Z | quod L || **557-558** hoc autem … dixerunt *om.* F || **558** igitur … unum *om.* M^{corr}PFδ | abest luna a terra] a luna terrae SMZ ad luna terrae N a luna terrae est R | tono uno R^{corr}L | igitur re Pδ || **559** quia Z | XXX diebus B | triginta] CXXX Z || **559-560** ad … pervenit] pervenit ad unum Z || **561** et *add. ante* ab F | tono dimidio RLF emitonio M^{corr}Pδ | circulo *om.* M^{corr}Pδ *LeBœu.* loco F culo Mercurii stella vehitur, itaque diebus triginta ad alterum signum transiens tardius. Ab hoc circulo abest alter tonum dimidium quo loco Veneris stella iter suum dirigit, tardiorem conficiens cursum quam Mercurii stella; transit enim ad aliud signum diebus triginta. Supra huius stellam solis est cursus qui abest ab Hespero stella quae est Veneris tonum dimidium; itaque cum inferioribus pariter pervolans anno uno duodecim signa percurrit, tricesimo die ad aliud transiens signum. Supra solem igitur et eius circulum Martis est stella quae abest a sole tonum dimidium; itaque dicitur diebus sexaginta ad aliud signum transire. Supra hunc circulum Iovis est stella quae abest a Martis tonum dimidium; itaque anno uno transit ad alterum signum. Novissima stella Saturni quae maximo vehitur circulo; haec autem abest a Iove tonum. Itaque annis triginta duodecim signa percurrit

562 stella Mercurii Z | Mercurio W | sidus M^{corr}Pδ | aliud RF || **563** ab *om.* P *compl.* P^{corr} | alter *om.* αFδ *LeBœu.* || **563-564** tono dimidio RL || **564** Veneris ... dirigit] iter suum Veneris dirigit astrum M^{corr}P Veneris stella iter suum dirigat R Veneris est stella L Veneris est stella iter suum Veneris dirigit astrum L^{corr} iter suum dirigit Veneris astrum F iter Veneris suum dirigit astrum δ || **564-565** tardiorem ... stella] tardius Mercurii quam stella conficiens cursum M^{corr}PLFB tardius stella Mercurii quam conficiens cursum W || **565** stellas N | transit] transiens N || **567** Vespero SMRL^{corr}F Vesper N Vespere L Hesperio W Hespero M^{corr} | stella *om.* P || **568** tono dimidio RLF medietate toni MPδ | ita S | cum *om.* αZ *compl.* M^{corr}P^{corr} | inferiores P inferioribus P^{corr} | permeans P volans Z pervolans P^{corr} || **569** uno anno B || **570** igitur solem Z || **571** qui Z | tono dimidio M^{corr}RPLFδ || **572** transire signum Z | hunc orbem supra P || **573** est *om.* M *compl.* M^{corr} | abest *om.* P *compl.* P^{corr} | a Martis abest B | emitonio M^{corr}Pδ tono dimidio RLF || **574** uno anno α | ad alterum transit M^{corr}L || **574-575** Saturni stella F || **575** Saturno M Saturni M^{corr} | vehitur *om.* Z || **575-576** abest ... tonum] tono distat a Iove M^{corr}Pδ abest a Iove tono RL ab Iove abest tono F abest a Iove tonum unum Z || **576** ita S itaque S^{corr} | annis *om.* F | percurrit signa P et tamen ab ipsorum siderum corporibus Saturnus abest tonum unum et dimidium.

Hac igitur ratione potes scire neque solem neque lunam contingere stellas et nihilominus per zodiacum circulum verti. Hinc etiam possumus intellegere lunam minorem esse quam solem: omnia enim quae proxima sunt nobis maiora necesse est esse quam quae longo discedente intervallo videmus; igitur lunam videmus proxime nos esse neque eam maiorem aspectui nostro esse quam solem. Illud quoque necesse est, cum sol longe absit a luna et a nobis maior videtur, si prope nos accesserit, multo maiorem futurum.

Praeterea necesse est, ut ante diximus, aut nullam stellam erraticam esse aut solem cum luna pariter ut reliquas stellas errare. Si enim quisquam mihi potest demonstrare quinque stellarum cursum et dicere quod hodie quaeque earum ad aliud transeat signum, quemadmodum de sole et luna fieri videmus, et nihilominus suum efficit cursum, non est erratica; si autem dubium est quod hodie transeat et ad aliud signum compari ratione cum luna feratur et suum circulum dirigat, quemadmodum stellae quae sunt dubiae, necesse est

577 et *om.* M^{corr}Pδ | tamen *om.* M^{corr}R *compl.* R^{corr} | ab ipsorum tamen P | Saturnus abest *om.* P *compl.* P^{corr} || **577–578** tono uno et dimidio M^{corr}RPLFδ || **579** potest SNMRδ poterit L | sciri Rδ || **581** hic S hunc N || **582** quam solem] sole M^{corr}Pδ | enim *om.* α || **583** esse *om.* N | longe αFZ longo M^{corr} | dissidente L discedente L^{corr} | videtur B^{corr} || **584** nobis L | maiorem] minorem RPLF^{corr} maiorem P^{corr} || **585** a conspectu F conspectui L^{corr}F^{corr} | esse *om.* L *compl.* L^{corr} || **586** *ante* longe *add.* non *codd. praeter Leid. 225 Vind. 51* | a^{1} *om.* B *compl.* B^{corr} | et *om.* M *compl.* M^{corr} | et *add. post* nobis SNR *LeBœu.* | videatur Z || **587** nos *om.* αδ *compl.* P^{corr} | prope *add. post* maiorem Z || **589** ut] aut SN ac LFZ || **590** nisi *add. post* enim N | quisquam enim δ | quiquam R || **590–591** cursum V stellarum R || **591** quaeque *om.* P quaque L quae B quaeque P^{corr}L^{corr} | est *add. post* quaeque δ | earum] coram SNMPFδ || **591–594** quaeque … quod hodie *om.* Z || **593** videmus] solemus M videmus M^{corr} || **594** alium N || **595** cum *om.* δ | circulum] cursum δ || **596** quemadmodum] quando Z | dubiae] duae Z has quoque errare. Sed non evenit ut errent, praesertim cum suo tempore ad cursum revertantur. Igitur ne stellae quidem, cum certo tempore ad suum signum revertuntur, possunt errare, nisi forte volumus accipere excusationem quod duo corpora magna facilius possint observari quam singulae stellae quae non certos cursus conficientes videntur apparere.

Sed stellas quinque nonnulli has aiunt esse Veneris, Mer- 4,15
curii, Iovis, Solis, Martis, e quibus esse maximam, colore candido, nomine Hesperum et Eoum appellari; haec stella non abest a sole longius duobus signis, subter eius circulum collocata, sicut ante diximus, apparens autem maxime noctu, sed toto mense non plus undevicies potest videri; sed totus Hesperus incertos efficit cursus, non eodem tempore ad praeteritum transiens signum.

Secunda stella est Mercurii, nomine Stilbon, totus acuto 4,16
lumine, sed in aspectu non magnus; hic autem a sole non longius abest signo uno. Qui semper eosdem cursus efficiens modo nocte prima, modo autem ad solis exortus incipit ap-

597 hoc SNRL hanc Z has L^{corr} | quoque has B | non] nec R non δ || **599** signum suum Z | revertantur $M^{corr}P^{corr}$ || **600** accipere volumus Z | volumus *add. post* accipere F | excusationem *om.* Z expositionem Z^{corr} || **601** magna corpora B | possunt RPLZ possint $P^{corr}L^{corr}$ | observare SNMRF servari Z observari M^{corr} || **602** quod Z || **4,15** *Desunt* AEY | **603** aiunt has δ | Mercuri W || **604** et *add. ante* Martis PZ | maximam esse F | maximum S | colorem SN || **605** et Eoum *om.* M^{corr}P | Eoum *Bursian*] eum SNMRLFδ *LeBœu.* eam Z *Bu.* | Venerem *add. post* appellari $RL^{corr}F$ || **606** abest] disgregatur P abest P^{corr} | a sole *om.* B | sole] Iove Z | *post* signis *add.* et L *om.* L^{corr} | supra αZ || **607** sicut … diximus] ut praelocuti sumus P sicut ante diximus P^{corr} | autem *om.* P | maximus Z || **608** sed] si W | non *om.* Z | undevicies *Modius* indeficiens αLFZ deficiens δ | potes B || **608-609** sed totus] totus siquidem P sed totus P^{corr} || **609** Hespereus Z Hesperus Z^{corr} | incerto N | efficitur N || **610** transient N || **4,16** *Desunt* AEY | **611** est stella Z | Stelbon SNMRZ Stilbon $M^{corr}R^{corr}$ | acutus Z || **612** autem *om.* Z *compl.* Z^{corr} | sole] se B || **613** est P abest P^{corr} | uno signo F | eorum R eosdem R^{corr} || **614** autem *om.* P *compl.* P^{corr} | a solis exortus N a solis exortu LFδ parere, nonnumquam etiam perpetue signis quattuor est cum sole, rediens autem cum sole non amplius est tertiam partem signi.

4,17 Iovis autem stella nomine Phaethon corpore est magnus, figura autem similis Lyrae; hic autem duodecim signa annis totidem transigere existimatur et unoquoque anno nusquam apparere dicitur non minus dies triginta nec plus quadraginta. Sed tunc maxime obscuratur cum occidit cum sole, exoriens autem apparet antequam sol.

4,18 Solis stella nomine Phaethon corpore est magno, colore autem igneo, similis eius stellae quae est in humero dextro Orionis; hic per duodecim signa assidue ferri videtur, nonnumquam etiam cum solis ipsius sideribus apparet, modo aliis partibus adiectis circuli. Hanc stellam nonnulli Saturni esse dixerunt, redire autem ad signum annis triginta et quotannis non apparere non minus dies triginta nec amplius quadraginta.

4,19 Reliquum est nobis de Martis stella dicere, quae nomine

615 perpetuo F *om.* Z | cum *om.* B *compl.* B^{corr} || **616** radiens N | est *om.* R | quam *add. post* est M^{corr}L^{corr}Fδ | tertia parte Lδ tertiam partem L^{corr} || **4,17** *Desunt* AEY | **618** Photon F Pheon Z Phaethon F^{corr}Z^{corr} Phaenon *Bu.LeBœu.* | magna est PB magno est P^{corr} | magna W magno *LeBœu.* || **619** haec P hic P^{corr} | autem *om.* P *compl.* P^{corr} || **619-620** totidemque annis Z || **620** totidem *om.* W | transiere S transire δZ | et *om.* R ut SNPL et P^{corr} || **621** dicatur RL | diebus LF^{corr} | non αZ || **4,18** *Desunt* AEY | **624** *Titulum add.* de sole Z | autem *add. ante* stella Z | stellae N | Pheon Z Phaethon Z^{corr} | corpora R | magna P magno P^{corr} || **625** autem *om.* P *compl.* P^{corr} | ignea P igneo P^{corr} | eius] est Z || **625-626** Orionis dextro P || **626** haec RFδ sic Z | pro B | duodecim ... assidue] unumquodque signum annis duobus et dimidio L | Orionis *add. post* signa B | fieri N | videatur Z videtur Z^{corr} | numquam Z || **627** ipsis Z ipsius Z^{corr} || **628** partis R partibus R^{corr} | adiectus SNZ | circulis RB circuli B^{corr} | autem *add. post* hanc R || **628-629** nonnulli esse dixerunt Saturni R Saturni nonnulli esse dixerunt δ || **630** apparet B | non *om.* Z | nec] non P | plus F || **4,19** *Desunt* AEY *et* B *ab* quibus de causis | **632** *Titulum add.* de Marte Z | nomine *om.* Z

Pyrois appellatur; hic autem non magno est corpore, sed figura similis est flammae. Nonnumquam autem cum ipsius solis sideribus concurrens omnia pervolat signa, rediens ad primum signum non longius biennio.

Quod ad quinque stellas attinet, ad hoc satis arbitramur dictum. Nunc autem demonstrabimus quibus de causis menses intercalentur, quoniam tempus omne metitur die et nocte, mense et anno. De quibus diem nobis definierunt quamdiu sol ab exortu ad occasum perveniat, noctis autem spatium constituerunt esse quamdiu sol ab occasu rursum ad exortum revertatur, mensem autem quamdiu luna zodiacum circulum perducat. Annum voluerunt esse cum sol ab aestivo circulo … (Cetera desunt.)

633 haec RFZ | est *om.* Z *compl.* Z^{corr} || **634** numquam Z | etiam P autem P^{corr} | cum *om.* Z | ipsis P ipsius P^{corr} || **634–635** sideribus ipsius solis L || **635** solis *om.* M^{corr}RP *compl.* P^{corr} | concurrens *om.* Z *compl.* Z^{corr} | rediens] sedens αL^{corr}FδZ secedens *Bu.* cedens *LeBœu.* || **636** signum primum Z | longius] amplius P longius P^{corr} || **637** stellas quinque Z | ad hoc *om.* M^{corr}P adhuc L | arbitror P || **638** dicto N || **639** omne tempus F | omnem N | et *om.* Z *compl.* Z^{corr} || **640** nocte *om.* L *compl.* L^{corr} | de quibus] quibus SNMR^{corr}PFZ quibusdam R sunt qui L | diem *om.* R *compl.* R^{corr} | nobis diem Z | diffinietur W || **642** sol *om.* RP *compl.* P^{corr} | occasum M hoc casum R occasu M^{corr} | rursum *om.* F || **643** mense N || **644** perlustrat L perducat L^{corr} | autem *add. post* annum R | cum *om.* R || **645** *post* circulo *compl.* redit M^{corr}RPF *Le Bœu.* rediens CCCLXV dies suo cursu transigit F^{corr} descendens trecentos sexaginta quinque dies suo cursu transigit B redeat W zodiacum circulum id ad signum unde incipiebat permetitur Z

INDEX NOMINVM GRAECORVM

αἰγίς 42,512
Ἄϊδος 37,435
αἴξ 42,511. 515
ἀλήτιδες 24,206. 209
ἅμαξα 18,83
ἀνταρκτικός 8,61
ἀποκονῖσαι 103,161
Ἀργώ 84,1216
ἀρκτικός 7,45; 8,62
ἄρκτος 15,35
διακεκαυμένη 12,140
Διός 58,800
ἔτος 25,219
θερινός 7,49; 125,10
ἰσημερινός 7,56
κεκονίσμενος 103,152. 160
κύκνος 35,391
λοξός 6,37
λυόμενος 30,325
μεσημβρινός 116,389. 390; 137,254; 138,263
ὄρνις 35,392
Ὀφιοῦσσα 45,566
πάγασαι 85,1224
πανικός 74,1074
παρθένος 72,1034
πλανήτες 91,1315
Προμηθεύς 30,325
πρόπους 111,289
προτρυγητήρ 112,318
στέφανος 27,262
σύνδεσμος 116,386
τόνος 152,556. 557
τροπικός 7,50. 54; 8,64; 125,10
ὑπουράνιος 116,386
φοινικική 19,104. 107. 114
φυσική 6,29
χειμερινός 8,64

INDEX AVCTORVM ET OPERVM

Aegyptiae (res) 62,862
Aeschylus 30,324; 38,440; 49,641; 85,1226
Aglaosthenes 17,72; 52,701; 54,725
Alexander 64,901
Amphis 15,36
Anacreon 30,320
Araethus 17,67; 29,308
Aratus 4,68; 18,91; 29,306; 56,758; 71,1019; 103,151. 159. 162; 116,386; 125,5; 129,94; 132,140. 160; 133,161; 136,224
Argolica 26,249
Aristomachus 80,1154
Asclepiades 64,887
Callimachus 58,791; 70,997. 1008; 71,1014; 79,1130; 82,1178; 84,1221
Cicero 116,386; 132,142
Cleostratus 41,499

Conon 70,997. 1004
Cretica 26,242
Ctesias 90,1313
Diognetus 76,1101
Eratosthenes 20,126; 21,159; 29,294; 31,339; 32,349; 39,451; 46,583; 51,677; 54,715; 60,814; 69,976; 71,1015; 74,1074; 77,1110; 90,1305; 92,1324. 1329; 93,1340; 94,1350; 95,15; 99,77
Eubulus 76,1096
Evhemerus 39,447; 42,518; 93,1346
Euripides 36,411. 417; 37,428; 39,457; 57,779; 63,876
Genealogiae 38,442
Hegesianax 30,311; 44,544; 76,1094
Heraclea 29,300
Heraclides 91,1316
Hermippus 25,224; 61,839
Herodotus 19,110
Hesiodus 15,24; 59,806; 71,1018; 80,1150
Homerus 18,99; 25,226; 41,490; 67,948; 85,1224; 132,144
Ilias 41,491
Istrus 82,1181; 83,1202; 88,1268
Leon 62,862
Melanippa 57,779
Mercurius 94,1351
Meton 3,57
Musaeus 41,501; 64,890
Naxica 17,72; 52,701; 54,725
Odyssea 132,144
Panyasis 29,300
Parmeniscus 18,95; 41,492
Petellides 25,227
Pherecydes 20,119; 59,806; 63,882; 64,887
Phorcides 38,441
Phylarchus 88,1274
Pindarus 80,1155; 84,1220
Pisandrus 70,993
Polyzelus 45,563
Sophocles 36,417
Sositheus 73,1056
Thales 19,108

INDEX GEOGRAPHICVS

Achelous 53,709
Actius 84,1221
Aega 41,490
Aegyptius 53,710; 62,862. 868; 75,1078. 1084
Aegyptus 11,130; 58,800. 801; 62,863; 75,1079
Aethiopes 8,70; 13,158; 36,412
Aethiopia 58,801
Aetoli 16,43; 21,141; 103,159. 160
Africa 11,128. 129; 61,839; 62,865
Ammodes 61,841
Amythaonia 53,710
Anigrus 23,188
Aphidnae 67,945
Arcades 16,46; 21,144
Arcadia 15,25; 16,43; 17,71; 33,359. 365
Argeus 40,478
Argi 44,551; 57,778

Argivi 26,251; 56,763
Asia 11,128. 130. 132; 70,1000
Athenae 30,314
Atheniensis/Athenienses 23,197. 199; 39,456; 40,472; 63,882; 67,946
Atlas 20,122
Attici 22,163

Boeotia 56,759; 60,819; 66,924

Canopicum 11,131
Canopos 78,1120
Caucasus 31,338; 49,639; 50,668
Cei 22,174; 24,210
Chersonesus 88,1275
Chius 80,1155; 81,1164. 1170
Colchi 61,835
Coos/Cous 52,691 (bis)
Crater (portus) 90,1301
Creta 27,270; 41,492; 42,508; 52,701; 63,876; 81,1172
Cyllene 33,359
Cynosura 17,76

Demetrias 84,1220
Dia 26,239
Dodonaeus 68,960. 966
Dodonides 63,884

Elaeusa 88,1276
Elis 41,489
Ellopius 30,313
Erythraeus 76,1101
etesiae 24,218 (bis); 25,220
Euphrates 76,1102
Europa 11,128 (bis). 132

Getae 43,526. 535
Gnosius 25,227
Graeci 6,37; 7,56; 12,140; 14,7; 18,83; 23,194; 24,209; 35,391; 37,435; 42,513; 55,729; 58,796; 91,1315; 109,265; 152,556

Haemonia 41,490
Helice 41,489
Helicon 56,759; 73,1057
Hellespontus 59,806. 808; 61,832. 834
Hephaestius 39,460
Herculis Columnae 11,130
Hippocrene 56,761
Hyperboreus 51,680
Hystoe 17,74

Idaeus 17,74
Indicus 26,245

Lacedaemonii 67,946
Lemnus 81,1167
Lernaeus 67,952
Lerus 79,1135
Lesbius 71,1015
Lesbus 34,384
Libya 11,130
Ligures 30,326; 31,328
Lycaeus 16,45; 21,143
Lycii 57,772
Lydia 44,548

Macedonia 32,348
Maeotis 11,133
Magnesia 84,1220
Mastusium mare 90,1300
Meropes 52,692
Milesius 19,108

Naxus 52,702; 54,727

Nilus 11,131; 58,801; 77,1116. 1117; 78,1121
Nonacris 17,71

Oceanus 11,122. 129; 77,1116
Olenos 41,489
Olympia 71,1009
Olympus 32,348
Orchomenus 60,818

Pagasae 85,1223
Panathenaea 40,476
Pangaeus 32,349
Parii 25,236
Parion 25,236
Pelion 57,781
Peloponnesus 19,110; 41,489
Phoenices 19,111
Phoenix 19,109
Ponticus 91,1316

Rhodius/Rhodii 45,563. 564. 573

Sagaris 44,549
Salones 60,819
Samius 70,997
Scythia 49,639
Sicilia 59,802
Siculus 55,739
Sparta 36,406; 67,947
Syri 77,1106; 90,1312
Syria 76,1102

Taenarius 56,752
Taenarum 55,739; 56,756
Tanais 11,132
Tegeates 17,67
Tenedius 41,499
Thebae (Aeg.) 62,868
Thebae (Graec.) 64,888; 80,1154; 81,1164; 83,1199
Thesprotia 68,960
Thessali 44,554
Thessalia 60,819; 85,1225
Thracia 32,348; 34,381; 43,526
Thracius 30,323
Threicius 75,1082
Tritonis 38,445
Troezene 30,312
Troia 65,917; 88,1275
Tyrrheni 54,725; 55,732

Zephyritis 70,1002

INDEX ASTRONOMICVS

aequinoctialis 2,28; 7,56; 8,72. 76; 10,103. 111; 104,181. 186; 105,202; 106,211; 107,220; 108,245. 251; 109,262; 112,312; 113,325; 115,374; 116,377. 391; 118,416; 119,430; 120,439; 123,480. 483; 126,35; 127,41. 44; 128,71. 72. 73; 129,92; 130,98. 116; 135,199; 139,296. 298; 140,319; 141,328
aequinoctium 8,57; 10,112; 130,117; 133,166. 169. 170
aestas 7,51; 8,67. 69; 10,110; 66,932; 110,279; 125,10. 15; 126,25; 133,163. 168
aestivus 2,23; 10,102. 109;

11,127. 136; 12,139. 147. 155; 13,158. 160. 161; 96,30. 31; 97,51. 55; 98,57; 99,82. 83; 100,109; 101,125; 102,137; 103,165; 104,180; 105,202; 107,228; 108,244; 111,290. 303; 115,375; 123,483; 125,9. 12. 13. 16; 126,22. 30. 35. 36; 127,37. 44. 53; 128,59. 68. 70; 129,92; 131,133. 136; 132,149; 134,196; 135,200; 142,353; 157,644
Andromeda 14,6; 37,422; 101,120. 124. 126; 108,240. 246; 115,375; 126,32; 141,333; 143,374. 379; 144,409
Anguis 104,183; 105,195. 198; 142,352. 357; 144,388. 391
Anguitenens 43,523
annus 25,220; 59,813; 129,84; 130,117; 146,446; 153,569. 574. 576; 156,619. 620. 629; 157,640. 644
annuus 129,78; 148,483
antarcticus 7,40; 12,145; 13,166; 117,404; 120,447; 121,455. 459; 122,474; 124,500; 125,4; 126,18; 127,52; 131,123; 134,182. 190; 140,306. 310
antipodes 126,18. 20. 24
Aquarius 10,115; 14,14; 51,688; 75,1090; 90,1309; 107,229. 234. 235; 114,352; 115,358. 363; 121,461; 123,488; 124,502. 503; 132,151; 133,171, 137,258; 144,403
Aquila 9,78; 14,9; 51,684; 104,187; 105,203; 106,211. 219; 130,114; 135,203; 142,361; 144,401
aquilo 5,15; 7,51; 8,66. 68; 116,382
Ara 15,18; 86,1243. 1245. 1247; 122,474; 134,192; 141,333. 339; 144,401
arcticus 11,126. 137; 12,144. 148. 157; 13,160. 161; 65,919; 95,2; 96,21. 28. 30; 97,50. 52; 98,59. 70; 99,80; 100,91. 108; 102,137; 107,228; 116,376; 125,3; 126,17. 36; 127,43. 51; 131,122. 134 (bis). 136; 134,182. 183; 139,284. 288; 140,306. 307. 314. 323; 141,328; 142,344; 143,380
Arctophylax 14,4; 16,48; 18,98; 19,102; 20,133; 21,148; 96,28; 97,45
Arctos/us 7,46; 14,4; 15,23; 16,48; 17,72; 18,81. 82. 86. 92. 99; 19,101. 104. 109. 111. 115; 21,147; 95,2; 96,18. 19; 100,91. 96; 129,95; 135,212; 138,283
Arcturus 97,43
Argo 15,18; 84,1216; 120,445; 134,191; 135,201; 142,366; 143,368; 144,396
Aries 2,30; 10,107; 14,12; 58,797. 798; 59,805; 96,33; 101,129; 102,140; 108,245. 247. 250. 251; 109,264; 116,379. 385. 389; 117,395; 122,476; 129,93; 130,98. 101. 118; 131,119. 121. 125; 133,162. 164. 165; 137,251. 253. 256 (bis). 260. 262;

138,264. 266. 267; 141,332. 333. 336; 147,457. 459. 460. 461. 462. 465; 151,546. 547
Aselli/Asini 68,957; 69,976; 111,294
astrologus 3,56; 18,96; 45,577; 56,754; 66,922. 928. 934; 90,1302; 133,162. 176
astrum 23,190; 27,265. 268; 29,301; 34,388; 37,423; 42,521; 44,560; 45,578; 46,597; 53,705. 714; 58,788; 63,875; 66,927; 67,951; 68,967; 69,975; 72,1045; 73,1062; 80,1147; 83,1204; 85,1228. 1234; 90,1311; 91,1322
Auriga 14,7; 39,450; 102,138; 109,263; 110,276; 126,32; 134,197; 141,340; 144,394
auster 5,15; 7,52; 8,67; 127,42
autumnalis 133,169. 170
autumnus 10,113; 130,118; 131,119. 124; 133,170
axis 5,13; 11,122; 20,131; 138,280

Bootes 18,89. 91. 93. 98; 19,101; 23,191; 25,235; 112,311; 134,189; 141,342; 142,353. 359; 143,367
boreus 5,15; 6,27. 30; 7,39. 43; 8,60; 12,144; 18,96; 95,1; 115,373. 374; 116,381; 125,7; 131,128. 130; 139,296. 302; 140,312; 141,326
brumalis 8,65

caelestis 116,386. 393
caelum 13,159; 20,131; 139,293
Cancer 10,110; 14,12; 67,951; 68,958; 69,974; 96,34; 97,47; 104,188; 105,204; 106,214; 110,282; 111,290. 302; 117,398; 118,407. 420; 119,431; 120,441; 123,479; 124,503; 126,25; 127,45; 130,110; 133,163. 167; 137,261; 142,349
Canicula 23,193; 24,209. 215. 216
Canis 14,17; 23,194; 83,1193. 1206. 1207; 84,1212. 1215; 119,427. 432; 120,441. 445; 132,153; 142,360. 366; 144,393
Canopos 78,1120
Capra 103,169; 104,175
Capricornus 10,115; 14,14; 74,1070; 99,87; 102,139; 104,172; 105,204; 106,214. 217; 114,350; 115,359; 120,443. 447; 122,476; 124,502; 126,24; 132,150; 133,171; 137,258. 260; 144,398
Cassiepia 14,6; 36,417; 100,106. 107; 101,120; 134,186; 143,381
Centaurus 15,18; 73,1051; 85,1231; 86,1238. 1243; 113,328. 337; 114,348; 121,455. 459; 123,484; 132,154; 134,191; 135,202; 143,373. 382. 384; 144,405. 408
centrum 5,8 (bis); 6,20; 7,44. 49; 8,62; 11,121
Cepheus 14,6; 36,411; 99,84;

100,91. 94. 97; 101,111; 134,184; 143,376. 380; 144,392
Cetus 14,16; 77,1112; 117,406; 143,379
Chela/ae 96,33; 97,37; 99,85; 111,298; 113,324. 330. 331; 120,449; 130,112. 118; 131,121. 125; 133,169. 175; 138,265. 268; 143,367. 372
Choreutae 95,16
circulus/i 1,11; 2,21. 23. 26. 27. 29. 31 (bis). 34; 3,51; 5,5; 6,17. 18. 23. 34. 36; 7,44. 45. 48. 49. 50. 53. 54. 55; 8,58. 60. 61. 63. 66. 71. 72. 74. 75; 9,80. 83. 85. 87. 88. 91. 94 (bis). 96; 10,101. 103. 104. 109. 112. 115. 116; 11,136; 12,140. 143. 144. 146. 147. 149. 155; 13,158. 160. 161. 166; 65,919; 94,1349. 1359. 1361; 95,2. 6; 96,21. 28. 30. 31. 32; 97,50. 52. 53. 54; 98,57. 59. 70; 99,79. 82. 83; 100,92. 108. 109; 101,110. 125; 102,136. 138; 103,165; 104,180. 181. 186; 105,202. 203; 106,211. 214. 107,220. 228; 108,245. 251; 109,261; 110,278; 111,290. 303; 112,312; 113,325. 327. 339. 340. 341; 114,351. 352; 115,358. 375; 116,377. 378. 389. 390. 391 (bis); 117,394. 404. 405; 118,411. 416; 119,428. 430; 120,439. 440. 445. 447; 121,455. 458. 460; 122,474; 123,477. 480. 483; 124,501; 125,1. 5. 9. 10. 12. 14 (bis). 16; 126,18. 21. 22. 27. 30. 35; 127,37. 40. 41. 44. 46. 47. 51. 53; 128,56. 59. 69 (bis). 71. 72. 74; 129,77. 81. 92. 97; 130,101. 104. 108 (bis). 111. 113. 115. 116; 131,121. 123. 131. 133. 134. 135; 132,149. 155. 160; 133,165. 179. 180; 134,185. 187. 189. 190; 135,200; 137,248. 254; 138,263; 139,284. 285. 288. 290. 293. 295. 298. 303. 304; 140,307 (bis). 319. 323; 141,328; 142,344. 353; 143,380; 152,554 (bis). 559. 561 (ter); 153,563. 570. 572. 575; 154,580. 595; 155,606; 156,628; 157,644. 645
circumductio 5,8. 12; 6,17; 11,123; 99,79; 100,107; 107,220; 139,297; 140,308; 141,327
cometes 66,921
coniunctio 116,381. 385. 391
converti 135,210; 148,483
Corona 14,4; 26,238; 97,45; 104,183; 114,342. 348; 142,349. 353. 356; 143,382; 144,388
Corvus 86,1252; 112,313; 123,484. 494; 130,111
Crater/era 86,1152; 88,1274; 123,485; 124,497; 130,111; 142,365
cursus 2,26; 3,49; 68,956; 93,1346; 125,3; 136,223. 224. 227. 239; 138,271. 274; 145,412; 148,477; 150,511; 153,565. 567; 154,591. 593; 155,598. 602. 609. 613

Delphin/inus 14,9; 53,714; 106,219; 107,229; 142,363
Deltoton 14,10; 58,796; 108,243
dies 67,949; 127,48; 129,83. 86; 131,122. 126. 139; 132,158; 136,237; 137,253. 255. 262; 138,272. 273. 276. 277; 145,417. 418. 421; 146,446; 147,460. 463; 148,474. 477; 149,501. 505. 510; 150,521; 152,552. 559; 153,562. 566. 569. 572; 156,621. 630; 157,639. 640
dimensio 5,10 (bis). 12; 6,36; 7,41; 11,122; 138,281; 151,531
Draco 14,4; 20,127; 29,295. 302; 96,18. 23; 97,53; 100,94; 131,135 (bis). 137. 138; 134,184; 136,231; 139,287

eclipsis 3,50; 137,242; 150,513. 514; 151,531. 537
Engonasin 14,5; 27,268; 29,294; 97,46. 50; 98,69; 99,81; 104,173; 131,136; 134,188; 142,351. 357; 143,370; 144,391
Eous 93,1342; 155,605
Equus 14,9; 56,758; 105,205; 107,228; 116,377; 142,365; 144,403
Eridanus 14,16; 77,1116; 117,397. 402; 134,193; 142,346. 355
erraticus 91,1315; 136,222; 152,550; 154,589. 593
exoriri 2,38. 39; 3,44. 48; 6,31; 23,194; 24,209. 216; 51,687; 66,930. 932; 73,1049; 84,1212; 93,1341; 96,29; 97,36. 47. 48; 98,60. 72 (bis); 99,86; 100,97. 98; 101,113. 127. 129; 102,140. 141; 104,173. 188; 106,216 (bis); 107,222. 223. 234; 108,247; 109,252. 266; 110,280; 111,292. 304; 113,329; 114,343. 353; 115,364; 116,380; 117,397. 398. 406 (bis); 118,412. 419. 420; 119,431; 120,442 (bis). 443. 448 (bis); 121,462; 122,476; 124,504; 127,52; 129,79; 135,210. 212. 214. 216. 219; 137,249. 253. 257. 260; 138,264. 265. 266. 268. 269. 271. 283; 139,285. 291. 292. 295; 140,308. 310. 311. 315. 318. 320. 322; 141,324. 334. 336. 338. 341; 142,346. 347. 349. 354. 359. 362. 365; 143,367 (bis). 369. 371. 372. 378. 382; 144,388. 390 (bis). 398. 400. 403. 407. 408. 411; 145,415 (bis); 146,440. 450; 147,458. 462; 156,623
exortus 6,31; 63,880; 104,172. 187; 108,251; 109,259; 111,291; 115,360; 116,383; 117,395. 396; 122,476; 124,501; 135,207. 209. 211; 138,278; 139,289; 141,331. 333; 142,356; 149,498; 155,614; 157,641. 643
exsurgere 118,421

finis 11,127. 137; 12,139. 148. 157; 13,160. 167; 126,36;

134,196; 139,302; 140,314; 141,328
Flumen 134,193; 142,346. 364; 143,378

Gemini 10,108. 109; 14,12; 66,934; 96,34; 104,187; 110,276. 277; 117,398; 118,407; 120,440; 126,31; 133,166; 135,198; 137,261; 142,346
Gorgonis caput 102,144; 103,149

Haedi 104,170. 176
hemicyclus 3,42
hemisphaerium 7,41; 10,98; 137,246. 257; 138,265; 145,427
Heniochus 14,8; 39,450; 103,165
Herculis (stella) 92,1328
Hesperus 93,1336. 1343; 153,567; 155,605. 609
hiemalis 2,24. 31; 8,64; 10,102. 114; 12,140. 149; 13,166; 113,327. 339; 114,352; 115,358; 117,394. 405; 118,410; 119,428; 120,445; 121,456. 458; 123,480; 124,500; 125,12. 13; 126,18. 22; 128,69. 72; 132,149
hiems 7,52; 8,66. 69; 10,115; 13,164; 66,933; 125,14; 126,25; 133,172
hora 129,86. 87. 89; 131,139; 133,177; 149,505
horizon 6,21; 137,244. 248
Hostia 113,328; 122,470. 474
Hyades 63,881; 110,269. 271
Hydra 15,19; 86,1252; 111,291. 301; 112,313; 121,457; 123,479. 482. 488; 130,109. 111; 142,359. 365; 143,368. 383; 144,406. 407

inclinatio 127,48; 139,293; 141,329; 147,455. 466
Iovis (stella) 91,1316; 153,573. 576 (Iove); 155,604; 156,618
Iunonis (stella) 93,1336

lacteus 8,76; 94,1350; 101,110; 103,167; 106,215; 113,341; 120,439; 121,460; 134,182. 194
latitudo 133,177; 146,444. 446
Leo 10,110; 14,13; 69,990; 70,996; 96,35; 97,47; 104,188; 106,216; 111,290. 301; 112,312; 117,398; 118,412; 120,443; 123,480. 486; 127,42; 133,167; 138,264; 142,356
Lepus 14,17; 78,1122; 79,1134; 117,403; 118,410; 119,427; 132,152; 142,360; 144,394
Libra 10,112; 14,13; 72,1038; 101,127; 131,120
longitudo 96,31; 123,479; 146,444. 445
lucere 67,950; 78,1120; 84,1210; 95,13; 97,42. 49; 98,62; 99,88; 101,118. 130; 102,143; 108,238; 137,249; 149,507; 151,536. 539. 540. 543. 545
Lucifer 92,1335
luna 3,49. 51 (bis); 5,2; 129,84; 148,485; 149,497. 498. 504. 505; 150,515. 517. 522. 527. 529; 151,531. 532. 534. 536.

538. 539. 544; 152,549. 551. 552. 556. 558; 154,579. 581. 584. 586. 589. 592. 595; 157,643
Lyra 14,5; 30,317; 31,339; 34,386; 98,68. 72; 99,78; 142,363; 144,392; 156,619

Martis (stella) 92,1328; 153,570. 573; 155,604; 156,632
mensis 93,1346; 131,122. 126; 133,177; 155,608; 157,638. 640. 643
Mercurii (stella) 93,1344; 153,562. 565; 155,603. 611
meridies 116,389
motus 145,423
mundus 2,35. 36. 37; 3,46. 48; 5,1 (bis); 6,29. 34; 11,120; 17,80; 35,404; 37,420; 40,483; 53,713; 95,16; 121,454; 125,16; 127,48; 135,206. 209. 216. 219; 137,220. 222. 234. 235. 250. 254; 138,271. 276. 280; 139,292; 140,311; 141,329; 145,413. 424; 147,455. 459. 466. 468; 148,474. 480. 481. 482; 150,517; 152,553

Navis 132,153; 134,191; 135,201; 142,366; 143,368; 144,399
Nodus 116,386. 387. 392. 393
notius 5,15; 6,28; 7,40; 8,59. 63; 12,144; 15,19; 90,1308; 98,71; 115,373; 124,500; 139,299. 301; 140,309. 316. 319; 141,325; 142,350; 144,402. 408
nox 127,49; 131,123. 127 (bis); 132,140. 145. 147. 158; 136,237 (bis). 241; 137,242; 138,272. 273. 276. 277; 143,370; 145,417. 419; 146,437; 155,614; 157,640. 641

obitus 132,143
obscurare 65,915; 142,349. 359. 362; 143,381; 145,429; 146,439. 451; 147,461; 150,520; 156,622
obturare 150,528
occasus 2,39; 6,32; 17,64; 66,929; 111,301; 113,337; 114,350; 116,378; 118,419; 119,429; 120,440; 135,208. 209. 211; 139,289; 143,376; 147,457; 148,482; 149,498; 157,641. 642
occidere 2,38; 3,41. 45. 49; 6,31; 11,124; 17,62; 66,932; 73,1049; 93,1341; 96,29. 35 (bis); 97,39. 47; 98,57. 59. 72; 99,85; 100,93. 97; 101,111. 125; 102,139; 104,172. 177. 187; 105,206; 106,216; 107,222. 233. 235; 108,247; 109,252. 266; 110,280; 111,292. 304; 112,314; 113,329; 114,343. 352; 115,363; 116,380; 117,397. 406; 118,412. 419; 119,430; 120,442. 447; 121,461; 122,475; 123,488; 124,503; 131,130. 131; 135,210. 215. 216. 219; 136,240; 137,259; 138,264. 266. 267; 139,284. 285. 286. 288. 290. 291. 292. 294;

140,307. 310. 315. 318. 321. 323; 141,325. 331. 334. 339. 342. 343; 142,345. 347. 356. 361. 363. 364; 143,370. 373. 378. 379. 381; 144,393. 395. 400. 405. 407. 410; 145,414. 416. 421. 422 (bis); 146,440; 147,452. 456. 459. 460; 156,622
Olor 14,6; 35,391; 99,79; 127,38; 134,195; 142,363; 143,374; 144,401
Ophiucus 14,8; 43,523; 104,173. 178. 184; 105,196. 206; 106,212; 113,326; 127,39; 130,113; 142,348. 351. 357; 143,387. 390
orbis 8,57. 71; 10,106; 11,124; 59,803; 103,167; 106,215; 107,228; 111,303; 121,459; 131,123. 133; 132,156. 157; 134,183. 185. 194
Orion 14,17; 66,929; 73,1050; 78,1122; 79,1133; 80,1150; 103,155; 110,276. 277; 117,402; 118,410. 416; 119,428; 130,108; 142,347. 354; 144,394; 156,626
oriri 2,40; 96,34; 99,85; 101,112; 105,207; 118,412; 119,431; 121,462; 123,488 (bis); 124,503; 140,306. 309; 141,331. 339; 142,344; 144,410; 145,416. 422; 147,464
ortus 3,44. 48; 105,206; 121,461; 132,143

paralleli 6,18. 23. 34
Pegasus 99,83; 101,123. 124; 107,221; 115,360; 127,37; 130,115; 143,373. 375; 144,404
Perseus 14,7; 37,430; 101,120; 102,136; 103,157; 104,171; 108,246; 126,32; 134,197; 141,334. 339; 144,396. 400
Phaethon 156,618. 624
Pisces 10,115; 14,15; 76,1101; 101,126. 129; 107,230. 233. 234; 115,373; 116,378. 388. 392 (bis); 121,462; 123,488; 124,504; 133,171; 137,258; 144,407; 147,457. 458. 460
Piscis 15,19; 90,1308; 115,362; 124,500; 142,350; 144,408
Pistrix 109,254; 117,394. 403; 132,151; 141,341; 142,346. 349; 143,375. 376
Plaustrum 18,86. 91; 19,101
Pleiades 64,890; 65,916; 66,922; 109,265
polus 5,14; 6,19. 23. 27 (bis). 30; 7,39. 44; 8,59. 63; 9,93. 96; 18,93; 95,1. 14. 17; 96,33; 98,71; 105,204; 116,376; 125,8; 131,128. 130; 138,280. 282; 139,296. 299. 301. 304; 140,309. 313. 316. 320. 321; 141,325. 326; 144,402
Procyon 9,79; 15,18; 23,194; 84,1212. 1213; 120,439. 442; 123,482; 135,199; 142,360; 144,399
Pyrois 92,1334; 157,633

reverberare 13,165
reverti 3,57; 7,54; 129,82; 135,201; 155,598. 599; 157,643

Sagitta 14,9; 47,599; 51,677; 105,202; 142,363; 144,401
Sagittarius 10,114; 14,14; 73,1051; 98,72; 100,98; 101,113; 102,139; 104,172. 189; 107,222; 113,337; 117,406; 118,412. 420; 119,431; 120,447; 121,462; 132,156; 133,169; 135,203; 137,258. 259; 143,372; 144,390
Saturni (stella) 91,1323; 153,575; 156,628
Saturnus 154,577
Scorpio/ius 10,114; 14,13. 14; 43,524; 72,1037; 73,1049; 78,1129; 97,47; 100,97; 101,112. 127; 104,182. 189; 105,207; 113,324; 117,406; 118,419; 121,462; 122,475; 131,120; 132,155; 133,169. 173. 175; 135,203; 137,258. 259; 143,371. 378
Septentriones 7,47; 18,81; 19,100
Serpens 19,115
sidus 2,18. 30; 14,10; 16,48. 53; 17,64; 18,84; 20,117. 125. 130. 132; 21,146; 23,196; 25,224. 234; 26,239; 29,292; 31,335. 339; 32,354; 35,402; 36,416; 37,419. 431; 40,477. 478. 480; 41,498. 500; 44,545. 552; 45,571. 576; 46,586; 51,683; 52,698; 54,721; 55,736; 56,754; 57,776; 58,796; 59,812; 60,816; 62,857; 63,874. 878; 64,889; 65,914; 67,938. 944; 68,954. 972; 69,990; 70,1005; 71,1029; 72,1035; 74,1071; 75,1088; 77,1115; 82,1173. 1180. 1190; 86,1242; 87,1264; 92,1327. 1332; 93,1337. 1346. 1347; 94,1349. 1353; 95,10; 103,151. 152. 154. 157; 124,506; 125,2; 129,82. 86. 95; 130,102; 139,292; 140,305. 307. 322; 141,334; 142,362; 144,398; 145,425. 429; 146,451; 147,457; 152,549; 154,577; 156,627; 157,635
signum 2,17. 18. 32. 38. 40; 3,44. 48. 56; 7,46; 8,74; 9,79. 80. 84; 10,105. 113; 11,124; 14,2. 11. 17; 17,62; 18,89; 20,125; 30,318; 62,858. 860; 66,932. 933; 68,955; 72,1038. 1039; 78,1129; 90,1309; 101,111; 104,186; 105,203; 106,219; 107,231; 108,249; 109,259; 113,328; 121,461; 123,479. 481. 489; 126,31; 127,46; 129,79. 80 (bis). 93; 130,116; 131,120; 133,162. 165. 166. 167. 170. 171. 173. 174. 177 (bis); 135,199. 207; 137,245. 247. 250. 252. 257. 259. 260; 138,264. 268. 269. 270. 272. 278; 140,310. 314. 317. 319. 320; 141,330. 342 (bis); 144,399. 410; 145,415; 146,437. 438. 440. 441. 442. 443. 445. 447 (bis). 449. 450; 147,452. 453. 454; 149,501. 503 (bis). 504. 506; 150,512. 520. 522 (bis); 151,547; 152,560; 153,563. 566. 569. 570. 572. 574. 576; 154,592. 595; 155,599. 606. 610. 613;

156,615. 617. 619. 626. 629; 157,635. 636
Sirius 84,1209. 1211; 119,433
sol 2,25. 29; 3,46. 50. 52; 5,1; 7,50. 53; 8,57. 65. 70. 73; 10,103; 11,138; 12,145. 147. 149; 13,163. 165; 51,687; 62,857; 63,880; 68,956; 93,1341; 125,3; 127,47; 129,77. 83; 130,116; 131,121; 133,168. 172; 136,238. 239. 241; 137,242. 248. 251. 253; 138,269. 274; 145,412 (bis). 421. 424. 429; 146,433. 438. 449; 147,452. 455. 457. 461. 462. 463. 464. 468; 148,474. 480. 483. 484; 149,497. 499. 501. 506; 150,511. 514. 520. 522. 527. 530; 151,532. 534. 535. 539. 540. 543 (bis). 544. 546; 152,549. 551; 153,567. 570. 571; 154,579. 582. 585. 586. 589. 592; 155,606. 612. 614; 156,616 (bis). 622. 623. 627; 157,635. 641. 642. 644
Solis (stella) 91,1323; 155,604; 156,624
sphaera 1,11. 16; 2,25; 3,42; 4,67; 5,3 (bis). 9. 11. 14; 6,18. 20. 25. 35; 7,38. 42; 8,58. 62. 73; 9,88. 90. 95; 11,121. 123. 135. 138; 12,143. 152; 13,171; 14,2; 116,388; 125,1. 5; 126,17. 21; 127,50 (bis). 53. 54; 128,56. 58. 68; 129,85. 89; 130,98. 101. 118; 131,129. 133; 136,228. 229. 230; 137,243. 245; 138,268. 281 (bis); 139,295; 140,309; 141,327. 329; 147,456
stare 2,36; 135,218; 136,230; 145,423; 149,499. 508
stella 2,20. 35. 36; 3,43. 53. 57; 5,2; 17,60; 18,85. 87. 95. 97; 32,354; 42,515; 63,881; 65,915. 917; 66,930; 68,958; 70,996. 1006; 74,1068; 78,1119; 83,1207; 84,1219; 90,1302; 91,1314. 1323; 92,1328. 1329. 1332. 1334. 1335; 93,1344; 95,7. 10. 12. 14; 96,25. 27; 97,38. 39. 43. 48; 98,61; 99,74. 88; 100,90. 99. 102. 104. 105; 101,114. 118. 123. 130; 102,135. 142. 145; 103,149. 150. 168; 104,170. 174. 177; 105,190. 194. 200. 201; 106,208. 217; 107,224. 226. 227. 232. 236; 108,242. 248; 109,255. 258. 264; 110,267. 269. 270. 272. 282; 111,294. 299. 305; 112,316. 317. 319. 322 (bis); 113,331. 333. 336; 114,342. 344. 348. 354. 357; 115,365. 371; 116,379. 381. 382; 117,399; 118,407. 409. 413. 422; 119,432 (bis). 435; 120,443; 121,450. 451. 453; 122,463. 470; 123,477. 490. 494; 124,497. 504; 130,112; 135,210. 216. 217. 219; 136,220. 221. 222. 225. 227. 230. 231. 232. 234. 235. 236; 145,430; 150,518; 151,547; 152,550. 551; 153,562. 564. 565. 566. 567. 571. 573. 574; 154,580. 588. 589. 591. 596; 155,498. 601. 603. 605. 611; 156,618. 624. 625. 628. 632; 157,637

Stilbon 93,1344; 155,611
surgere 147,463

Taurus 10,108; 14,12; 63,875; 66,922. 928; 96,34; 102,140; 103,167; 109,259; 110,277; 117,398; 118,417; 130,105; 133,165; 137,261; 141,336. 338; 147,458. 464. 465
terra 1,13; 5,2. 9; 6,25; 11,120. 122. 125. 134; 12,140. 156; 13,169; 14,1; 97,36; 98,58; 99,86; 101,128; 104,188; 109,260; 127,55; 128,61. 63. 64. 75; 132,157. 158; 136,238; 137,246. 247; 138,277. 282; 139,294. 298. 301. 303; 140,312; 141,343; 142,354; 143,369. 377; 144,397. 398. 404; 145,426; 150,518; 151,532. 533. 534 (bis). 536. 540; 152,552. 555 (bis). 558
tonus 152,558. 561; 153,563. 568. 571. 573. 576; 154,577
Triangulum 109,253

vagus 2,36; 136,220. 232
Veneris (stella) 92,1328. 1332. 1335; 153,564. 567; 155,603
ver 10,107; 62,858; 66,930; 130,118; 131,119. 125; 133,163. 166
Vergiliae 66,930; 109,265; 110,275
vernus 133,167
versari 18,93; 95,16. 17; 136,230
vertere/verti 2,35. 37; 3,46; 37,420; 129,96; 130,100; 135,209. 217; 136,220. 232. 234. 236; 137,250. 253; 138,272. 280; 139,292; 145,413; 147,456. 459. 468; 154,581
Virgo 10,110. 111; 14,13; 23,192; 70,995; 71,1018; 98,72; 99,85; 105,206; 107,223; 112,311; 120,449; 123,480. 487; 127,40; 133,167. 168; 138,264; 142,362
Vrsa/ae 21,147; 96,23; 104,171; 131,135; 134,186

zodiacus 2,31; 6,35; 8,73; 10,101. 104. 117; 114,350; 116,376; 132,160; 152,554; 154,580; 157,643

INDEX MYTHOLOGICVS

Abas 56,763
Achilles 85,1233
Actaeon 24,213
Adonis 34,377
Aeetes 59,810
Aegeus 30,313
Aegiochus 42,520
Aegipan 42,520; 74,1070
Aeolus 57,782; 60,821. 822
Aesculapius 45,577. 578; 46,591. 595. 596; 51,678; 85,1233; 88,1269
Aethra Oceani filia 64,891
Thesei mater 30,314

Aex nympha 41,487
Panos uxor 42,518
Solis filia 42,504
Alcyone 65,909
Amalthea capra 41,494
nympha 41,501; 42,503
Ambrosia 63,884. 886
Ammon 62,862. 864; 63,869. 872
Ammon (Iuppiter) 62,850. 856
Amphitrite 54,716
Anaplades 53,706
Andromeda 36,412; 77,1112; *vide indicem astronomicum*
Antia 56,763; 57,769. 777
Apollo 24,202. 212; 32,355. 356; 33,361. 363. 374; 45,571. 578; 46,586; 51,677. 680. 681; 67,942; 72,1033. 1035; 75,1082; 82,1183; 84,1221; 87,1254. 1258. 1260; 88,1269. 1271. 1272. 1279
Arcas 15,35; 20,133
Argo 85,1223
Argonautae 85,1222
Argus 84,1217
Ariadne 26,238. 240. 243; 28,290; 29,292
Arion 55,738; 56,750. 751. 753
Aristaeus 24,212. 217
Arsinoe 70,998
Arsinoe (Venus) 70,1002
Astraeus 71,1019
Athamas 60,820. 821. 824; 61,830. 837
Atlantides 33,360
Atlas 54,717; 64,891. 903; 66,923
Aurora 71,1019; 93,1338

Bacchae 32,350
Bellerophontes 56,762; 57,771; 65,913
Berenice 70,997. 998. 1000. 1008; 71,1010
Biadice 60,823
Boeotia 64,901
Bootes 22,163; *vide indicem astronomicum*

Calliope 31,341; 34,378
Callisto 15,24; 16,47. 50. 54; 17,65. 67; 20,133
Carnabon 43,526. 539; 44,545
Cassiepia 37,426; *vide indicem astronomicum*
Castor 66,934; 67,944. 945
Cecrops 76,1096. 1099
Cedalion 81,1168
Celaeno 65,909
Centaurus 57,779; 73,1051. 1052; 85,1232; 86,1239; *vide indicem astronomicum*
Cephalus 83,1194. 1198; 93,1338
Cepheus 36,415; 37,425; *vide indicem astronomicum*
Ceres 25,225; 43,529. 541; 44,544. 555. 556. 560; 67,943; 72,1030
Ceteus 17,68. 69; 29,308
Chimaera 57,771
Chiron 57,779; 58,794; 85,1231. 1236. 1237
Chrysothemis 72,1033
Clytia 40,481
Coronis 63,885; 88,1268
Cretheus 60,820. 822; 61,827. 829
Crotus 73,1055
Cupido 76,1102; 91,1320

Curetes 17,77
Cyclopes 51,678; 86,1249
Cynosura 17,73. 79
Cyrene 24,212

Dardanus 65,907. 918
Delphin 54,718; *vide indicem astronomicum*
Demiphon 88,1277. 1279; 89,1282. 1284
Demodice 60,823
Deucalion 76,1094
Diana 15,26. 28. 31; 16,37. 39. 42. 52. 58; 32,346; 52,694; 58,792 (bis); 72,1041. 1046; 75,1083; 79,1131; 82,1173. 1177. 1179. 1181. 1185. 1189. 1191
Draco 30,326; *vide indicem astronomicum*

Echidna 49,643
Edonus 59,809
Elatus 88,1270
Electra 25,225; 65,907. 915
Engonasin 17,69; *vide indicem astronomicum*
Ephialtes 90,1307
Erechtheus 40,467
Eriboea 27,271
Erichthonius 39,451. 455; 40,465. 474
Eridanus 92,1327; *vide indicem astronomicum*
Erigone 21,149; 22,177; 23,180. 191. 198; 24,203; 72,1032
Ethemea 52,693
Eudora 63,885
Eupheme 73,1055
Europa 63,875; 83,1193
Euryale 80,1150
Eurydice 31,343
Eurystheus 50,667

Fortuna 72,1030

Ganymedes 51,684. 689; 75,1090
Geryon 30,327
Gigas/Gigantes 20,129; 69,977. 981. 985; 75,1080
Glaucus Minois filius 46,584. 589. 595
Sisyphi filius 65,912
Gorgon/Gorgones 37,432; 38,439. 441; 39,446. 448; 42,512; 56,759; 102,144
Graeae 38,441

Helena 36,407
Helice 17,79; 41,487
Helle 59,806. 808; 61,832. 833
Hellen 57,782
Hercules 20,117. 118. 126; 29,294. 302; 30,325. 327; 31,330. 334; 44,548; 47,599; 50,667; 67,942. 952. 953; 69,992; 85,1235; 94,1355. 1356
Hesperides 20,116; 29,297; 50,667
Hippe 57,779
Hippolytus 46,582
Hiscilla 45,569
Horae 26,241
Hyades 64,892. 897. 901; *vide indicem astronomicum*
Hyas 64,893. 901
Hydra 67,952
Hyrieus 65,909; 80,1154; 81,1162

Iasion 25,225; 67,943
Icarus 21,149. 156; 22,161. 168. 169. 172. 177. 178; 23,191. 200; 24,211. 215; 72,1032; 83,1205; 90,1306
Idas 67,948
Inferi 26,251; 32,344; 52,695
Ino 59,813; 64,888
Io 63,877
Iobates 57,769
Iphiclus 80,1152
Ischys 88,1270. 1273
Isis 83,1208; 90,1309
Iuno 16,51. 54. 57; 17,65; 20,117. 119 (bis). 121. 124; 31,337; 52,697; 67,951; 68,954. 959. 973; 94,1351. 1355
Iuppiter 15,28. 36; 16,44. 47. 50. 54. 56; 17,60. 73. 77. 79; 20,120. 134 (bis). 138; 21,143. 145; 23,190; 24,215. 218; 25,221; 28,279; 29,301; 31,332. 334; 32,355. 356; 34,377. 378; 35,393. 400. 403; 36,408; 39,451; 41,487. 493. 497. 501; 42,504. 509. 510. 514. 519. 520; 44,552; 45,578; 46,585; 47,607. 614. 615; 48,623. 629. 636; 49,645. 647. 653; 51,678. 680. 685 (bis); 52,701; 53,708; 57,776. 782; 58,799; 59,811; 62,850. 855; 63,877; 64,889; 65,905. 907; 66,927; 67,938; 68,960. 966. 977; 69,990; 71,1018; 72,1044. 1047; 73,1061. 1062; 74,1071. 1073; 75,1088; 76,1091; 80,1155. 1159; 83,1193. 1201; 86,1241. 1245; 91,1319. 1320; 92,1326
Iustitia 71,1022. 1026
Ixion 31,336

Lacedaemon 65,908
Latona 72,1041
Leda 36,406. 408 (bis)
Liber/Liber Pater 21,150; 22,161; 23,196; 26,238. 240. 243. 250; 27,254. 257. 260; 29,292; 30,324; 32,345. 350. 351; 54,726; 55,731. 735; 61,839; 62,854. 859. 863. 866. 868; 63,871. 873. 882; 64,888; 68,958. 959. 971; 69,978; 74,1067
Lycaon 15,24; 16,43; 17,68. 69; 20,134; 29,308
Lycurgus 63,886
Lycus 65,910
Lynceus 67,947

Maera 22,179
Magnes 37,432
Maia 33,360; 65,908; 94,1352
Mars 65,906. 910; 90,1307; 92,1331
Mastusius 89,1287. 1295; 90,1298
Medusa 38,439; 56,759
Megisto 17,68; 29,309
Melisseus 41,492
Mercurius 31,340; 32,358; 33,361. 365. 371; 36,405; 37,432; 40,481; 53,706. 711; 58,797; 61,837; 65,908; 75,1082; 78,1125; 80,1156. 1159; 91,1320; 93,1345. 1348
Merope Atlantis filia 65,911
Oenopionis filia 81,1164
Merops 52,690. 696

Minerva 20,129. 130; 37,422; 39,447. 448. 455. 457. 459; 40,463. 466. 471. 472. 475; 42,517; 85,1226
Minos 26,243; 27,270. 271; 28,277. 286; 46,584; 80,1151; 83,1194
Musa/Musae 30,322; 32,352; 34,378. 387; 73,1055. 1057. 1060. 1061; 74,1067
Myrmidon 45,569
Myrtilus 40,482

Nemesis 35,394. 398. 399. 404
Neptunus 28,273. 276. 279. 289; 54,715. 720. 722. 724; 56,758; 59,808; 65,906. 909; 67,939; 77,1112; 80,1150
Nereides 28,286; 36,418
Nicostratus 17,75
Nube 59,812; 61,831
Nycteus 65,910

Oceanus 17,63; 64,891. 902
Oeagrus 31,341
Oeneus 32,346
Oenomaus 40,482; 65,910. 911
Oenopion 81,1164. 1166. 1170; 82,1175
Olenus 41,486
Omphala 44,551
Ops 41,502; 94,1359
Orcus 38,436
Orion 66,924. 925; 72,1040. 1047; 81,1163. 1172; 82,1175. 1181. 1184. 1187; 83,1203; 84,1213; *vide indicem astronomicum*
Orpheus 30,323; 31,340; 32,347. 355; 33,374; 34,378. 382. 388
Orsilochus 40,478
Otus 90,1307

Paeon 59,809
Pan 42,518. 519; 75,1085
Pandora 49,638
Parcae 49,649
Parias 25,235
Pater *vide* Liber
Pedile 63,885
Pegasus 56,758
Penates 89,1281; 90,1313
Perseus 36,414; 37,423. 427; 38,444; 77,1113; *vide indicem astronomicum*
Phaethon 91,1316. 1321. 1324; *vide indicem astronomicum*
Philomelus 25,228. 230
Philyra 85,1231
Phlegyas 88,1268
Phoenix 36,411
Pholos 86,1243
Phorbas 45,563. 569. 574. 576
Phrixus 59,805. 810; 60,816. 824; 61,831. 835
Phyto 63,885
Pleiades 64,899. 902; *vide indicem astronomicum*
Pleione 64,902; 66,923
Plutus 25,228. 229
Pollux 66,934; 67,944. 948
Polydectes 37,432
Polymnus 27,253. 259
Polyxo 63,885
Priapus 68,970
Procris 83,1194. 1198
Proetus 56,762. 767
Prometheus 31,337; 47,600. 605. 610; 48,618. 624. 626. 634; 49,639. 652. 655; 50,660. 668. 672; 51,676; 91,1317

Proserpina 34,376; 52,695
Protesilaus 88,1275
Ptolemaeus 70,998 (bis). 1001; 71,1010
Salmoneus 60,822
Saturnus 49,653; 85,1231; 94,1360
Satyri 69,979; 73,1054; 74,1067
Semele 26,250
Sileni 69,979
Sisyphus 65,906. 912
Sol 42,504; 81,1169; 92,1324. 1327
Sterope 65,910
Stheneboea 57,770

Tartarus 49,644
Taurus 79,1133; *vide indicem astronomicum*
Taygete 65,908
Terra (dea) 20,120. 122; 42,507. 508; 49,644; 72,1042. 1048
Tethys 17,63. 65
Thamyris 30,322
Themis 41,501; 71,1018
Theseus 26,246; 27,267. 268. 270; 28,273. 276. 278. 283. 290; 30,312. 314. 318
Thetis Chironis filia 57,780
Nerei filia 28,287; 49,647. 650. 655; 63,886
Thyone 63,885
Titanes 42,506. 510. 514; 53,704; 74,1073; 86,1248
Triopas 44,554; 45,569
Triptolemus 43,529; 43,540; 67,943
Triton 69,984
Typhon 49,643; 75,1080. 1087; 76,1103

Vrion 81,1162
Venus 26,241; 27,261; 28,287; 34,376. 380; 35,396; 53,707. 709. 711; 70,1002; 76,1101. 1104; 92,1330. 1332; 93,1340. 1341. 1347
Vulcanus 26,245; 38,438; 39,457. 460. 461; 41,486; 48,637; 49,644; 69,979; 81,1167; 92,1330

Kolibri 360 GmbH
Ferdinand-Jühlke-Straße 7
99095 Erfurt, Deutschland
produktsicherheit@kolibri360.de